闘いはまだ続いている

衆議院議員
西村眞悟 著

展転社

はじめに

　北朝鮮による日本人拉致問題が、昨秋来、国民の関心を集めてきた。永田町では、拉致日本人救出議員連盟が表面にでて、日朝友好議員連盟がなりを潜めた。なりを潜めたが、元首相、元自民党幹事長や多数の与野党有力議員を会員とする日朝友好議員連盟は今も大勢力である。この大勢力は、一貫して拉致問題には組織的に全く関心を示していない。そして国交正常化促進・北朝鮮支援という出番を窺っているかのようだ。彼等の政治手法は、戦後政治の本流、つまり「のど元過ぎて熱さ忘れよう」、「みんなで渡れば怖くない」だ。

　従ってこの時点で、忘れてはならない本質的課題を提示しておく。現象だけを追いかけて、重要課題を没却してはならないからだ。拉致問題こそ、「戦後日本」の体制変換を迫るものである。断じて従来の政治手法の元に還してはならない。

　戦後政治体制の変換を迫る第一の課題は、「日本国政府は、北朝鮮による日本人拉致を何時知ったのか、または、何時知りうべきであったのか」ということである。この課題の解明無くして事の本質は把握できず、改革のターゲットを絞れない。

　例えば自動車を運転中に、前方の歩行者を注視すべきであったにもかかわらず、不注意にも横を向いてそのまま歩行者に気付かずに前進し、自動車を歩行者に衝突させて死傷させた場合には、国民は業務上過失致死傷罪により刑事責任を問われる。自動車運転者には、人の安全を確保する注意義務があるからである。

では日本国政府には、如何なる注意義務があるか。言うまでも無く国民の安泰を確保するための注意義務がある。よって日本国政府は、何時の時点で北朝鮮による日本人拉致を知りまたは知りうべきであったのか、これを点検しよう。

まず、日本国内でスパイ活動に従事する北朝鮮工作員の検挙事件は昭和二十五年から平成十二年まで四十九件（被検挙工作員六十名）である。そのうち昭和五十二年までに三十九件の事件があった。同四十六年七月三十一日には、石川県警は工作船から海岸に上陸してきた北朝鮮工作員を海岸で待ち伏せ逮捕している。そして同五十二年九月十九日に三鷹市のガードマン久米裕が北朝鮮工作員に拉致されたが、石川県警はこの拉致犯人を現行犯逮捕してスパイ用具や乱数表を押収している。その後同県警は、北朝鮮から日本に送られる暗号放送の解読に成功し最高の栄誉である警察庁長官賞を受賞した。この様に、昭和五十二年の時点で、我が国の警察は、三十九件の事件で北朝鮮工作員を検挙し、日本人拉致の犯人を現行犯逮捕までしているのである。

以上の事実から、日本国政府（福田赳夫内閣）は、遅くとも久米裕拉致犯人の捜査終了の時点で北朝鮮による日本人拉致の組織的意図を知りまたは知りうべきであった、と断定できる。そしてこのとき政府が各県警に非常警戒態勢を指令し、暗号解読による工作活動の摘発に取り組んでおれば、以後の拉致は防圧可能だったのではないか。しかし、政府が為すべき警戒態勢指令はなく、現実には以下の連続拉致事件つまり悲劇が発生したのだ。

同五十二年十一月、新潟から横田めぐみ。翌五十三年六月、東京から田口八重子。同年七月七日、福井から地村・浜本。同月三十一日、新潟から蓮池・奥土。同八月十二日、鹿児島から市川・増元。右同日、佐渡から曽我ひとみと母。同月十五日、富山からアベック拉致未遂、遺留品押収。

以上、昭和五十二年十一月の横田めぐみさん拉致から翌五十三年八月十五日のアベック拉致未遂までの九ヵ月間、異様な失踪事件が続発していたのだ。

なお、久米裕拉致の十日後の五十二年九月二十九日、福田内閣は「人の命は地球より重い」とのコメントを発して、ダッカ日航機ハイジャック犯人の要求に屈し、服役・拘留中の赤軍派ら九名の過激派の釈放と身代金六百万ドルの支払いを受諾した。人の命は地球より重いとした内閣が、同時期に北朝鮮による自国民十名の拉致を放置していたのである。日本政府の対処は矛盾しているように見える。が、そうではない。テロリストには屈服して戦わないという点で一貫しているのだ。ただ、ダッカ事件は国民が知っていたが、拉致は知らなかった。そして国内には孤独な被害者家族が残されていた。

ところで、五十三年には四人のレバノン人女性が北朝鮮により拉致されている。翌年自国民拉致を知ったレバノン政府は、直ちに北朝鮮に猛烈な抗議を行い、北朝鮮は四人を解放した。同時期のレバノン人拉致と、これに対するレバノン政府の措置およびレバノン人被害者解放を、在外公館をもつ日本政府が知らないはずが無い。このレバノン政府の姿勢は、日本政府に自国民救出の成算をモデルケースとして示していたはずだ。

その後、五十五年一月七日、産経新聞が蓮池・奥土ら六人の拉致を報道した。しかし政府はまだ動かない（大平正芳内閣）。

極めつけは六十年六月にくる。この時、韓国当局は、逮捕した北朝鮮スパイ辛光洙が北朝鮮の指示により拉致した日本人に成りすまして韓国内でスパイ活動をしていたと発表したのだ。この拉致被害者は五十五年六月に行方不明になった大阪の中華料理店コックの原敕晁だ。この日本人拉致は、韓国政府が、北朝鮮スパイの逮捕によって公式に確認し公表した事実である。しかし、驚くべし、日本政府は無視を決め込み、ここに至っても拉致被害者救出に関心を示さなかったのである（中曽根康弘内閣）。

さて、繰り返すが、日本政府には国民を守る責務がある。昭和五十二年晩秋から五十三年夏にかけて、立て続けに日本人が北朝鮮に拉致されている。そして、日本政府は、この拉致を知りもしくは知りうべきであった。にもかかわらず、漫然と放置して政府として救出に取り組まなかった日本政府には、重大な不作為の責任があるというべきである。

注意を怠らなければ非加熱製剤の危険性に気付き、その使用を中止できたにもかかわらず漫然と使用を継続させ、多くのエイズ患者が生み出された事件に際し、厚生省（当時）の担当課長は、業務上過失致死傷罪で逮捕されている。日本人拉致事件と非加熱製剤事件と、法の正義を貫くなら、同等に責任を追及されなければならない。政治的不作為だけが、「仕方がない」と免責されてはならない。

しかし、この免責をもたらすものが、「戦後政治」だ。よって、「戦後政治」とは如何に欺瞞と偽善に満ち、また国民に惨害をもたらす不道徳なもので速やかに除去すべきものであるか、明らかであろう。我々は、自国の欺瞞に満ちた政治風潮によって、神戸の地震のときに放置された国民と北朝鮮に拉致されて放置された国民の悲劇を目の当たりに見なければならなかった。これ全て、国防の体制と精神の欠落が国民にもたらした悲劇である。

今速やかに装備すべきはテロを撲滅できる国家の実力である。然るに、日本国政府は、北朝鮮のミサイルが我が国領土内に打ち込まれたときには、自衛隊の「災害派遣」で対処するという。ミサイルを撃たれて既に戦争であるのに、「災害派遣」とは何事か。政府は、ミサイル攻撃により数十万の国民が死ぬことを前提にして「災害派遣」と言っている。不誠実、無血虫、不道徳の極みである。我が国に向けたミサイルは事前に確実に破壊して断じて撃たせない、そのための実力を保持するという決断を何故しないのだ。

さらに、政治的不作為のことを考えよう。不作為とは、為すべきであるのに何もしないことである。間違ったことをすれば、責任を問われる。同様に為すべきことをしない場合も責任を問われる。よって、人の世界は適正なことが適正な時期に為されることによって運営されるようになる。

ところが、我が国の政治風土は、何かを為したり言ったりしたことに対しては時に過剰な反応をしながら、為すべきことをしないことに対しては無反応にうち過ぎるのだ。その結果、何もしないことが政治世界での渡世の術となる。当然、この渡世の術を心得た者が出世して利権を操作することになる。そうなれば、出世した者は、ますます何もしない何も変わらない現状に固執することになる。したがって現在日本の情況は、権力構造の現実の姿としては崩壊前のソビエトの政治体制と何も変わらない。

このままでは我が国は、この「ソビエト体制」のなかである時一挙に底が抜ける。一見、衣食足りてのんびりとした我が国社会は、無関心と不信感を増大させながら、確実に八方塞がりに向かって進んでいる。「不作為」という舗装道路の上を進んでいるのだ。

そのなかで、北朝鮮に拉致された被害者の家族は、二十年間一貫して家族救出の「作為」を政府に求めてきた。そして、この要求は、我が国の政治風土を「不作為」から「作為」へ変革するよう要求するものであった。したがって、拉致被害者救出運動は、明確に「体制変革」即ち既成権力構造の転換を希求するもので、被害者救出運動であるとともに「救国運動」である。即ち、我が国の現状は、「国民を救う、国民を守る」という政治の責務として当然のことが、権力構造の転換なくしては実現しえない域にまで堕落しているのだ。

時まさに、アメリカ・イギリス軍のイラク武力制圧と統一地方選挙が四月に重なり、国際情況と国内情況の落差が、絶望的に明らかになった時である。我が国では、「人権擁護」を表看板にする者ほど北朝鮮による拉致被害者救出に無関心である。同じく「イラク戦争反対」を掲げる者ほど独裁者サダム・フセインによる大量のイラク国民虐殺を不問にしている。この無邪気な倒錯！自国民を三百万人餓死させている独裁体制の北朝鮮と友好を深める「日朝友好議員連盟」は、今だ政界の「ボス達」をメンバーとする大勢力である。この情況では、日本国民が数十万人死ぬこと、日本国民全体が恐喝されることを不問にして「平和」と「戦争反対」を叫ぶ者、さらに利権を貪る者が末永くはびこりかねない。このことは、我が民族の存亡にかかわる。今こそ、このような安楽な思考停止と安楽な不作為が、最大の罪悪になることが明確になったのだ。これを除去することが、改革者の責務である。

その思考停止克服の最大のもの。即ち、政治は今こそ「平和のための戦略」としての「核抑止力」を如何にして保持するかに取り組まねばならないのだ。

地球は平らだと思い込んでいる者は、実は丸いんだと言われればびっくりする。そして日本のマスコミは、四年前の平成十一年秋に既に一回びっくりしている。私は、狂騒するマスコミ人に対して、「貴方方は近い将来、なぜあの時あれほどまで騒いだのか、説明できなくなりますよ」と予言して防衛政務次官を辞した。そして今、北朝鮮の核開発宣言を前にして、なぜ四年前にあれほど騒いだのか説明するマスコミ人は一人もいない。当たり前だ。同じことで二度びっくりするのは馬鹿なのだ。共産・社民はともかく、日本のマスコミはそこまで馬鹿ではない。したがって、今こそ冷静に「議論」できる。

さて、我々は、我が国に広島と長崎に次いで、三度目の核爆弾が落ちることを容認するのか。断じて容認できないとするならば、如何にしてその落下を阻止するのか。

この前提として、地球上に我が国にミサイルの照準を当てている国がある。北からロシア、北朝鮮、中国である。全てオホーツク海と日本海と東シナ海を隔てただけの一衣帯水の隣国だ。そのうち、ロシアと中国のミサイルの先には核弾頭が搭載されている。では、北朝鮮は。核弾頭が搭載されている、と私は判断している。

以上の事実があれば、核抑止力を考えることは我が国政治の最大の責務ではなかったのか。特に、アメリカのブッシュ政権は、昨年ピョンヤンを訪問してはしゃぐ小泉総理に、「北朝鮮は核を開発している。落とそうとしているのは日本なんだよ」と告げ、当の北朝鮮は、「八人の死亡(拉致被害者)くらいで大騒ぎをしていると想像できないことが起こるぞ」とか「東京を火の海にできる」とか発言しているのである。

そこで、結論から言う。我が国は、自らがコントロールできる核抑止力を保持すべきである。よくミサイル防衛(ＭＤ)で十分ではないかと言う人がいる。しかし、ミサイル防衛を完成させるにはまだまだ時間がかかる。よって、当然ミサイル防衛開発を鋭意進めるべきだが、それによって核抑止力議論を排除してはならない。

では、核抑止力とは何か。相手に核を自国に落とさせない力である。分かりやすく言えば、「やるなら、こちらもやるぞ」という体制だ。これを「相互確証破壊」という。残念ながら米ソ冷戦時代から今日まで、核抑止力は相互確証破壊なのだ。そして、この体制は合理的に行動する相手に対しては有効であり、現在の我が国安全保持に有効である。なぜなら北朝鮮の独裁者は昨年九月十七日の小泉総理とのピョンヤン会談での映像を見ても「普通の男」であるし、飛行機に乗るのを避けて汽車でモスクワに行く男（つまり飛行機の墜落が怖い、死ぬのが怖い男）であるからだ。これが目の焦点も合わない異常な言動であったなら、「やれば、やるぞ」という構えが利かない本当に危険な異常者なのであるが、幸いそうではない。金正日は、合理的な行動で自らの命を守ろうとする独裁者といえる。つまり、彼は錯乱しない限り、自分が死ぬと分かっていれば核を撃たない。

次に、この核抑止力体制、相互確証破壊体制を我が国が主体的に保持するために何をすべきか。明らかであろう。非核三原則、「造らず」、「持たず」、「持ち込ませず」のうち少なくとも「持ち込ませず」を撤廃すべきなのだ。即ち、同盟国アメリカの核ミサイルが我が国の核抑止力になるならば、我が国内にその核ミサイルを持ち込むことの是非、これを議論しなければならない。

さらに考えよう。アメリカ大統領は誰の命を守る責務を背負っているのか。それはアメリカ国民である。日本国民の命を守る責務は、日本国内閣総理大臣が背負っている。この当然のお互いの責務のなかで、アメリカ大統領はアメリカ国民が数十万人死亡する危険を冒してまで日本国民を守るのか。かつてアメリカ大統領は、アメリカ軍青年の命を守るために日本の一般市民の上に原爆を落とし、現在に至るも、それは正当だと言っている。

結局、日本国内閣総理大臣は、自らの重い責務に目覚めるべきなのだ。他国に頼ることなく、自らの決断で日本国民の命を守らねばならない窮極の情況が有り得ると。そしてその有りうべき窮極の情況を克服するために、「造って、持つ」という選択肢が残されている。そして、歴代総理大臣がこの選択肢を自覚していること自体が、既に抑止力なのだ。

北朝鮮の独裁者と宥和した二人に、ノーベル平和賞が贈られた。カーター元大統領と、金大中元大統領である。これは、朝鮮半島はヒットラーに宥和した「ミュンヘン会談」の歴史的段階にあることを示している。この歴史段階。即ち、動乱が控えている段階である。

目次

闘いはまだ続いている

第一部　国家と防衛

装丁　妹尾善史（land fish）

第一部

国家と防衛

有名無実の「非核三原則」を廃棄せよ

いまから百年前

ちょうど今から百年前、一九〇三年とはどんな時代だったか。その前年、明治三十五（一九〇二）年に日英同盟が締結され、ロシアとの開戦やむなし、という時代だった。当時、英国ヴィッカース社から回航されてきた戦艦「三笠」が我が国に到着し、海軍将兵はこれを乗りこなすべく猛訓練中であった。ロシア帝国は朝鮮半島三十八度線にまで浸透し、朝鮮の李王朝の宮廷はロシア公使館の中にあった。日清戦争の結果、我が国が獲得した遼東半島は、露仏独の三国干渉で返還させられたが、ロシアはそこに居座り、旅順に大軍港を建設しつつあった。さらにロシアは朝鮮半島南端・釜山にまで軍港建設の約束を李王朝と取り交わした。

我が国では、明治維新の際の心細さを知る伊藤博文や井上馨らは、「あのロシアとは戦えない」と日露協調を主張したが、戦後少壮派、いわゆる明治維新以後に台頭した小村寿太郎らは「開戦が一日遅れると、一日分の兵員がシベリア鉄道で増援される」と訴え、我が国は日露開戦に向かった。

三年前の沖縄サミットに参加したロシアのプーチン大統領は、その直前北朝鮮を訪れて金正日に対し「北朝鮮のミサイル実験は平和利用である」と述べた。プーチンは、金正日と、後に金大中とも、シベリア鉄道と南北朝鮮を縦断する京義線を連結し、モスクワから極東アジアの釜山までの直結ルートをつくることの合意を取り付けている。プーチンはロシア共和国の国歌を新たに制定したが、その歌詞に「北の森林から南の大海原まで、これすべて我が聖なるロシアの大地」という一節がある。これはプーチン自身が作った詞だ。南に海のないロシアの「南の大海原」とはどこか。プーチンの行動は、朝鮮半島を南下して、釜山に軍港をつくろうとした百年前のロシア帝国のやり方と全く同じであり、かつては夢だった極東南下政策が、プーチンによってまさに実現しようとしているのである。

中国も、その中華独善主義の下、経済を中心に強い影響力を朝鮮半島に揮っている。我が国にとって、三十八度線以北の脅威は百年前以上のものとなっている。百年前には、三十八度線以北に七分で東京に到達する武器はなかった。さらに加えて、現在の日本政府は、百年前に大決断をした政府ではない。これは不幸を通り越して喜劇的といわざるを得ない。

日本はいつ防衛に立ち上がるのか

小泉政権は、北朝鮮の攻撃に対し、いつ国防に立ち上がるつもりなのだろうか。国会答弁では、敵ミサイルが日本国に落ちてから、と述べている。このミサイルに核弾頭が着いていたらどうするのか？　敵ミサイルに被弾して、既に二十万人から三十万人の国民が死亡し、国家中枢が崩壊してしまってから反撃できるのか？　こんな国防思想しか持っていない内閣は、反国家的、反国民的な売国奴であることは世界の常識である。

今日、イラク攻撃をめぐってフランス、ドイツがアメリカに反対している。日本はどうするのか、と聞かれて小泉総理は「世界の推移を見守って」としか応えられない。北朝鮮に対しても、昨年（平成十四年）九月十七日の平壌宣言を守り、国際社会の一員となることが利益になるはずだ、と脳天気なことを繰り返している。ものの本質を見ず、その場限りの場当たり的対応だけである。拉致被害者八人死亡、五人生存、という昨年九月十七日の北朝鮮の発表が、独裁者の誠意を示したものと、小泉総理はしばらく有頂天になっていた。アメリカは、小泉の過熱した頭を冷やすべく、北朝鮮は核開発を続けており、その核は日本に落とすためのものだ、とケリー米国務次官補の訪朝を機に暴露した。

さて、緑の党などを加えたおかしな連立政権になっているドイツはともかく、なぜフランスはアメリカに反対するのだろう。シラク大統領の認識は、事の本質において全くブッシュ大統領と同じである。すなわち、サダム・フセインという独裁者が、大量破壊兵器を持つことは断じて許さない、という点においてである。フランスが強烈に示したいのは、アメリカという歴史と文化はないが「馬鹿力」だけを持った国に世界秩序を一方的につくらせてはならない、それはフランスという高い文化と歴史を持った大国が為すべき事だ、ということなのである。

小泉総理は「世界の推移を見て」ではなく、サダムが大量破壊兵器を持つことを認めるのか、日本国家としてどう考えるのかを明らかにしなければならないのだ。その場限りの、まるでオガ屑のような集積なき議論はもうやめにしなければならない。

私は、これは我が国の自衛権の問題としてアメリカと共に戦えばいいと思っている。一週間後のガソリンの値段を十倍にも二十倍にもする権限をサダム・フセインに与えることは、我が国の国益を侵害する行為であり、自衛権を行使できる。反対に、あるいは、サダムのミサイルは日本に届かないから、泣く子と地頭にはかなわないから戦争しません、という事もできる。それは国民が選択することだ。

朝鮮半島情勢はミュンヘン会談の段階

アーミテージ国務副長官は一月十七日、日本人記者団に「北朝鮮が核を放棄するなら、アメリカの不可侵の意図を文書で確約してもよい」と述べている。これはどういうことか。

そもそも八年前、ＣＩＡが認めるように既に北朝鮮には二、三発の核兵器があった。クリントン政権は、いくら核があろうとも、これをパラシュートで在韓米軍基地や在日米軍基地に落としてくるのであれば、確実に打ち落とせると考えて安心し、余り蜂の巣を刺激することもないという事で、カーターを仲介に米朝核合意を結び、日本に金を出させて臭いものに蓋をした。ところがクリントン政権末期になって、北朝鮮からアメリカにまで届く「テポドン」ミサイルが発射され、クリントンはびっくりした。北は、これを「人工衛星」と称し、切り離しに成功し地球上を周回している、と発表した。つまり、地球上どこにでも届くということだ。クリントンはこの危険きわまりない実態をアメリカ国民に説明しないまま「人工衛星」説に同調して任期満了を迎え、政権はブッシュに引き継がれた。

ブッシュは小泉に冷や水を浴びせ、カーターが取り繕った欺隔を暴露すべく、九四年のカーター・金日成合意は何一つ守られていなかった事をケリー訪朝で世界に明らかにした。こうして、北朝鮮の核は日本を標的にしたものだ、と強く警告したその米国が、なぜここにきて北朝鮮との不可侵を文書化しようなどと言い出したのか。日本政府はただちにホワイトハウスに抗議すべきである。日米同盟関係があるにもかかわらず、共同の敵である北朝鮮と一方的に不可侵を合意するとは、同盟国に対する最大の裏切り行為ではないのか、と。なぜ、こんな当たり前のことが小泉総理の発想にないのか。

朝鮮半島問題で、金大中とカーターにノーベル平和賞が贈られている。ともに犬も笑うノーベル平和賞である。つまり半島情勢は、第二次大戦前の対独宥和ミュンヘン会談の段階にあるといえる。一九三八年九月三十日、ミュンヘン会談からイギリスのヘストン飛行場に到着したチェンバレン英首相は「私は名誉ある平和を持ち帰った。これは我が時代のための平和であると信じる」と述べ、国民の熱狂的歓迎を受けた。その一年後、ドイツはポーランドに侵攻し、第二次大戦は始まったのだ。「すべてはミュンヘンの宥和から始まった」と『大戦回顧録』でチャーチルは書いている。チャーチルは独ソ戦が始まったとき、なぜ反共のあなたがソ連を援助するのか、と聞かれ「ヒトラーが地獄に攻め込んだならば、私は地獄のサタンを援助するだろう」といった。ここにチャーチルが事の本質を政治家として見抜いていたことが分かる。チャーチルの判断は正しかったと思う。ミュンヘン会談に唯一反対したチャーチルや、当時のドゴール将軍は、戦争前には戦争屋、好戦主義者、危険思想家として社会的に抹殺されていた。独裁者への宥和が平和と安定だという錯覚があったからだ。金正日への宥和を平和だと考えている事では今の日本と同じである。

ドゴールは一九三四年、『未来の軍隊』を著し、その中で、敵が機械化部隊を使えば堅固不抜といわれるマジノ線突破はたやすく、マジノ線陥落後六時間で敵はパリに侵入にする。そして過去百年間、パリ陥落後一時間以内に全フランスは降伏してきた、と分析し警告している。この予言は一九四〇年、まさにその進行表通りに現実化した。『未来の軍隊』発刊直後に、これを二百冊購入したのはドイツ国防軍参謀本部だった。

東アジアは、この第一次大戦後のヨーロッパのようにまさにパシフィズム、平和でありさえすれば独裁者でも、飢餓でも黙認していこう、という異様な平和主義ムードが蔓延している。アメリカは同盟国との約束を破ってでも、北朝鮮と不可侵を結ぼうという。何かが起こらないはずがないではないか。アチソン米国務長官が、アメリカの防衛線は日本、台湾、フイリッピンを結ぶラインだ、といった途端、北朝鮮軍は三十八度線を突破して南侵し、朝鮮戦争が勃発した。当時と同じ事が繰り返されている。
われわれは、サタンと組んででも金正日政権を打倒するしか道はないのだ。

歴史の教訓と日本の取るべき手段……「非核三原則」の廃棄を！

小泉政権はもとより、我が国の官僚、マスコミが、なぜこんな状態になってしまったのだろう。我が同胞三百万人が倒れたあの大東亜戦争の教訓を、封印し、歴史から葬り去ってしまったことに最大の原因がある。世界を相手に全国力を挙げて戦った未曾有の戦いを、「過ちは繰り返しませぬ」という一片で封印し、「平和を愛する諸国民の公正と信義に信頼して、平和と安全を保持しよう」（憲法前文）と決意してしまったときから、政治が軍事を扱わなくなり、すべて場当たり的対応ですまされるようになってしまった。スペース・シャトル「コロンビア」の事故も、原因を究明し故障を防ぐ方策を立て、実行すれば再び起らない。歴史的教訓の宝庫である、あの大戦の教訓を封印してしまったら、我が国はこれからも故障や事故を起こし続けるだけだ。

大東亜戦争は勝てる戦いだった。連合艦隊が、インド洋に居座り制海権を確保し、英領インドとイギリス本国との物流ルートを遮断していれば、イギリスはその物資供給の四割をインドからの収奪に頼っていたがゆえに大打撃を受けていたはずだ。その結果インドが独立し、北アフリカのロンメル戦車軍団は、エジプトの英軍を撃破し、日本とドイツは中東産油地帯で手を握り、石油が確保された。同時に、インド洋からの援蔣ルートで維持されていた重慶政権も、補給が止まり、日本との和平に乗らざるを得なかったはずである。英米は大西洋憲章で、戦争の目的を民族自決と民主主義の為、としていた。実は、これは立て前で本音はアジアでの植民地支配は戦後も続ける気だったのだが、インドを始めアジア諸民族が独立してしまったら、彼らの戦争目的はアジアで消滅していたのだ。そうした意味で大東亜戦争は勝てる戦いだったが、いずれにせよどうすればよかったのか、どうすべきでなかったかを、綿密に検証し、教訓として学ぶことの中に、われわれの進むべき道は自ずから開けてくる。

いま、我が国はどうすべきか。

北の独裁者が、その核に手をかけた瞬間に跡形もなく吹っ飛ぶ、という状態を作り出さなければならない。それには日本政府が「非核三原則は過去のものになった」と声明を発するだけでよい。それだけで巨大な抑止力がこの東アジアに生まれる。金正日は震えて核のボタンに手を触れることができなくなるだろう。

さらにアメリカに対しても、「同盟国であるアメリカが北朝鮮との宥和政策を追求するのであれば、NPT条約第十条に鑑み、我が国の至高の利益を侵害するものと断ぜざるを得ず、北朝鮮の核兵器に対抗し、我が国は独自核武装に踏み切らざるを得ない」と強烈なメッセージを発するべきだろう。これが東アジアにおける「ミュンヘン似非和平状況」を打ち破り、我が国が主体的に自らの安全を確保する戦略の始まりとなる。

※核拡散防止条約第十条　締約国は、この条約の対象である事項に関連する異常な事態が自国の至高の利益を危うくしていると認める場合は、その主権を行使してこの条約から脱退する権利を有する。

〈『月刊日本』平成十五年三月号「わが国は〝非核三原則〟を廃棄せよ！」改題〉

国士西村眞悟大いに語る

国防を論じてこそ国会議員である

西村眞悟支援緊急集会

平成十一年十月六日、第二次小渕内閣発足にあたり防衛政務次官に就任した西村眞悟氏は、『週刊プレイボーイ』所載のインタビュー記事により、十月二十日辞任、翌二十一日、衆議院第二議員会館面談室で行われた西村議員を支援する日本再生の会（会長・拓殖大学総長小田村四郎氏）幹事会で、「西村眞悟支援緊急国民集会」開催を決定、直ちに準備に入った。

十一月十七日、午後六時半より千代田区・東條会館を会場として「西村眞悟支援緊急集会」が日本再生の会主催、西村眞悟を支援する女性の会・西村発言を支持する青年の会共催によって開催された。集会は日本世論の会会長三輪和雄氏の司会により進行。国歌斉唱に引き続き、一、開会挨拶・主催者代表小田村四郎氏、一、西村眞悟氏決意表明、一、金美齢女史・細川隆一郎氏・井尻千男氏・女性の会・青年の会代表挨拶、一、渡部昇一氏・長谷川三千子女史のメッセージ披露（長谷川女史は録音テープにて）、一、閉会挨拶・加瀬英明氏を以て、八時半散会した。広報活動としては十一月一日発売の『正論』十二月号に広告を出し、有志によるチラシ配布だけであったが、六百席の会場が千三百人入場という超満員で、いかに国民の関心が高いかを物語るものがあった。

辞任を迫る二つの領域

ありがとうございます。お忙しい中、我が国の現状を憂え、そして我が国の将来の為にお集まり頂いておられます同志の皆さんに、敬意と感謝を申し上げます。

さて、この度の事態には二つの領域がございます。一つは国防の本質論という領域でございます。もう一つの領域はマスコミが作り上げる領域でございます。第一の領域、つまり国防の本質論に於て、私に真正面から反論を試みる言論はまだございません。私はまだ無傷で進んでおる。マスコミの作り上げる第二の領域に於て、私は戦略的後退を一見したかのように見えますけれども、実はこの狂騒を除去したのであります。これから我々が戦わなければならない領域は我等が前に広がっております。

この領域は如何なる領域であるか。それは人格の非難を以て言論を封殺する領域であります。素より私は聖人君子ではありません。大衆政治家になろうと志す者であります。また、大衆政治家であらんとするだけに、国民に対して自らの政治信念、国防の本質を語るにあたり、政府広報によってしか語る事が出来ない、政府広報で使う言葉でしか語る事が出来ない、これでよい筈がありません。即ち、政治に無関心である若者に向かって語ることによって、彼等に如何に国防の本質を知らしめ得るのか。彼等に語る機会を与えて頂ければ、私はそれを為すのであります。私にとって機会を得て彼等に語る事が任務だと思っておる次第です。

マスコミの領域

マスコミが作り出した第二の領域に就いて、これから皆様方と共に考えたい。そして、第一の国防論の本質で結びたいと思います。マスコミは私を品位無き者として非難致しますが、一見品位無き者として他を非難し、それに依って自ら道徳的優位を確保しながら、その自らの行った非難によって徹底的に品位を落としたのは我が国のマスコミだと思っています。姦淫をしたとして裁かれるマグダラのマリアを石もて打とうとする群衆の中にキリストが入り、「汝らのうち、まず罪無き者石もてこの女を打て」と宣言し、群衆は一人去り、二人去りそしてマグダラのマリアとキリストが残ったのであります。我が国のマスコミは二千年前のこのイスラエルの民の道徳的確信も持ち得ないで、他を非難することにより自ら道徳的優位をよそおった報道を行うという姿勢にある。自然保護という美名を得んが為に、わざと珊瑚に傷をつけそれによって傷つけた者を非難するマスコミの報道姿勢と、根性に於て何ら変っていないと思う訳でございます。

また、私が使った言葉に関し、その言葉を譬えて国防を論じたのはけしからん、という異論がございます。しかし、私は譬えたのではありません。そのものずばり、それが起こるのです。旧約聖書の出エジプト記から始まるモーゼの物語の中で、神がモーゼにミデアン人にあだを報えと命じられた。その神に命じられたモーゼが、すべての男を殺して帰ってきた千人の長に命じた言葉が載っておりますが、先ず「子供のうち男の子はみんな殺せ」それから聖書にある言葉ですからその通り申し上げます。「女のうち男を知った女はみな殺せ。男を知らない娘はあなたがたのために生かしておけ」と。ユーラシアの神々は時としてこのような事を命ずる。それでこの伝統は現在のユーゴスラビアで起こっている。私はこの事を指摘した訳であります。決して譬えたのではありません。仮にこの言葉がいけない、とこの言葉自体を非難するなら、これは癌の治療をする為に癌細胞を摘出して見せた医者に対して、おぞましい物を見せたと言って批判し、以て医学の進歩を阻害する者の言動と同じであります。

物の本質を受けとめる勇気が必要です。本質をぼかした、例えば「援助交際」という言葉、この言葉を使う事によって本質をぼかし、そして、結果に於てその事を助長するような風潮に我が国が流れておる事を、私は一つの社会の精神的緩みではないかと憂慮している者の一人でございます。それ故、私はその言葉をずばり使わして頂いた訳です。そして若者達、政治に無関心な若者達、君達にも任務があるんだ、それは、国防が破れる惨害はかくの如きものだ。だから君達の任務、それは守る事だ。愛する者を守る事だ。このように申し上げた訳です。しかしながら言葉を変えれば本質を見ずにすむので安心する。「援助交際」という言葉を使って、「民族浄化」という言葉を使って、本質から目をそらす。そのような精神構造で我が国が流れている事は確かであります。マスコミが最もその風潮を代表している。しかしながら、この風潮こそ最も危険な風潮であり、例えば麻原彰晃に実質は殺人であるにもかかわらず「ポア」という言葉でそれを命じられれば、その実体が分からなくなって「ポア」と称して殺人を実行する。これはファシズムに牛耳られる羊の群のような危うさではありませんか。仮に私の使った言葉がいけないのなら、刑法第一七七条（初出編者注・強姦）は、そのものずばりの言葉を使っている。検察官はその罪を犯した者の起訴状を書く事が出来ない。裁判官はその判決を書けない事になるでしょう。問題は言葉の問題ではありません。その実体から目を逸らす事によって、例えば癌細胞を見ないようにする事によって癌が克服出来るのか、同様にその実体を知らずして若者が如何にしてその任務に目覚める事が出来るのか、という問題であります。

六十年前と変らぬマスコミ

ここで私に起こった事を想い浮かべていただくと共に、私はあの時この現象を眺め何を想い起こしていたかという事に就いてご説明させていただきます。私はあの時に斎藤隆夫の演説を想い起こしていたのです。昭和十五年二月三日、朝日新聞がその大見出しに何を言ったかという事を考えてみたい。言うまでもなく斎藤隆夫の昭和十五年二月三日の演説は昭和思想史に残る一時間に亘る演説でありました。それを朝日新聞は翌日の大見出しに「斎藤氏質問中に失言、除名問題に発展か」と掲げた訳でございます。私は斎藤隆夫の一時間に亘る演説のどこが失言なのか今だに分からない。但し翌日の新聞のコメントによると、この事だろうと思うところを朗読致します。

「彼等キリスト教徒は、内にあっては十字架の前に頭を垂れますけれども、一度国際問題に直面致しますと、キリストの信条、自由博愛を一切蹴散らかしてしまって弱肉強食の修羅場に向って猛進する。これが即ち人類の歴史である。蔽う事の出来ない現実であるのである。この現実を無視してただ徒に聖戦の美名に隠れて国民的犠牲を閑却し、曰く国際正義、曰く道義外交、曰く共存共栄、曰く世界の平和、かくの如き雲を摑むような論理を並べ立てて、そして千載一遇の機会を逸し、国家百年の大計を誤らすような事がありますならば（ここで中断。拍手となっております。そして議長に促されて更に彼が述べるのは）かの近衛声明なるものが果たして事変を処理するに就いて最善を尽くしたものであるのかないのか、千古未曾有の犠牲を払いたるこの事変を処理するに、適当なるものであるのか否か、東亜における日本帝国の大基礎を確立し、日支両国の間の禍根を一掃し、以て将来の安全を保持するについて適当なるものであるか否か、これを疑う者は決して私一人ではない。苟も国家の将来を憂うる者は必ずや私と感を同じくしてここに居るのであろうと思う」

この部分であろうかと存じます。そう思うのは朝日新聞が「失言」という記事の中で、このようなコメントをしているからでございます。「確立した近衛声明三原則に対する苛烈な批判と聖戦目的追究を今頃持ち出すとは時機も時機、場所も場所だけに不謹慎の誹りを免れない」これが不謹慎という非難のもとにある失言という総括であります。

さてここで、朝日のこの今のコメント、私に対する批判と相似形であるのはお分りだと思います。六十年の時、時空を超え、正しく相似形である。朝日のコメントの通り朝日の私に対する批判を要約致しますと「確立された非核三原則に対する苛烈な批判、反戦平和の目的の追究を今頃持ち出すとは時機も時機、場所も場所だけに不謹慎の謗りを免れない」。これが朝日新聞の作り出した、戦前戦後を通じた空気であります。この空気というのは何か。戦前は「聖戦完遂」。この朝日の煽りたてた空気によって、幾多の兵士が戦死しなければならなかった。戦前は「聖戦完遂」、そして今は「核廃絶、反戦平和」共に共通しているのは、国防を論ずる事を完全に封殺する姿勢であります。しかしこの事が封殺されずに残っておれば斎藤隆夫が言うように「この日支事変の目的が明らかになり、それが分かれば日支両国の禍根を除去する事が出来るのではないか」この方向に進んだでありましょう。我が国の言論は、封殺するマスコミの言論ではなく、マスコミによって封殺された言論が戦前に於ても、我が国の将来の歩みに影響を及ぼしたであろう。ここに、私が先程申したようにマスコミの風潮と戦わねばならない理由があるのです。朝日を中心とするマスコミに封殺され、不謹慎の名を以て一言の下に封殺された我が言論は、必ずや国家の将来の安全を確保するために機能すると確信するからでございます。

果して女性蔑視か

さて、もう一つの非難がございます。私が先程そのものずばりの言葉を使ったという事で、「女の立場」からという批判。女性の立場から言わせて貰えばという抗拒不能の非難があります。しかし、私は敢えて申し上げたい。男が男の立場から女性を守ると言った事が、何故、女性蔑視なのか。女性の立場があるのなら、男性の立場もある事を認めなければ成り立たない。そして、「女性の立場から言わせて貰えば」と言う人に限って、その人の心がけを見ておりますと大体社民党系の方々で、どういう訳か、女性の立場を多用する勢力は、実は「女の敵」であるという事実を申し上げたい。

私は十三歳のあどけない少女横田めぐみさんが拉致されているのを許す事が出来ないのです。しかし、私を女の立場から非難する方々は横田めぐみさん救出に取り組まない。日本人拉致問題を日朝両国間に横たわる障害と朝日新聞は報道を致しましたが、それ以前にこの社民党系の党派は北朝鮮労働党と友好関係にある。横田めぐみさん救出に一切関心を示さなかった。そして昨年、テポドンミサイルが日本の上空を越えた時に、その党派の一議員は祝電を出している。更に言うならば、その直後にあった北朝鮮建国記念日には党首が朝鮮総連本部に祝賀に訪れております。「ミサイルの一撃を以て東京を火の海にする」と宣言している国家。仮に東京が火の海になれば、ミサイル攻撃である以上、百万単位で人が死なねばならない。その半数は女性であります。しかし今、女性の立場からと言って、私を非難するこの党派こそは、東京を火の海にすると言っている国家の建国記念日に祝電を打ち、祝賀の挨拶をしに行っている。これ即ち「女性の敵」であります。

言葉を抽象的に遣う事によって他人を攻撃してはならない。我々は男と女の区別があって生まれて来ました。それが人間であります。そして、私は男として生まれ、半分の方々は女性として生まれて来た訳です。そして世界の歴史、先程申し上げた『旧約聖書』の物語のような実態が現在もある。男性は女性を守り、子供を守り、そして女性もその家庭を守る。そして、男ならそれ故に戦わねばならないとしたら、その時は、若者よ、君達も戦えと、私は『プレイボーイ』の読者にこう申し上げたかった。そして、『プレイボーイ』の私のこの発言を読んだ若者は、私の真意を解ってくれたのか、これをマスコミに確かめてくれと、私は申し上げたかったのでございます。

国防の本質とは何か

さて、マスコミの作り出した空気は戦前戦後いかなるものであっても、それは現在も続いており、このマスコミが相変わらず作り出す空気を破壊する事によって、私どもの将来の安定が確保されるという事を申し上げ、次に何を封殺する為に私の人格を非難したのかという、国防論の本質に就いて簡単に述べてみたいと存じます。

先ず私のインタビューの記事に出ている事の本質から入ります。横田めぐみさんは何によって北朝鮮に運び去られたのか、今年の三月現われた不審船ではありませんか。国家と国民を守るのは政治の任務であり、その不審船が自由に我が国に出入りする事を我々は許す事が出来ない。そんなものは撃沈する。当り前ではありませんか。あの不審船は、はじめトロトロと進んでいたが追われれば脱兎の如く四十ノットで走り始めたのでありますけれども、その走り去る不審船に対してロシア政府は「我がロシア領海内に入れば直ちに撃沈する」と我が日本政府に連絡していたのであります。

それに対して日本国政府は「感謝の意」を表したのであります。一五〇キロ爆弾六発を落としておりますが、我が国は停船さすこともできず、それで北朝鮮の港に入った。我が日本国政府は何をしたか。「その船を捕獲して引き渡してくれ」と言った訳です。

私はこの時に安全保障委員会で「そんなみっともない恥ずかしい声明を出すな。相手の北朝鮮から、『自分の領海内にあったんだから他人に頼まず自分でせよ』と反論されたらどうするのか」と言う事を申し上げた。国際法上の、近隣諸国に対する国家としての権威にかけても再び来れば撃沈するしかない訳である。

さて、我が自衛隊は政府答弁によると「海外では軍隊として扱われるが、国内では軍隊ではない」とあります。その程度ならまだしも、専守防衛と言っており、専守防衛というのは要するに、我が国土は、この日本列島全体が、外国に攻め込まれなければ、我が自衛隊は戦う事が出来ないというのが政府答弁であります。この政府答弁があってもなくても、我が自衛隊の実態は国内外を問わず完全なる軍隊である筈です。このように私は申し上げる。この軍隊であらねばならぬという事を無視して、我が国政府が政府答弁を維持しながら「青年よ自衛官になれ」と勧誘する事は不謹慎である。何故ならば、一旦緩急ありました場合、我が国政府の専守防衛方針に於ては国内が戦場になる訳です。

ところでジュネーブ条約は軍人の捕虜の待遇に就いて規定しておりますけれども、軍人が侵攻国に対して軍人として対時する時には、ジュネーブ条約の保護を受けられると。即ち、万一捕虜となっても国際法上戦争犯罪人ではなく、名誉ある軍人としての待遇を受ける事ができるのでありますけれども、軍隊でない、つまり軍人でない者が武器を携行して対峙すれば、敵軍は我が自衛官を戦争犯罪人として、捕虜の待遇を拒否してその場で射殺してもよいという事になる訳です。今の国際法の趨勢はゲリラでも軍人としての待遇を図るような方向に動いている。政府がはっきりと「国内では軍隊ではない」と言う名の下に行われる我が国の防衛の為の戦闘は、名誉ある軍人を生み出す事なく、戦争犯罪人を生み出してしまう事になるのです。このような国家が何処にあったか。世界の全ての国は軍隊を持っておる。我が国だけが国内では軍隊ではない。それこそ、先程の「言葉に対する不謹慎」であります。若者の名誉と命が懸かった問題である。

自衛隊に名誉を

Ｆ４ＥＪ改戦闘機が八月十五日スクランブル発進中に南西方面の海域で消息を絶った。数日前にお一人の遺体があがりました。スクランブル発進中とは名誉ある軍人の戦死ではありませんか。しかるに、黙々として国家の為に働いた、そして人知れず海に突っ込んだ二人の青年士官を、我が国は名誉を以て処遇しているのか。現実には、殉職の自衛官は名誉ある軍人としての待遇を受けずして殉職しつつある。この自衛官、青年士官の名誉を考えずして、どうして四ツ星を与えられた防衛政務次官が務まるのか。

今回、マスコミは「防衛政務次官の立場で言ったから駄目だ」と言っております。何を言うか。防衛の政務次官だから言うべきだったのだ。私が環境政務次官なら国防の事を語れば、担当違いな事を言うなと言われても仕方がない。しかるに防衛政務次官だ。栄誉礼を受けて任務に就いた者である。栄誉礼とは、文民統制の名の下に、私の命令の下に軍人として死ぬ、という誓いではありませんか。

また、マスコミは私が辞任した時に、栄誉礼を受けて退任した事を批判した。彼等は軍隊というものの本質を全く理解していない。不勉強であると思わざるを得ません。指揮官が夜逃げするように居なくなった軍隊がどうして敵に対処出来るんですか。従って私は辞任する時も堂々と栄誉礼を受け、真直ぐその隊員の眼を見て「我が国防を頼むぞ」と言って来たのである。

ですから、我が政府、我がマスコミは年間五兆円の予算を使って若者が国防の任務に就いておるこの組織を、そして現実にスクランブル発進で名誉ある戦死をしておる現実を前提にして、「自衛隊は軍隊である。従って彼等は軍人である」このように認識して彼等に接して頂きたい。

核の問題

核の問題を申し上げます。何処の世界に自分がそれでもって守られているものを議論しない国防論がありましょうか。何処の世界に隣国にあるミサイルが、何処に照準を合わせておるかを議論しない国防論がありましょうか。

中国の中距離弾道ミサイル東風21は何処に照準を合わせておるか。インド、台湾、日本である訳です。クリントン大統領でさえ北京に行って、大陸間弾道弾のアメリカに対する照準を外せと発言した訳でございます。我が国の政治家では北京詣でをする政治家が多いのですが、一人として「日本からODA援助を受け取るなら、我が国に対するミサイルの照準を外せ、外さぬならどうして貴国に援助する事が許されようか」と発言した人がありましょうか。

また、世界は核軍縮の方向にあるのではなくて、核拡散の方向にある訳でございます。アメリカがCTBTの批准を拒否した時、日本のマスコミはクリントン大統領が議会対策を怠ったからと言っておるのです。それは嘘であります。日本のマスコミはボケておるのでございます。アメリカは明確に核のアメリカ独占体制が崩壊した事を認めたのでございます。アメリカの核の抑止力、アメリカはニューヨーク、ワシントンが火の海になるのを覚悟してまで、他国の為にミサイルをブチ込むのかどうか、そんな現実の中に我々はおる訳でございます。

従ってアメリカの核の傘を確保するため、日米安保条約を如何にすべきかを議論しなければならない。それが先ず第一と私は申し上げておるのです。この儘ではアメリカの核の傘は機能しない。集団的自衛権とは何か、アメリカが襲われた時に我が国は助ける、これがなければ人類の最小単位の家族自体が成り立って来なかったんです。家族が攻撃されているにも拘らず、その攻撃は自分個人とは関係ないからと何もせずに見ておったら、家族という単位が成り立つでしょうか。子供であれ、配偶者であれ、その者に対する攻撃は自分に対する攻撃であると見做して直ちに守りに入る、これが人類が今に至った繁栄のキーポイントであって、それは我々人間の遺伝子の名に組み込まれている本能である。

また国家間の歴史に於ても、秦の始皇帝はなぜ中原を制覇したのか。張儀の連衡の策により各個撃破出来たからです。各個撃破を許しては家族も国家も存在できなくなる。それが我が人類の歴史、国家間の歴史の鉄則であります。これくらいの事をやれない国家は国家ではないのでありますます。

民族再生の戦い

一九三四年にドゴール大佐は『未来の軍隊』という本を書きました。

その『未来の軍隊』という本によって四十代のドゴール大佐は「フランスは危ないんだ。ドイツとの国境線に布かれたマジノラインに頼っていたんでは危ないんだ、機械化部隊が来ればマジノラインは簡単に突破出来る。マジノラインを機械化部隊で突破した後は六時間でパリに到着するんだ。パリが陥落すれば、この百年間に三度に亘って、一時間後に全フランスが屈伏して来たではないか」。

このような警告の書『未来の軍隊』を発行した訳でございます。しかし、フランスは彼を危険思想の持ち主、右翼、国粋主義者として非難し、フランス政府も、フランス国民もドゴールを無視して来たのであります。

ただ一つ『未来の軍隊』という本に注目したのがドイツ参謀本部であります。二百冊ほどこの本を購入し、研究を重ね、一九四〇年六月十四日、マジノラインはドイツ機械化部隊の為に突破され、六時間後にパリは陥落する訳でございます。

私は、パリが陥落し、全フランスが屈伏して英国に逃れた後のドゴールにあまり興味がない。自分が無視されながらも警告を発し続け、自国民に無視されながら、自分の警告する通りのプロセスを経てパリが陥落するのを見ざるを得なかったドゴールに興味を持っておる訳でございます。ドゴールを批判した者は、ドイツに迎合した者であります。今、私を批判しているマスコミ、私を批判している党派は北朝鮮に迎合しているではありませんか。私は東京が外国の軍隊に襲撃されると言っているのではありません。ミサイルの恫喝によって、中国の古代からあったあの忌しい「腐刑」のように生きながら腐るのではないかと言っておるのであります。国家、国民の安全の為にと称して恫喝に屈した国家に未来はないのです。

私に対する今回のマスコミの甚大な批判、その手段とした言論封殺と戦うなら、戦前戦後を通じてこの国を蔽っていた、抽象的な美辞麗句を以て国運を左右しようとする惰性を、我々の手で阻止する事が出来、そして、我々の子孫と民族の将来の安定を、今ここにおる我々の世代が確保できるのです。

現在のこの状況は、我々が今二十一世紀の日本の国家と民族の為に何を破壊しなければならないのか、この事を明確にした訳でございますが、敵が見えれば戦う事が出来る。これからは私も、必ず勝利するの確信の下に進んで行きたいと存じます。

皆さんにお願い申し上げます。これからは民族主義者であると堂々と言おうではありませんか。孫文は民族主義、民権主義、民主主義の三民主義を唱えたのであります。この孫文は「五箇条の御誓文」を読んで、三民主義を唱えたのでございます。我々も「五箇条の御誓文」の精神、つまり、我が国家のアイデンティティーの確立と、万機公論に決し以て万民保全の道を我が国が開くという宣言を蘇らせ、断乎として我々が日本民族である事の誇りを感じ、民族主義者である事を公言して行きますならば、明治の我が近代国家の志である「万民保全の道」を発現する事が出来ると、私は確信しております。何故か。民族を信ずる者は民族の再生を信じ、またその再生の為に生きようとする自分の人生を発見出来るからでございます。

同志の皆様、どうか、これからも共に戦って行きましょう。日本国家、我が民族の為にであります。有難うございました。

国家の大事を議論する議会への口火を切った西村先生

上智大学教授　渡部昇一

西村先生の今回の問題は、日本の議会制度の根幹にかかわる重大なことである。西村先生は「核問題について議会で議論すべきだ」と言われた。核武装を主張されたわけでも、その政策の具体的推進をされたわけでもない。「議論してはどうか」と言っただけで、懲罰的処遇を受けるようでは、何のための議会かわからない。

シナ事変の頃は、それについて議論しただけで大変なさわぎだった。大東亜戦争ともなれば、国の重大事は一切議論しない議会になってしまった。国家の重大問題の議論をしたがらない議会という体質が今の議会にも顕著であることは由々しき国家的大事である。

かつては憲法改正を口にするだけで政治生命が危うくされた。幸いに今はそれは解消しつつある。これからは国防問題の本気の議論が必要になるだろう。議論を恐れる議会は議会でないし、議論をしたがらない議員は議員でないのである。

今回の西村発言問題では、議会の外での支持の方が大きいのは何たる皮肉な状況であろうか。国家の大事を議論するための議会への口火を切られた西村先生に心から敬意を表しよう。

「言葉アレルギー」をつき破れ

埼玉大学教授　長谷川三千子

今回の出来事で、つくづくと思い知らされましたのは、防衛問題についてのマスコミの意識のレヴェルの低さ、ということもさることながら、現在の日本の「言葉アレルギー」とも言うべきもののひどさでした。「核兵器」という言葉が出ただけで、それを使うとも何とも言っていないのに、もう拒絶反応が出る。「強姦」と聞いただけで、それを「ふせぐ」という話なのに、あたかも御本人がそれを実行なさったかのごとき話になってしまう。

これでは、政治家に「官僚の答弁風でない血の通ったスピーチをせよ」などと言っても、無理な話である。こうした「言葉アレルギー」をなんとかしてつき破らないと、日本という国は、「正論」どころか、そもそも「論」の存在しない国になってしまうと思います。

では、どうやったら「言葉アレルギー」を直すことができるか?――それには、われわれ一人一人が、いつでも正確な言葉の使い方をするにかぎると存じます。

たとえば、西村さんは、「国防とは我々の愛すべき大和撫子が他国の男に強姦されることを防ぐこと」と定義していらした。これは本当に正確な比喩とは申せません。

もっと正確に言えば、「大和撫子と言えども、自らを守るためには、最低限の武器と満々たる闘志を持たなければならない。いつでも誰かが助けに来てくれるわけではない。山の中の一本道で強姦魔に出会ったら、自分を守れるのは自分一人しかいない。国防もまったくこれと同じこと。女性が強くあらねばならないのと同様、国家も自らを守る気概を失ったらお終いだ」――こんな風に堂々の大演説をなさったら、どんなフェミニストも、何も言えなくなること必定と存じます。

眞悟先生、益々頑張って下さい!

〈『不二』平成十二年一月号「国防を議論してこそ国会議員である」改題〉

※原文は正仮名遣い、収録に際し改めた。

逆風に抗して、我かく戦えり

―防衛政務次官辞任から二四九日―

〝ただの人〟のとき何を志し、何をしたか

議員にとって、選挙とは当落が決まる場である。私は、小選挙区で落ち、比例区で当選した。議席は維持できたが、地上の戦いに敗れた。現在に至るまで、この選挙から実に多くを学びつつある。この学習の途上で、本誌においてこの選挙を述べる機会を与えられた。そこで、どこの選挙区でもある錯綜した特殊事情下の〝人間劇〟を述べるよりも、この選挙の我が国の政治史における位置づけを試みたい。

猿は木から落ちても猿であるが、政治家はただの人、という物言いがある。しかし、政治とはただの人が担うものである。むしろ、ただの人の時に何を志し、何をしたのかが重要なのだと思う。

イギリスのチャーチルは、たびたび落選した。その落選中、イギリス史を研究して政治家としての背骨を作り、晩年の落選では『第二次世界大戦回顧録』の執筆を始めた。フランスのドゴー

ルも、ただの人の時に『大戦回顧録』第一巻を世に出している。

さらに、アメリカのデビー・クロケットは、落選してサンアントニオのアラモの砦に行ってそこで戦い死んだ。そして英雄になった。また、ニクソンは、知事選にも落ちて誰もが政治生命を失ったと思ったときから大統領選に照準を定める。そして、他の競争相手が「大統領になるため」に猛烈に活動しているときに、六ヵ月間それに目もくれず「大統領として何をするか」を研究した。彼はこの六ヵ月の研究を自分の人生のなかでの最大の政治的決断と評価している。

ただの人の時に何もできないような政治家が、また何の志も持たないような政治家が議員になって突然何かができるようになるとは思えない。したがって、あの物言いは、議員心理を言い当ててはいるが、選ぶ方の国民とは無縁である。国民は何もしない議員に猿を続けさせるために、議員心理につき合わされる必要はない。

選挙とは文字通り選ぶのであるから、国民は理念的にはその候補者が何を志し、何をなさんとしているかを見定めたうえで、それに納得すれば選べばよい。当然、候補者の責務は、国民が選ぶ対象を明示することに尽きる。

さて、次は本年（平成十二年）四月の私の選挙区におけるある会合での会話である。この会合では、私が発言する前に、参加者のなかで奨学金を得てアメリカに留学した女性の留学報告が行われ、彼女は最後を次のように締めくくった。

「実は、以前から結婚している男性がいるが、別居していて籍は入れていない。夫婦別姓の法律ができるのを待っていて、それまでは入籍しないつもりだ」

私は、次のように言った。

「私が議員でいる限りは、夫婦別姓法案は通らない。したがって、不自然な生活をせずに、はやく正式に結婚することをおすすめする。結婚しても通称名で通すこともできる。ただし、近く選挙があるから、あなたはこの私を選ぶかどうか判断できる」

その後、彼女や参加者から、韓国など儒教の伝統の強い国では何故夫婦別姓なのか、などの質疑応答があった。私は、儒教の血縁主義というものを説明し、父系の血縁に属さない妻に血縁を示す姓を許さないから別姓なのだと説明すると共に、夫婦が最小の共同体として同じファミリーネームを持つということがどれほど大切なことだったかを述べた。ヨーロッパと日本が近代化に成功していったソフトも此処にあるとも言った。参加者は、夫婦別姓が「個人の尊厳」から見て「進んでいる」とか「今風である」と言うような風潮は、浅薄であるということは分かってくれたように思えた。

また、五月の対話集会では、憲法改正が話題になった。ある人は天皇制を持ち出した。そして天皇制の是非を質問してきた。すると他の参加者が、天皇のいない日本はもはや日本ではない、日本は天皇がおられるから日本なのだと言った。私はこの意見に賛同し、その理由を述べた。

以上の二例が、私の選挙活動の特色を示すものである。私は、当然ながら選挙活動も日本の政治的針路を示す「政治活動」であると認識し、「就職活動」とは認識していなかった。私は、選挙のスローガンも具体的な政治課題、政治的決断を要する課題を選ぶことを心がけた。そして何より、選挙の前に三冊目の自著である『海洋アジアの日出づる国』（展転社）を出版した。この本は、昨年十月の防衛政務次官就任前後を通じて校正に励み、本年初頭の出版にこぎつけたものである。私は、この本により自分の思想的バックボーン及び政治家として何をなさんとするかを世に明示したのであり、この思想基盤から自分の対話集会等の選挙活動を始めたのである。

これが私という議員が候補者となるために準備した一つの大きな選択の対象である。

しかし、言うまでもなく、国政選挙とはマスコミの風潮を含む政治状況という大きな流れが、戦後政治の惰性と欠落という空洞に交差錯綜したなかで行われるものである。ビルの谷間には局所に方向まちまちのビル風が吹くように、あるものは追い風を受け、あるものは向かい風を受ける。結果は、その錯綜したベクトルの相互作用のなかででる。

したがって、私の姿勢とは別に、この度の選挙が戦後政治のなかでどう位置づけられるべきかを述べておかねばならない。

具体的提言なき選挙が露呈した政治の不在

この度の選挙は、我が国周辺はおろか、およそ国際情勢から目を閉ざした選挙であった。そして、国の将来に対して具体的提言なき選挙であった。連立与党はこのまま連立を続けさせてくれと言うだけ、最大野党は「神の国」と言う森喜朗首相はけしからんという点だけが攻撃的で、選挙終盤の有権者は寝ていてくれとのさらなる森発言で助けられた。したがって、選挙が終わった今、この選挙で何が選択されたのか答えられる者はいない。

連立与党が国民の信任を受けたのか否か、最大野党の何が期待されたのか、何も分からない。ただ選挙が終わっただけである。では何の為の選挙だったのか。この域を越える選挙は戦後なかったと回想するならば、「古き良き温室の時代」の最後の選挙と歴史家は位置づけるかもしれない。

さらに古代ギリシャとローマの興亡史を見て、ローマの興隆とギリシャの衰亡を両者の運営システムの相違にありとする観点からするならば、我が国の政治が衰亡のギリシャの轍に一歩足を踏み入れた選挙と理解することも可能であろう。

まず、選挙に臨む政治の次元と知能程度から述べる。

六月二日の衆議院解散直前に、与党から「戦争決別宣言」なるものが衆議院に上程されてきた。これは何かといえば、二十世紀は戦争の惨禍を舐め尽くした世紀であった、よって戦争から決別する宣言をしようというものである。これは先に野中広務自民党幹事長が本会議の「代表質問」で、与党を代表したのかそれとも〝私語〟したのか分からないが、提案したことであった。その時も唖然としたが、本当に与党から提案されてきたのである。

病気の惨禍は人間を苦しめるから、「病気決別宣言」をすれば病気は治り病院は要らなくなるのか。厚生行政も要らなくなるのか。子供でもまじめに考えもしない。与党の幹事長は国民を子供以下と思い、「平和攻勢」で自らの本質を覆い隠し、日本のマスコミをはじめインテリ層の思考を麻痺させせたかつてのコミンテルンの手法を真似たのか。それとも与党がほんとうに子供以下なのか。

ともあれこの与党が、核ミサイルの照準をお互いに照射しあっている先進主要国が集まる沖縄サミットにそのまま臨むのである。足の裏を見せて金を払えば病気が治ると信じている者が、本物の医者と病気治療に関して議論する以上の隔絶ではないか。

また、五月中、私は衆議院法務委員会で少年法改正法案審議に携わっていた。この改正案を成立させなければならないと思っていたからだ。ところが、自由党以外の野党と連立与党は、廃案を暗黙の前提にして審議していたのである。しかし、連休直後にこの法案を議会に上程してきた森首相は、私の本会議での自由党代表質問に対し、「一刻も早く成立をお願いする」と答弁しているのである。

なぜ、このように表向きの答弁と本音が違うのか。それは、この少年法改正案を衆議院で採決すれば、与党の連立も賛成と反対に分裂し、民主党も賛成と反対に分裂するからである。共産・社民は元々反対である。したがって、選挙をひかえて与野党共に分裂するような面倒なことは回避するとの合意が成り立ったのである。しかし、連休中に発生した十七歳少年の刃物による凶悪犯罪を目の当たりにして、なおも少年法改正案を審議しないでいれば国民の批判が怖い。これは、廃案を与野党暗黙に合意した上で審議のまねごとをしているところを見せておくに限る。

結局、法務委員会は共産党から自民党まで賛成した「委員会決議」なる法律でも何でもない文章を発表して終わった。自由党つまり私はこの決議は立法という議員の職務を回避する偽善だと反対した。すると全会一致にしたいので、採決のときは便所に行っててくれないかと与党の理事から頼まれた。もちろん馬鹿らしくて便所には行かなかった。

以上が、解散直前の我が国衆議院つまり政治の姿である。私のような議員は、異端であった。しかし、どちらが異常なのか、どちらが職務怠慢なのか、選挙の争点にはならないのだ。

国際政治の潮流に如何に対処するか

次に、我が国は貝のように周囲がどうであっても殻に閉じこもっていれば安泰という国家ではない。国政は国際政治の潮流に如何に対処するかが問われるのである。そうでなければ国家は存続できない。しかしながら、何故この度の選挙で与党も野党も、国際政治への認識とそれに対処する方策を明示しなかったのか。朝鮮半島では、南北首脳会談が開かれ、また我が国の耳目が選挙に集中しているとき、中国海軍艦艇は津軽海峡を通過し、房総沖まで情報収集のために遊弋していたのである。

言うまでもなく、国政は国家と国民の安泰を確保することを最大の任務とする。南北首脳会談では既に在韓米軍撤退問題が語られている。では我が国は、在韓米軍なき朝鮮半島の間近に位置して如何に対処するのか。朝鮮半島がミサイルを保有しながら統一しているとき、またミサイルを保有しながら混乱しているとき、我が国にとってこの両様のシミュレーションは不可欠である。特に在韓米軍撤退を仕掛けているのが、東アジアの覇権を握ろうとする中国政府の思惑であるとみるならば、南北首脳会談をセットしたのは、実は北京であるとの見解は説得力を持つ。そうであるならば、中国海軍の津軽海峡遊弋は背後に遠大な戦略的意図を有しているのではないか。これはまるで朝鮮半島の覇権を確保するため、世界最大級の軍艦定遠・鎮遠を長崎や東京湾に派遣して、我が国を強く牽制恫喝してきた百年前の日清戦争前の状況の再現ではないか。

この東アジアの潮流に際し、日米安保体制の実効性を如何に確保するのか。今までのように、アメリカは日本人を守るが、日本はアメリカ人を助けないというような前提でいいのか否か。この状況認識を示し、日米は対等な同盟国としてお互いに協力してアジアの安定を確保すべきだというような演説をしている候補者が、三百の小選挙区のどこにいたのか。私の大阪十七区を除いて。

少なくとも、国政選挙に臨む政治は、外務大臣の朝鮮半島の南北首脳会談は「歴史的で万々歳」というような発信だけではなく、「平和を愛する諸国民の公正と信義に信頼して」(憲法前文)、憲法九条に従うだけで国家と国民の安全を確保できるのか否か、国民に明示する責務があった。しかし、ここにも少年法改正法廃案と同じ構造が議員の既得権として存在する。憲法九条を堅持する公明党と曖昧な自民党の連立与党はもちろん、この点に関しても正反対の意見を混在せしめる民主党に、この責務を果たせるはずもなかったのだ。我が国の政治は、構造的に、国民に対して政治の責務を果たし得ない、つまり国民に重要な選択肢を提起することができない。結局、選挙をしても「選挙」になりえない次元に我が国政治は停滞し続けているのである。そして、この現状の破壊と創造者として自由党が存在しているが故に、苦難の道を歩いているのである。

さらに、連立与党は、「戦争決別宣言」をして、二十世紀の惨害は戦争によってもたらされたという。では、その戦争は如何にして起こったのか。かつてのいずれの時代の人々も家族を愛し、今よりももっと信心深い素朴な人々だったはずだ。なぜ、第二次世界大戦（これが真の意味での世界大戦）が起こったのか。さらに二十世紀の惨害とは戦争だけか。

私は、失業こそ二十世紀の惨害の伏線と見ている。失業の悲惨から一方では共産主義革命が起こり、他方ではブロック経済化による資源獲得のための確執が武力行使に発展したのが第二次世界大戦ではなかったか。そして、共産主義者による革命によって人知れず粛清され、又は不自然死をとげた人々の数は、二度の世界大戦の犠牲者の総数を超えている。

この二つの惨害をもたらした失業という人々から生き甲斐を奪う罪悪。この失業が、我が国では五パーセントに達していることに、なぜ我が国の政治は痛恨の思いを持たないのか理解できない。特に、民主党が労働組合に支援されているのに問題意識が希薄なのは何故なのか。民主党がただ単に組合の支援をもらって議員になりたいだけの集団であることを示すことなのか。民社党出身者として勤労の同志を思い憂慮にたえない。

また、我が国の政治もマスコミも二十世紀といえば世界大戦の悲惨をその特徴として、我が国もその戦争の惨禍を生み出した一方の主体であったことを指摘するばかりであるが、未だ二十世紀の共産主義革命がもたらした戦争に勝る惨害を封印したままだ。これは我が国が未だ自虐的な史観を強要するコミンテルン戦略とそのプロパガンダに屈したままであることを示している。

以上が、二十世紀最後の我が国の国政選挙を生み出した政治の姿である。新しい状況に対処する方策を国民に明示できるどころか、自らその課題を見つめることができない政治なのである。国民は選択肢の明示なき選挙に付き合わされたことになる。しかし、今こそ憲法はこれでいいのか、教育はこれでいいのか、我が国のあり方を如何に確立するか、国民に具体的に選択を問うべきときである。

ギリシャの衰退、ローマの興隆から学ぶべきもの

次に、全体としての政治状況に含まれてはいるが、それを再生産しているマスコミというものについて触れなければこの政治状況の正体を把握したことにはならない。このマスコミは、実は発信者が誰か分からない。ニュースではアナウンサーがしゃべるが、彼または彼女は原稿を読んでいるだけだ。ワイドショーでは主にタレントや「知識人」がテレビ画面からお得意の感情移入

を茶の間にしてくるが、彼等もシナリオのもとにあるタレントなのであり、そのシナリオの実態もわからない。そして、その容易に分からない実態は明確な意志に基づいて形成されていると言うより、個性なき細胞分裂によって同質の遺伝子が分散してあらゆる分野で同方向の反応・反射しかしない。そして、この細胞に包まれる政治は、この反応・反射を予知して行動するのが「世渡り」となる。これが我が国に形成された政治の牢固としたシステムである。

では、このシステムの全体としての作用はいかなるものであろうか。

先に触れたローマとギリシャの興亡史を以て、このシステムの行き着く先を示したい。私は、塩野七生氏の『ローマ人の物語』とユリウス・カエサルの『ガリア戦記』を読んで強烈な示唆を受け、政界に身を置いてきた。

同時代のギリシャ人にとって、哲学的思考ではギリシャ人に格段に劣り、商業の才ではカルタゴ人の敵にもなれず、土木工事ではエトルリア人にかなわないローマ人が何故それら総ての能力を取り込んで興隆するのか。これが課題であった。鍵はシステムにあった。ギリシャ人は自らのシステムを変えることができず衰退していった。

このギリシャ人が分かっていても変えることができなかった衰退のシステムとは何か。それは「陶片追放」に象徴される追放のシステムである。ギリシャ人の政権の交代は追放によって行われたのである。そのために追放の票をいれる陶片の売買まで行われた。つまり、〝ちくり〟〝密告〟を金で買うのである。他方ローマはどうか。ローマに「陶片追放」の制度はない。ローマ人は、卑怯者・臆病者を排除した。しかし、失敗した者を排除しなかった。むしろ、失敗した者はその失敗から最も多くの教訓を得た者として、再び用いることを常とした。この人材確保のシステムによって、ローマ建国以来最大の国難である第二次ポエニ戦役においてカルタゴの名将ハンニバルに勝利したのである。

ギリシャでは、何かすることが追放の原因となる。ローマでは、何もしないことが卑怯者・臆病者という社会的抹殺の原因となる。

そこで、我が日本の現在のシステムは、このローマとギリシャと、どちらに近いのか。明らかにギリシャである。日本にローマ的システムが機能したのは、国家レベルでは日露戦争までだ。もちろん民間レベルでは未だ優れた創業者のもとでそのシステムは活きている。だから日本はこの政治の惨状のなかでも保っているのだ。

現在の我が国の政治システムでは、まず頭と心を空っぽにすることを心がけ、細胞分裂している同一の遺伝子は何かと突き止め、それを体内に入れて、それの命ずるままに行動するのが肉体の生息期間を長くする道である。マスコミ界も政界も官界もそうである。そこから出れば「陶片追放」される。政界であれ官界であれ、そこから出身した識者が引退してからペラペラよくしゃべることがある。しかし、現役のときに何故その考え通り働かなかったのかと、国民は現役がいるシステムの不思議に目を向けなければならないのである。何故なら、このシステムこそ、ギリシャのように我が国を衰亡させるからである。

ここで、私の実体験に入る。人は体験によって学ぶ。私も体験によってローマとギリシャのシステムにまで思いを馳せることができた。そして、「政」であれ「官」であれ、改革とは何を変えることなのか納得できた。

マスコミが加担する「陶片追放」

昨年（平成十一年）十月末、私は防衛政務次官を例の「問題発言」で辞任した。このマスコミがいう問題発言は「核武装発言」と「強姦発言」というようにレッテルを貼られ、投票日に至るまでマスコミはそのレッテルだけを使う。生理的な抗体反応が起こっているのである。これは教祖にポアせよと命じられたオウム真理教信者が「ポア」とは「殺人」のことだと捜査官にいわれ、生理的にびっくりするような反応と同じだと私は思う。何故なら、私はマスコミ自身が使う「核のカサ」やユーゴスラビアの「民族浄化」とは何かを、実態を示して指摘しただけだからだ。最近のマスコミは、実態を隠しあたかもそれが倫理から離れた流行であるかのような言葉を作るのがうまい。例えば「援助交際」、「ストーカー」である。

しかし、一度このシステムのなかで抗体反応を起こした問題は、この私のような反論で片づくはずはない。抗体反応は、私の責任ではなくシステムが起こす現象である。私の手を離れた社会共有のレッテルとなる。この度の選挙は、この現象に立ち向かう戦いでもあった。しかし、選挙区では、この現象の効果がどこに現れているのか、どのような結果をもたらすのか不明にして私には分からなかった。選挙を回顧できる今は、陶片追放的な厚いベールがあったことは実感できる。

マスコミの記者が私の何に興味を持っていたかが分かれば、マスコミによって大いに形成される世論の動向とその追い風で私を攻撃して利を得ようとする対立政党の選挙術を把握する手がかりともなる。次は、選挙前にA新聞社記者から執拗に受けた取材の再現である。

記者「森総理の神の国発言は、どう思うか」

西村「言わんとする真意はわかる。したがって表現は神々の国とすべきであった」

記者「国民主権や民主主義に反しないか」

西村「反しない。その証拠にもうすぐ選挙ではないか」

記者「国体とは何か」

西村「国のかたち、国柄である」

記者「戦前に使われた言葉を今使うのに違和感を感じないか。戦後世代として不思議だ」

西村「戦前使っていた言葉が使えないなら、会話もできない。万葉集や古今集を読んだことがないのか。今も使っている言葉があるではないか。君の新聞も戦前の旗を未だに使い明治維新という言葉を使い、平成維新という言葉も使っているではないか」

記者「強姦発言は未だ維持するのか、撤回や謝罪をしないのか」

西村「強姦発言とは何だ。私はそういう発言をしたことはない。国防が破綻した国では、バルカン半島のユーゴのようにそのような犯罪が繰り返されて国民の悲惨さは目を覆うばかりだ。したがって、我が国は国防体制を整え国民をそのような惨害から守る責務があると発言したのだ。未だにその内容を一切知らせずにレッテルだけを一人歩きさせるのは心外だ」

記者「発言を取り消す気がないのは分かった。次に、日本は核武装すべきか」

西村「君は、日本に核がないという前提で聞いているのか、在るという前提で聞いているのか。政府の非核三原則は真実を言っているのか、まやかしを言って国民を誤魔化しているのか。マスコミの人間は政府の言う非核三原則が真実か否か報道する責務がある。君はどう思っているんだ」

記者「……」

西村「現実的な前提なしに答えられる問題ではない。しかし、日本は核に対しては全く白紙でゼロだと私は思っていない。日本には核があり日本は核で守られている。アメリカ第七艦隊の空母や潜水艦が、太平洋のどこかで核を下ろして日本に寄港しているとは私は思っていない。その前提で、つまり日本に核があるという前提で、日本独自でさらに核を保有する必要があるかどうかを聞きたいのなら、今直ちに核を保有する必要はないと答えておく。したがって、日米安保体制は国防上大切なんだ」

このような問答が記者との間で交わされているとき、またその以前から、選挙区内の特にニュータウン地区では、「西村・強姦議員追放」のビラが各戸に配られ、共産党のビラは私のことを

「核武装議員」と断定していた。同時に、韓国を真似た「落選議員リスト」には常に私が「反人権的」という理由で登場していた。

現憲法がもたらす政治の空洞化

この度の国政選挙の位置づけに加えて私の選挙区の特殊事情にも触れた。私の力不足と準備不足の言い訳に使うためではない。実に私こそ、実態から眼を逸らし言葉尻を捕らえて追放の道具とするマスコミと戦後政治の織りなす国を衰亡に導くシステムの矢面に立っていた候補者であったからだ。その中にあって、私が何を訴えてきたのかを記しておきたい。

私は、政治とは具体的な課題を解決するものと思っている。「戦争決別宣言」や共産党から自民党まで賛成する「少年犯罪に関する決議」などは政治とは思っていない。領土を守る。国民を守る。これは誰でも言う。それこそ共産党から自民党まで言っている。しかし、如何にして守るのか、についてはは戦後政治は言わないのだ。

例えば、「国民の命と暮らしを守る」のスローガン。どこかで聞いたことがある。では、そのスローガンを掲げた政党が、具体的に北朝鮮に拉致された横田めぐみさんや数十名の日本人を如何にして守るのか、具体的に述べたことがあるだろうか。尖閣諸島を如何にして守るのか、具体的に述べたか。昨年三月、日本海に現れた不審船をどうするのか。五年前の阪神大震災における政府の無作為を如何にして繰り返さないようにするのか。

　言うまでもなく、これらはすべて国防という国家の体制に関わる課題である。しかも福祉に関わる課題でもある。何故なら国民の命と財産の確保なくして福祉は成り立たないからである。このように戦後政治が語らない課題こそ、一旦ことが起これば深刻な惨害を国民に蒙らせる領域なのである。しかもこの政治の空洞は現憲法によってもたらされている。よって、私の今までの政治活動の射程は一貫してこの領域の改善に向けられていた。したがって、常に具体的に課題を提起して活動してきた私が、選挙になったからといって突然、「命と暮らしを守る」とかの抽象的なきれい事だけで済ませられるはずがないし、済ますのが不自然だ。

　そこで、私のスローガンの柱の一つは、「国防なくして福祉なし」であった。

　このスローガンに対し、分かりにくいという批判もあった。なるほど、スローガンだけでは分かりにくい。しかし具体的に、国民が拉致されているのを放置している国の政治が、福祉を語る資格があるのかと問題提起すれば、真意は理解されると思う。拉致された横田めぐみさん、また有本恵子さんにとっての最大の福祉は、拉致を防ぎ、救出を国家の責務として取り組む政治体制である。神戸の倒壊した柱に挟まった人々にとっての最大の福祉は、その命を助けることに尽きる。その救出の意思と能力のない政治を放置することは、仮にあなたの家族が拉致されても国は救わず、地震の時もあなたは放置されるのだ。抽象的ではなく具体的でかつ公と私が一体となった国政の課題だと思う。

「祖国に対する愛」を教える意味

さらに、教育問題も私の主張の柱であった。私は、国防を支える精神は教育が教えねばならない人間愛という徳目の中心であると思う。それ故、二千四十四年前のローマの政治家であったキケロが語った人間愛の構造と我が国の教育勅語の構造は見事に一致しているのである。キケロは言った。

「あらゆる人間愛のうちで最も重要で最も大きな喜びを与えてくれるのは祖国に対する愛である。父母への愛の大切さは言うをまたないくらい当然であり息子や娘達、親族兄弟そして友人達への愛も人間にとって大切な愛であることは誰でも知っている。だがこれら総ての愛ですらも、祖国に対する愛に含み込まれる。祖国が必要とするならば、祖国に一命を捧げることに迷う市民はいないであろう」

私は、戦後の教育は「祖国に対する愛」を教えなかったが故に、それに包み込まれる多くの人間愛も、結局、教えたことにならなかったのだと思っている。祖国を教えると言うことはその歴史と伝統を教えることであり、そこから離れて個性ある文化が生まれるはずがない。しかし、現行の教育基本法は、祖国と切り離された文化の創造を目的とするのみである。

ともあれ、私が選挙区各所で訴えたことを再現し、いつの間にか選挙の細部に立ち入るのは本意ではない。ただ、選挙区内外の多くの実に多くの同志といえる人々に支えられ有権者の評価をえたこの選挙戦において、私の不明により満足な結果をもたらし得なかったことを深く恥じている。しかし、次は花を咲かせる。念ずれば花は開くのだ。

最後に、私が選挙中いつも繰り返していた次の言葉を記すことを許されたい。

「常に喜べ、たえず祈れ、どんなことにも感謝せよ」

〈『正論』平成十二年九月号「〝衰亡の風〟に立ち向かうために」改題〉

国家的規模での父性原理復活を

「子鹿のバンビ」が提示するもの

子供の頃の何時の時か、母に連れられてウォルト・ディズニーのアニメ映画「子鹿のバンビ」を見た。美しい平和な森のなかで生まれたバンビは、母親の元で愛情に包まれて育てられ成長する。しかし、森に火災という破局が襲い、母は死ぬ。そこで場面が変わる。何処からか逞しい見事な角の牡鹿が現れて息子であるバンビを導き、森を見渡せる頂に二頭が胸を張って立つ。その時バンビはもはや子鹿ではなく若い牡鹿である。これからバンビが生きていく世界には、母の元で包まれていた温もりはなく厳しい自然界の掟がある。父は子にその世界に向けて歩み始めることを促す。バンビは、これからますます逞しくなって、きっとやり抜くだろう。それを強く暗示して、ドラマは終わる。

このドラマは、父と母と子供の関係を象徴的に捉えて印象的である。母の愛は、無条件の受容である。父の愛は、リーダーッシップであり無条件の受容ではない。子供は成長するものであり、何時までも子鹿に留まることはできず、時は惜しみなく幼児期を奪う。このドラマは、この三つの要素を火災と母鹿の死という劇的展開で示している。無条件の受容が必要な時期には、父である牡鹿の姿はない。その時期が劇的に終わった時、または自然の現実の前で終わらざるをえない時に、初めて牡鹿が現れるのである。なぜ、無条件の受容の世界が終わらねばならないのか。その理由は、単純、冷厳である。その世界に時期を越えて浸っておれば自然界では死ぬからである。前期の「生」のみが溢れる世界は、次の「死」に直面してそれを回避して生き抜くための準備期である。そして、この準備期こそ人生で一番美しく思い出して一番懐かしい貴重な時期なのだ。

ドストエフスキーの「カラマーゾフの兄弟」の最終章で、主人公の一人のアリョーシャ・カラマーゾフが子供たちに向かって演説する。「君たちが父母の家庭のなかにあった時の記憶は、君たちの生涯にわたる力なのだ」と。人生の力とは、これから新たにどこかで付け加わるものではなく、幼児期の家庭にあった時期に既に与えられ恵まれている、だからそれを信じて勇気を持って人生に立ち向かえとアリョーシャは訴えているのだ。

真理は現実のただ中にありというから、現実に遡って考えたい。我々人間とは何か。哺《ほ》乳類である。哺乳類とは、雄と雌が父と母となり、母が子を数ヵ月間にわたって自らの胎内に宿してからこの世に生み出し、一定期間母が乳によって子を育てる存在である。この母が子を胎内に宿し哺乳する無防備の期間に、雄はそれを外敵から守り食を確保する。そのようにして育った子が自立していく。その親離れ子離れはあらゆる哺乳類に訪れる。狐は激しく親と争って別れていき、熊は母熊が子熊を木の上に追いやって子から離れていく。また群という集団で生活する種は、多くは子供だけで雄や雌の同性同士の群を形成して親から離れてより大きな群の一員となっていく。

このようにして個が成長すれば、群は存続し種が保存される。

我々人間は、群という集団で存続し、高度に組織化された社会を形成する。人間は男か女かどちらかの性で存在している。そして社会には、次の社会の構成員のために無条件の受容を与える存在と、指針を設定してそれに向かう意思と力を与える存在が必要となる。原則として男は後者を女は前者を受け持つ。もちろん、一人の人間が両者を受け持つ時もある。一つの性が、母性と父性の両者を現すのである。孟母三遷の故事は、母が社会性の指針という父性が担当するものを教えた例である。また、勝海舟の父勝小吉は、息子がけがをしたとき励まし一晩抱きしめて寝た。これは父が母性の担当することを行った例である。

我々人間の二つの性は種の維持のためにあり、一方は生を育むために、他方は死に直面する現実世界のなかで身の処し方を示すために必要である。一昨年に上映された映画「タイタニック」が何故ヒットしたのか。ローズが救われジャックが死んだからである。生を育む女を男が助けたからである。また、ヘミングウェイの名作「誰がために鐘が鳴る」の最後も、男は愛するアンナを生きさせるために踏みとどまり敵と交戦して死んでゆく。これらのストーリーのなかで逆に女が死に男が助かっておれば、名画・名作にもならない。生を育む性は助けねばならない、種族維持の大義、それが生物としての我らの遺伝子に組み込まれた鉄則（本能）である。本年（平成十二年）に起こった十七歳の少年によるバスジャック事件においては、男はバスから降りて残された女が殺された。ここに我々の心の琴線に触れえる要素は何もない。人の本能に反するからである。

グロテスクな悲惨さだけが残った。

ところで、女とは何か。母を体現する性である。男とは何か。父を体現する性である。もちろん現実の男女の人間には、それぞれ母性と父性の両者が具有され、時に応じて孟母や勝小吉のとおりの行動をとる。しかし原型は、女は母としての愛を現し（母性原理）、男は父としての原理・掟を示す（父性原理）のである。またマルクスは、娘にあなたの好きな男の特性また女の特性はと質問されて、男には「強さ」と答え、女には「弱さ」と答えた。この愛と原理、また強さと弱さが織りなす模様が人間社会の調和でありハーモニーである。

利他の愛の体系

では、現在の我が国の社会にこの調和ハーモニーがあるか。それはない。何故なのか。それは憲法の文章をよく吟味もせず書かれているままに、人は生まれながらにして自由であり個人の尊厳と基本的人権を享受しているとの虚妄を信じたからである。これは人間存在の実相から遊離している。実は自由も権利も個人の尊厳も、その者が自立した人生のなかで自ら獲得するものである。

だが戦後は、人が生まれたその状態を無条件に享受せしめれば、生まれながらに備わっているはずの自由と人権もそのまま発達すると錯覚した。つまり、母性原理のみのモラトリアムが教育の総てとされた。子鹿のバンビの森がそのまま続くとのフィクションのもとに憲法と教育基本法の文章ができあがっている。そして国家的規模でその錯覚を長引かせる要因が、我が国の戦後の国内体制に生み出され国際環境にも存在した。しかし、天道は公正であり、因果応報である。眠ければ泣き渇けば泣く。また無視されても泣く赤子への対応を教育の理想として無条件に引き延ばせば、どのような精神と肉体の奇形が生まれるのかを、我々は近年の少年犯罪で確認しつつある。国内的には刃物を持つ十七歳の赤子を生み出したのだ。

事件が起こると、このような奇形が生まれるのは家庭の問題だと指摘する識者が多い。しかし、生物である以上、石器時代以来変わりようのない家庭の形態が、憲法体系が支配する行政や公教育やテレビ等のマスコミを席巻する錯覚された空気から家庭内の世界を防御できるはずはない。古き良きインディアンの世界が、押し寄せる白人世界に席巻されたのと同じである。インディアンの家庭がしっかりしていたらそうはならなかったとは誰もいえない。我が国においては、驚愕すべき少年犯罪に関し、戦後の錯覚で飯を食っている識者ほど、家庭が悪い周囲が悪いというコメントをしてきた。現実の人間存在を見つめえず、自らの足下を見つめえない精神の貧困、知的怠慢である。

この奇形から脱却するには、戦後という時代精神の変革とそれに応じた国家体制の一新以外にないのである。そして、この事業を担うものこそ父性原理なのである。父性の喪失による奇形は国家的規模の父性の復活によって復元されうる。

まず第一に確認すべきこと。それは人間以外の生物では無自覚に行われている種の維持という行為を、我ら人間は「愛」という行為で自覚するということである。それは利他の行為であり、国家という共同体（群）を自覚してからは「祖国と同朋に対する愛」として発現される。これらの行為は、総て他者のために何かを為そうとするものであり、このような行為が無ければ共同体は存続しえない。この利他の行為は、国家においては「国防」と「福祉」という存続の両輪を成す国家体制のなかで発現される。

そして、福祉は国防の基礎のうえに成り立つ。なぜなら国民の命を守るものがなく、命が亡くなってからでは福祉もくそもないからである。しかし、我が国にこの国防の原理がない。つまり利他の愛の重要な体系がない。いざというときに身の危険を顧みずに公共に尽くす体系がない。

戦後の政治と教育において、野党は敵視することにより与党は封印することによって国防の意識を国民精神から奪ってきた。政治と教育は総体として与野党が共同正犯となって国民から「祖国に対する愛」の体系を窃取してきたのである。それを可能にしてきたのが戦後の憲法体系である。したがって、阪神大震災の時に増大する被災者の死亡を尻目に数日間何もしなかった総理大臣も我が国では憲法によって免責された。このままでは、敵国の軍隊を国土に誘引し全国民に白旗を揚げさせる総理大臣も憲法にもとづき免責されるであろう。

よって、人間存在に対する憲法のもたらす錯覚からの脱却と国防の原理と体制を確立することが、我が国に父性原理と母性原理という二つの愛の体系の調和をもたらし、国民精神を覚醒し危機にもバランスを失わずに、それを克服できる国民を育成するのである。これは家庭の復権に他ならず、男女共に取り組まねばならない国民的緊急課題である。

〈『正論』平成十二年十一月号「男たちよ！〝父性原理を喪失した国〟」改題〉

「普通の国」になる覚悟

「日本はいいよ。アイデンティティーがあるじゃないか。日本では、共産党の人間に国はどこかと訊いても、みな日本人と答えるじゃないか。台湾では、国はどこかと訊くとあるものは中国人と答え、あるものは台湾人と答えるんだ」

右は、本年（平成十二年）一月十二日に台北近郊の淡水で、台湾の李登輝前総統が私に語った言葉である。翌日、私は日本に帰り一月末からの通常国会の場にいる。その間、我が国の衰亡する政治の渦中で右の李登輝氏の語った言葉を時に反芻し、「日本」を振り返った。そして、「李登輝先生、我が日本も、実は大変なんだ」とつぶやいた。

李登輝氏との会見は、日本語で一時間以上にわたった。彼が多くを語り、私は多くを聞いた。彼は、台湾を語りながら日本を語った。彼の独白は、ここまで生きぬいてきた人間の感慨に至った。そこに、李登輝氏の政治的行動を促してきたものが語られていた。

まず、自らが決断して実施した直接選挙で勝ち得た総統の地位を、なぜ一期で明渡したのか。それも、連続を望まず断絶を欲した形で。このため自ら総裁を務める国民党は分裂し、野党民進党の陳水扁氏が総統に当選した。そして台湾は、一挙に「破」の時代に入った。つまり、良い悪いはともかく安定していたものが破れた。これからは、本省人と外省人の区別では捉えがたい数々の方向の利害が噴出してくる時代となる。

牢固とした桎梏のなかにいて、一筋のアイデンティティー確立への路線を国民に示したのが李登輝とすれば、いまやその桎梏を支えていたものが巨大な野党勢力となっているのである。しかし、これは選挙という民主主義の道を、中共からのミサイルによる威嚇に怯まずに断行した当然の過程である。つまり民主主義とは、結局民意による絶え間の無い「破」なのだ。台湾は、この状態を受容するのか。それとも細川内閣以来の日本の政治のように、沈み行く密室の安定に逃げ帰るのか。

李登輝氏は、窓の外に目をやり、観音さんが寝転んだような形の観音山のいただきを見つめながらこう言った。

「あの山に妻と何度も登った。頂上はこの部屋より狭いよ。周りに何もつかまるものが無いんだ。総統の地位もそうだったよ。何も頼るものが無く誰にも相談できない」

そして、右手の人差し指を真っ直ぐ天に向けて言った。

「頼るのは、天の神だけだよ」

さらに、話が聖書のことになったとき、李登輝氏は、

「モーゼは、カナンの地には入らなかった」と言ったのだ。

二年前、李登輝氏の著書『台湾の主張』の東京での出版祝賀会のときに、私は、旧約聖書の「出エジプト記」を引用して、李登輝氏はエジプトで奴隷に落ちたユダヤの民を率いて「蜜と乳

の流れる」カナンの地に導いた政治家ではないかと述べたことがある。モーゼは、エジプトから脱出して紅海を渡りシナイ半島から今のイスラエルのカナンの地を目指した。しかし、自らは目的地には入らなかった。

確かに、総統としての李登輝氏はモーゼの軌跡を意識してきた。そして総統としての最後の日々には、カナンの地に入らなかったモーゼを意識した為政者だった。つまり、「紅海」を渡るまでを自らの任務として一期で総統から身を引く。これは、李登輝氏が言うように天の神と相談した結論なのだろう。

では、台湾にとって何がエジプトであり桎梏であったのか。それは「中華」である。従って、李登輝氏にとっての「出エジプト」とは、台湾のアイデンティティーの確立に他ならない。ユダヤの民はエジプトを出てからカナンの地にいたるまで数十年の歳月を要した。台湾もこれから数十年の歳月を要するとするならば、モーゼのように地位を後進に明渡していかねばならない。その道半ばの感慨が、私が反芻してきた李登輝氏の冒頭の言葉なのである。

さらに、台湾にとって「中華」という桎梏とは何なのか。それは、「政治権力のあり方」である。共産党の毛沢東が政権を握れば、後は連綿と共産党の中国が続く。国民党の蔣介石が政権を握れば、国民党の台湾が続く。党または王朝以上の権威と権力を体現し得るものは存在せず、権力者にとっても民衆にとっても「公」と「私」の区別は無くなる。しかも、二十世紀だけがそうだったのではなく、中華においては遥か遡っていっても清、明、宋、元、唐、隋、漢など、かの地で政権を握ったものがチャイニーズであろうがモンゴリアンであろうがマンチュリアンであろうが、連綿として同じなのである。「王朝」が二十世紀に「党」と呼ばれるようになっただけである。つまり、中華世界においては、その都度その都度、王朝はあるが「中国」と言う国、つまり覇権の盛衰から離れた一貫した「公」は、今まで無いのである。

そうであれば、最高権力者である総統としての李登輝にとって、民選においてこの最高権力を選出する体制をつくることと、次の最高権力者も民選に委ねること、この不可分のセットが、中華から脱却しうる「国」を建てる第一歩の方策であったのだ。そして、一人でこの入り口と出口のセットを実行して、民主主義のサイクルを完結させた。その結果、若き総統が誕生した。仮に、彼が権力に連綿と執着する人物であれば、権力を握った瞬間に「公」と「私」の区別を失い、中華のブラックホールに落ちたであろう。つまり、国民党支配継続のためのガス抜きの道具として使い捨てられた。

この意味で、李登輝氏は、言葉の真の意味で卓越した人物と言える。如何に、卓越しているか。同時期に使い捨てられた我が国の歴代自民党総裁と比べられたい。彼は、確かに台湾を連れて「紅海」を渡ったのだ。

さて、紅海を渡ったユダヤの民に数十年の苦難が待っていたように、台湾の前途にも苦難が待っている。李登輝氏の冒頭の言葉が、その苦難の本質である。

台湾が民主主義国家における「破」の段階に入ったということは、もちろん戒厳令のない表現の自由が拡大してきたことや経済的な発展が前提にある。しかし、この状態は、外部からの攪乱《かく》やプロパガンダに弱い体制に移行してきたと言うことでもある。しかも、国籍を聞かれて、台湾人と答えるものと中国人と答えるものが混在する台湾では、その脆弱性を突かれる恐れは常に存在する。つまり、現在の台湾は、かつてのように国共内戦の継続で兜を大陸に向けて身構えている状態ではなく、八十キロの台湾海峡を隔てて大陸に横腹を見せている状態なのだ。

さらに、「破」の状態とは、具体的には長年台湾を支配してきた国民党と、その支配を可能にしてきた利権のネットワークが野党勢力になったことから生まれる。長年の与党が野党になる政権交代が生じたとき、旧来の与党とその利権のネットワークは、藁を摑んでも支配者に返り咲こうとする。これは、細川内閣誕生以来の日本政界を眺めれば良くわかることだ。今までビフテキを食ってきたものは、お粥と漬物の夕食に耐えがたくなる。家族の不平を毎日聞いて飯を食わねばならない。自民党がそうであったように、これは動物的本能なのだ。

そこで、台湾には、自民党が社会党と連立する以上のことが起こる可能性がある。それは、「第三次国共合作」である。つまり、国民党と北京の共産党との三回目の合作である。そして、その合作の動きに推進力を与える道具にされかねないのが日本であるという図式も中国共産党が相手であれば変わらない。

以上を総合すれば、台湾にとって台湾海峡はモーゼの「シナイ半島」よりもなお過酷といわざるをえない。この過酷さは、東アジアにおける歴史と海洋と大陸の文明の相克からもたらされる。

そして、歴史的にまた文明論的に、我が日本はこの過酷さの圏外ではありえず、必然的に一つの当事者である。しかし、果たして当事者であり続け得るか。この危惧は杞憂ではない。なぜなら、我が国も台湾と同じ脆弱性を内包しているからである。自らの歩み、つまり歴史を見ようとせず、他者の歴史観を受容し、他者の歴史を自らの歴史とするものは、即ち当事者ではなく傀儡に堕落した抜け殻にすぎない。この抜け殻が形式的に日本人を名乗っても、それはレッテルの詐欺である。「日本はいいよ」と李登輝氏に励まされても、安堵して喜んではいられない。

台湾の状況を鑑として我が国のことを語ってきた。次に東アジアにおいて克服すべき歴史的課題に入りたい。そのために、二十世紀の最大のものに、日本が如何にかかわったかを概観する。

二十世紀は、果たして「戦争の世紀」か

二十世紀初頭のフィンランドにグスタフ・マンネルハイム将軍がいた。彼は、一九〇五年、ロシア陸軍中将として奉天会戦に従軍して日本軍と戦い、日露戦争後、混乱のロシアから故国フィンランドに戻って独立戦争を指揮し、フィンランド独立の英雄になった。また、同じく二十世紀初頭、ロシアから逃れたヨーロッパの片隅に、猫を愛する妻とともに不遇をかこつ男がいた。レーニンである。彼は、日記に、我々の世代は革命を見れないであろうと書きつけ、マルクス主義の非現実性を嘆いていた。しかし、このレーニンを狂喜させた事態が発生した。極東の新興国家

日本が、世界最大の陸軍国ロシアの軍隊を、満洲の各地で、また日本海で打ち破ったのである。彼は、日本の明石元二郎陸軍大佐から日露戦争中に巨額な活動資金を得て、革命のためにロシア国内に社会不安と騒乱状態を作り出すための工作活動を始める。

一九一七年、ついに開始されたロシア革命の過程において、追いつめられたレーニンのボルシェビキは首都ペテルグラードに逃げ込んだ。そのときグスタフ・マンネルハイムは、フィンランドの首都ヘルシンキから指呼の間にあるペテルグラードを攻略してボルシェビキを壊滅させようと強く提言する。彼は、ロシア陸軍勤務の過程でボルシェビキの本質が「無秩序と暴力」であることを見ぬいていた。そしてチェコ軍救出のため東のシベリアに、日本、イギリス、アメリカが出兵している今、西のフィンランドからも呼応してボルシェビキを挟撃し、ロシアを「無秩序と暴力」の支配から解放しようとした。そうでなければ、ボルシェビキに支配されたロシアを隣国に抱えた故国フィンランドは将来深刻な脅威にさらされると予見したからである。

しかし、この提言は入れられず、ボルシェビキはロシアの支配を確立し、フィンランドやロシアの民衆は言うまでもなく、人類は二十世紀のすべての時間をかけてグスタフ・マンネルハイム将軍の予見を身にしみて確認することになったのだ。

歴史に、「もしも」という仮定を入れてはならないと言われる。しかし、失敗の中において成功し得た要因を、成功の中において失敗に至るべき要因を点検することは、過去を学び未来を見つめることである。まして、未だに歴史の点検が為しがたい東アジアにおいては、我が国は我が国の立場で、二十世紀の惨害をもたらしたロシア革命から中国革命に至る連鎖を、小火のうちに消し止めて切断し得たものが、西のフィンランドであり東のシベリアにいた日本とイギリスとアメリカの軍隊であったことを認識しておくべきである。このとき日本とアメリカが良く連携協同してシベリア出兵を成功させていたら、二十世紀後半にはシベリアは豊かな大地になっていただろうと述べたアメリカの歴史家がいたと記憶している。

それにしても、そもそもの発端であるロシア革命の引き金を引いたのが日露戦争を戦った日本であったとも言えるし、それを挫折させ得たのも日本であったと言えるのである。

ロシア革命の成功後、広大なロシアの領土を支配下においたマルクス主義は、かつてのようにヨーロッパのみに徘徊する「妖怪」ではなく、世界に伸張しようとする具体的脅威になる。

そして日本共産化のために「天皇」を解体させようとするモスクワからのコミンテルンの指令に、重大な危機感を抱いて反応したのは日本である。当時の世界列強の中でアジアの日本が最も共産主義の本質と脅威を認識していたであろう。西にはこの日本と満洲の奉天で戦ったフィンランドのグスタフ・マンネルハイム将軍がいたことはいたが、あの時期を失したあとは無力であった。

それにしても、この時期のアメリカという国の共産主義に対する認識の甘さとアジアにおける日本に対する警戒と嫉視はあきれるばかりである。後のフランクリン・ルーズベルトに至っては、チャーチルにたしなめられても、スターリンを信じていたのである。アメリカという国は、地球上に共産主義政権が誕生するために、ロシアと中国の共産主義者に巨大な助力をした国として記憶されるべきである。もっとも、その援助はあとで裏切られてばかりいた。アメリカという国は、「人道」という名のプロパガンダに弱い。そのおかげで、対外的には「人道」の旗を掲げた共産主義者の凄惨な恐怖政治の下に民衆がおかれた。彼らの蒙った苦しみと悲惨は計り知れない。

つまり、二十世紀前半のアメリカの無邪気さが二十世紀中・後半の惨害を生んだと言っても過言ではない。これは、脳天気にカネを持たせれば、如何に危険かの見本だ。それでは、同様に我が国のことにも触れねばならない。二十世紀後半の、カネだけ持っている日本の脳天気が、東アジアの核ミサイル開発に如何に「貢献」してきたのか、その核ミサイルは何処に照準を当てているのか、中東とパキスタンのミサイルは何処から売られたのか、未熟児でないならば、今や深刻な世界の不安定要因となったこの事態の因って来るところを、我が国の平和への責務として検証するべきである。「善意からは善のみが生まれると考える者は、政治のイロハも分からない未熟児である」（マックス・ウェーバー）。

さて、二十一世紀にはいった現在、二十世紀とは、二つの世界大戦があった「戦争の世紀」であったという事のみが言われている。特に、日本のマスコミは、「戦争の世紀」ばかりを強調している。しかし、これは知的怠慢であるか巧妙な思想操作であるかのどちらかである。実は、二十世紀とは「革命の世紀」だ。「革命の熱狂と悲惨の世紀」だったのだ。

レーニンからみれば、また毛沢東からみれば、戦争とは絶好の革命の手段である。「戦争を内戦に、内戦を革命に」がレーニンの戦略であり、「政権は銃口から生まれる」が毛沢東の戦略であった。もちろんその政権とは、共産主義政権である。彼らは革命のために戦争を欲した。戦争には相手が要る。毛沢東は、日本を選んだ。そして、戦争の果てに成功したこれらの革命の粛清のなかで、二つの世界大戦の死者をはるかに超える死者が生み出されたのが二十世紀であった。

ところで、ヨーロッパ方面においては、この歴史は封印から解かれている。人々は見ようと思えば共産主義革命の「無秩序と暴力」の跡を見ることができる。そして、ソビエト崩壊とともに、イデオロギーに塗りこめられていた各地の各民族の個性が息を吹き返してきた。さまざまな国も生まれてきた。

しかし、アジアにおいては、この封印は未だ解かれてはいない。中華思想と共産主義の混合体である中華人民共和国が存在するからである。言うまでもなく、中国共産党が中国革命を主導し、国民党との内戦に勝利して中華人民共和国を建設した。それはマンチュリアンの王朝であった清国の版図と中華意識を継承しつつ共産党の権力独占を国是とした共産主義国家である。

その共産党権力の正統性とはどこからくるのか。マルクス・レーニン主義への信仰は文化大革命までで使い切って、その論理はもはや通用しない。文化大革命後は、今や「抗日の神話」なのだ。したがって、極悪非道の日本侵略者から中国人民を解放し救出したのが中国共産党であると絶え間なく国内に宣伝している。中国共産党は二十世紀の中国人民の惨害は総て日本がもたらしたとしなければならない。そうしなければ、先ほど述べた中国共産党が中国人民に与えた空前の惨害に中国人民の目がいくようになる。そうなれば、中国共産主義政権の正統性が崩壊する。

中国では、ソビエトに対するような点検作業は、断じて起こしてはならないのだ。抗日宣伝で日本を悪の権化として自らが人民にもたらしたボルシェビキやスターリンの数倍にわたる空前の「無秩序と暴力」の跡から目を逸らさせるしかない。これが文化大革命後の中国共産党の一貫した戦略である。

しかしそもそも、日本の存在への攻撃・抗日こそ中国共産党政権を誕生させた最大の梃子《てこ》であった。毛沢東は、日本を戦略実現の梃子としたのである。人民の排外的ナショナリズムを喚起し西安事件から第二次国共合作を成功させ、和平の可能性を潰しながら銃口から生まれるべき共産党政権への道を開くことができたのも、抗日の梃子である。中国共産党は、抗日をもって中国人民の支持とアメリカの援助を得て権力奪取に成功した。どちらが良い悪いと言っているのではない。日本の存在が無ければ、毛沢東の戦略は実現しなかったと言っているのだ。

そして、中国共産党は、二十一世紀初頭の現在も抗日を以って東アジアの世界を塗りつぶそうとしている。既に明らかであろう。まず、二十世紀の歴史認識を中国共産党の言う通り固定させること。その上で、日本を「自虐の網」で身動きできないようにする。そのために、中国共産党は、日本の歴史教科書の最も権威ある検閲官であることを自任して疑わない。これが、中華意識というものである。そして、「武力」の威力を確信しながら、総統直接選挙の道を進み始めた台湾に対しては、日本を共通の敵とし、日本からの被害を共通項とする連帯感を煽り「第三次国共合作」を仕掛ける。また、朝鮮半島には日清戦争前の事大主義（中華依存）を蘇らせるとともに日本に対する共通の被害意識を刺激して共同歩調をとる方向に誘導する。よって、その対外的行動原理は、往年の通りの赤い色をした中華帝国主義にほかならない。

国家の自立した戦略は、相手のカモフラージュを見ぬいてその本質を掴むことから構築が始まる。しかしながら、特に対中・対露・対北朝鮮に関しては、我が国は一貫して内部分裂によって国内に相手の戦略を導き入れている。自らの国家戦略が立てられない。よって、思想にであれ領土にであれ、攻撃をどこに集中するかの自由は常に相手方にある。この点、李登輝氏の述懐する台湾よりも、我が国の状況は深刻かもしれない。

克服すべき課題

我が国は、近年「普通の国」を欲している。現在、我が国は「普通の国」という言葉に新鮮なものを感じるほど、やはり普通ではないのだ。であるのに、何が普通ではないのかに対して議論が進まない。もっとも、東アジアの我が近隣を見渡してみれば、「普通の国」など何処にもない。北から、ロシア、分断された南北朝鮮半島、中共、台湾と続く。「普通の国」の論者に、中華人民共和国や北朝鮮を普通と思っている者はいないであろう。では、この周辺の状況の中で、我が国は如何にして「普通の国」となるのか。

その前に、欧米列強の帝国主義に基づく圧力に屈することを自力で拒否するために出発した明治日本は「普通の国」となったのか。私は、その歴史状況における「普通の国」になったと認識している。「普通の国」になったから、経済が発達し戦争に勝ち世界の列強になったのである。これは「異常な国・異常な国民」が達成しうる事業ではない。

では、現在の具体的なアジア情勢・世界情勢のなかで、我が国は如何にして「普通の国」になるのか。明治期のように、欧米視察か、富国強兵か、脱亜入欧か。そうではない。ただ一点、歴史の回復である。そこから、未来を生きぬくための国家体制は自ずから整う。

そもそも「普通の国」の概念が、いやしくも我が国家のあり方を律するものであるとするならば、我が歴史とそこから生まれる独自性から遊離しては成り立たつはずがない。そのことを見極めずして「普通の国」という言葉を弄んではならない。繰り返す、「普通の国」へと回帰するためのソフトはただ一点、歴史の回復。今まさに、ここに集中する時である。

ところで、戦後初めてのテレビドラマにあった「私は貝になりたい」の貝のように、戦後日本は、自らの存在をあまりにも矮小化していないか。貝殻から抜け出て歴史を大観すれば、我が国は明らかに、ユーラシアとは違う文明圏を形成してきた海洋国家である。そして、朝鮮半島と中国大陸との交流による影響を受容する以上に、彼の地に大きなインパクトを与えてきた存在として独自性を失わなかった。

大陸で明が滅び清が建国されるとき、清が滅びるとき、そして中華民国が破れ中国共産党が天下をとるとき、我が国はいつも決定的な段階で関与してきた。この大陸の動向と海洋勢力としての我が国の関与と相克の歴史は、古代にまで遡るのである。台湾という独自の存在も同じ大陸と海洋という関係の中で誕生してきた。先に、我が国は、好むと好まざるとにかかわらず東アジアの当事者であると述べたのは、避けることのできない地政学的な条件と我が国の存在の大きさに根拠がある。

そこで、我が国の北から南までの周辺国は、我が国に関して自国の国民にいかなる歴史を教えているのか。その歴史教科書を見れば明らかである。簡潔に言えば、東京裁判において、我が国を袋叩きするために各国が東京に派遣した検察官の主張そのものを教え続けている。言うまでもなく、東京裁判は我が国を悪とし、他の国を善とするための連合国による復讐劇であった。この劇に出演するために派遣された各国の検察官の役割はただ一つ。母国の倫理的優越性を際立たせるために、なにがなんでも負けた日本に悪のレッテルを貼ることだった。この検察官の主張を未だに周辺国は維持しているのである。ここに、我が国がうかつにも貝になって見ようとしなかった現実がある。つまり、東京裁判は、周辺国においては、決して過去のことではなく、現在に至るも自らを正当化する手段として再生産されつづけてきたのだ。これにより、領土に限っても、ロシアは全千島の領有を、韓国は竹島の領有を、中共は尖閣諸島は当然として沖縄本島の領有をも正当化し得るとみなしている。さらに、中国共産党政権の正統性の根拠に彼の国が「侵略者日本からの人民の解放」を教科書で強調しているとするならば、歴史上一度も台湾を支配したことのない中国共産党の台湾併合要求の正統性の根拠も、結局は日本悪玉論に帰することになる。
しかし、「普通の国」として考えてみれば、周辺国が、今に至るも東京裁判の検察官の主張を維持している国であるということは、戦争状態における敵国に対する非難を維持しているということで、つまり今も彼の国々は我が国の「敵」ではないか。戦後日本外交は「友好」といえば思考停止してきたが、このような相手と「友好」などありえない。日本が、今に至るも、アメリカ・イギリスを「鬼畜米英」と教科書で子供たちに教えていれば、どういうことになるか、考えてみれば分かることだ。

「小人は同じて和せず、大人は和して同ぜず」。戦後の我が国の「友好」は、友好ではない。「同じて」いるだけだ。これは「異常の国」日本のうかつさが招いた事態である。日本外交は、「和」のないことを「友好」と錯覚していた。即ち、小人であり未熟児である。周辺国にとっては、すぐ「同じて」カネだけ持っている未熟児ほど便利なものはなかった。そこで、この状況から脱却する道はただ一つ。我が国が、東京裁判の検察官に対抗する我が国の論理を持ち、「被告人」ではなく「当事者」となることだ。それにより、真の国家間の友好への道が開ける。その友好とは、チャーチルの次の言葉を腹に入れたうえで成り立つ。「国家には永遠の友好国も永遠の敵対国もない。あるのは国益だけだ」

さて、以上のことを再確認するための最良の資料が、このほど北京から届けられた。日本の特定の歴史教科書に対して、中国政府が二月二十二日に発した文章である。中華意識をもつ共産主義者の見本のような資料だ。

「中国政府と人民は、日本国内で最近教科書にからんで現れている動向を極めて注視しているものである。指摘すべきは、日本の右翼団体が周到な用意のもとに、皇国史観を高く宣伝し、侵略の歴史を否定、美化する目的で歴史教科書を作り上げていることである。仮に修正を経たとしても、反動的でデタラメな本質は変えることができない。……」

よって、二十一世紀に入ったこの時期、我々がしなければならないことは東京裁判史観の克服という単純明快なことなのだ。それにより、独自の文明圏を形成してきた日本人の日本人による日本人のための歴史観が樹立しうる。そうなれば、我が歴史は「過去との対話」としての生気を取り戻し知恵の宝庫となって、国際政治において我が国がいかなる役割を果たすべきかの大いなる指針となる。

さらに、それに止まらず、我が国の歴史の回復は、アジアにおける海洋の文明圏の確認とその宣言となる。日本は、それにふさわしい神話に起源する二千六百年の歴史を経て、二十世紀に巨大なインパクトを世界史に与えてきたのである。そして、このことが、将来の大陸を含むアジア万民の保全のために、日本が国民の勇気と英知と富と力を以って、他の海洋アジア諸国と共に力を尽くすことができる前提となる。よって、我が国の動向に、アジアにおける世界史的転換がかかっている。

現在我が国は、日米同盟を国家防衛と東アジア安全保障の基本的体制としている。約百四十年前に出会い、五十数年前に相戦った日米が今、同盟関係にある。日米は、この百年、共同すべきときに共同できなかった。それが、戦争という代償を支払って共同関係にある。このことは、史上はじめて東アジアに、「日米という安定要因」が誕生したということである。言うまでもなく、日本はもとよりアジアの万民は、平和の中において各々の人生を全うできなければならない。そのための安定要因が日米を機軸にして誕生している。

しこうして、この日米同盟の課題はただ一つ。日本が真の安定要因として動乱を未然に防ぎ、また既に突発した動乱によく対処する覚悟と体制にあるか否かである。現在は、無いのだ。では、その体制を造る覚悟、つまり、「普通の国」になる覚悟はあるのか。今の議員諸侯の党派構造でその方向に動く体制にあるなら、この文章は書かない。この文章を書いて、あなたに読んでいただいているのは、現状の国会ではなく明日の国会を作る権力を持っている国民に、その覚悟をしてもらうしか救国の大道はないからである。

そもそも国益とは、道義と利害を総合したものである。単なる利害だけに生きる国家に未来はない。未来のない国家と国民は利益をも失う。したがって、「人はただパンのみに生きるにあらず」という聖書の言葉は、我が日本国家にも当てはまるのだ。

そこで、具体的にいうが、海洋の隣国・台湾が、その国民の意思に反して武力で侵攻された場合、我が国はアメリカと共に立ち上がってその侵攻を撃退するために戦うか。私は、戦うのが我が国の国益だと断言する。なぜなら、我が国と台湾との大きな経済的結びつきという利害以上に、隣国の「民意」を踏みにじる暴力の行使を傍観することは、我が国家と国民の道義と尊厳をドブに捨てることであり、道義を捨てた国家と国民に未来は無いからである。

　さらに、我が国内の治安状況と国際状況を観れば、国民の安心を確保するために国内の治安を守るシステムも、領域警備の体制を含め再構築すべきである。次に、核ミサイルを保有する国家が、オホーツク海から日本海を経て東シナ海に至るまで存在する現状から、ミサイル防衛構想の早期実現は急務である。なぜなら、我が国は三度目の核が我が国民の上に落されることを断じて許すことができないからである。また、海洋国家である我が国の経済は、シーレーンの安全に因って成り立っている。したがって我が国は、アジアの海という「国際公共財」の確保に責任を持たねばならない。しかし、その体制も無い。そして、これらのことを実現することが、現憲法ではできないというならば、占領下に連合国から与えられたこの翻訳憲法を捨て去り、国家の生存と国民の安全と幸せを確保して真の福祉を実現できる日本にふさわしい憲法を創設しよう。

　このように、国家と国民の将来のために今や急務である事項を見つめれば、自らが足を漬けて立っているこの日本政治の泥のような現状に「既に亡国か」との思いがよぎる。しかし、目を永田町から転じて「日本」を見つめれば、明日の政治を作る力は、日本国民の中に今も温存されている。


〈平成十二年二月記〉

李登輝訪日を阻むもの

李登輝前台湾総統の訪日問題を語る前に、まずその歴史的大前提を押さえておかねばならない。李登輝の存在は我が国の国家のあり方にとってそれほど大きいのである。

百三十年前の明治維新以来、我が国は朝鮮半島と大陸の情勢に苦慮した。近隣は排外的な中華的冊封体制を未だ宇宙秩序の如く墨守していた。福沢諭吉は脱亜論を著し、これらの我が近隣を同じアジアの同胞と見るより西欧列強と同じ目線で見るべしと説いた。何故なら「こちらがせっかく石造りの家を建てても隣家が藁造りのままならば、隣家の火事でこちらも延焼してしまう」からである。したがってこれら近隣の牢固とした旧体制（藁造り）が自力革新されて我が国と共に近代化（石造り）への歩みを始め、アジア人として力を合わせて西欧の圧力を跳ね返してアジアの発展を期すべし、との思いは福沢をはじめ国家の危機を肌で感じて明治維新を経てきた世代の為政者・識者の共通認識であり願望であった。しかるに、状況は我が国の努力空しく好転せず近隣の自力革新は絶望的である。これを見極めて著されたのが福沢の脱亜論である。そして我が国は西欧列強と同じ行動原理をもつアジア唯一の国家として、勢力圏確保と近代化に進む。

それから百年、もはや近隣は福沢が嘆いたアジアではない。ここに至るまでに我が国が果たした歴史的役割は、歴史家トインビーに言わしめれば「数百年にわたる白人のアジア支配の終焉をもたらした」ことである。ところが肝心の我が国の国家目標も敗戦による切断をみた。とすれば我が国の役割は、武をもって勢力圏を制する帝国主義の時代に武をもって西欧の武によるアジア支配をうち破ったことに限定されざるをえない。

ところで、文武両道という観点からみて、「武」をもって倒れたとしても「文」は如何になったのであろうか。武における勝敗は必ずしも文の優劣に結びつくものではない。だが戦勝国の自己正当化のための東京裁判史観のベールは、我が国家自体を悪として封印することによって、国民から「文」を見つめる意識をも奪い取ったのだった。ここに敗戦による「武」の剥奪に続き占領政策は我が国より「文」をも剥奪した。

我が国が見失った「万民保全の道」の実践者

いうまでもなく明治維新以来の国家目標は、「万民保全の道」（五箇条のご誓文）を文武両道によって実現せんとするものであった。したがって「武」が破れたと同時に「文」をも見失った我が国に、この明治以来の国家目標の喪失状態という時代（戦後）が訪れたのである。では、我が国がこの「戦後」に漂流しているうちに、我が国が見失った「万民保全の道」を実践した為政者が近隣に出現したか。出現した。その人が台湾の李登輝前総統である。

東京裁判史観とは、近隣諸国がそれを武器として我が国に対処し、我が国内のメディアと為政者をも呪縛するものである。これは百年前のとは呼び方が違うが、一種の中華思想である。しかし、現在この思想から自由な為政者を、我が国内ではなく台湾の李統輝前総統に見いだすことができる。李前総統は、威嚇によって自己主張（つまり中華）を貫こうとする中共に対峙しながら、民主国家台湾を建設し国民の繁栄をもたらしたのである。まさに文武両道の中庸をもって二十世紀後半の東亜に新しい道を提示した。明治以来アジアで孤独の道を歩いた我が国は、その志の連続線上に初めて共通の価値と共通の目標をもつ友邦を近隣に見いだしたことになる。二十世紀前半は、我が国が一人で歩み、後半は台湾が一人で歩んでいた。日本の道と李登輝前総統の開拓した台湾の道、この両者が二十世紀の東亜における「万民保全の道」を形成しているのである。これは中華とは違う文明論的大道と言える。

しかるに、この象徴的人物である李登輝前総統が訪日できないのである。しかもその原因は台湾にはなく日本のみにある。礼を失するどころか、およそ恥を知る者の耐えうるところではない。さらに我が日本の国家としての存在そのものの軽さ脆弱さを示してあまりあるし、国益を毀損すること甚だしい。政府および外務省は、我が国家の価値を衆人環視のなかでドブに捨てているのである。これほどの反国家的政府があろうか。我が国民一人ひとりがそのことに気付き、祖国に対する愛の故にこの政治を変革する時を待つことができるのであろうか。

なぜ李前総統は訪日できないのか。その原因が作り出されるところを見つめれば、そこには形式的には日本の国籍を持っているが国益とは何かを考えたこともない議員、俗吏および業界利害関係人のうごめく臭いが立ちこめている。これはエコノミックアニマルを生み出した戦後という体制そのものなのだ。とするならば、同じ戦後が生み出した十七歳の刃物少年や、彼等が先を越されたとの思いでその犯行を見た神戸の酒鬼薔薇聖斗が何故生み出されたのか、さらにどうすればその行為の再発を防げるのかと考えるときと同じ絶望と空しさが、この非国益的政治の撲滅を考えるときにもつきまとうのである。両者は同じ戦後という国家目標喪失がもたらした奇形である。

したがって、この戦後はどうしても克服しなければならない民族的課題なのだ。これが続く限り、友邦を友邦として遇せず、拉致された同胞の救出という国家の基本的な存在意義にも背反することを平気で行う政治家・識者・マスコミ人が育成され続けるであろう。

ところで、十七歳の刃物少年や酒鬼薔薇聖斗は、収容する施設がある。しかし、国益に重大な侵害をもたらす走狗等を収容し矯正する施設は我が国にはない。施設はないがどうにかしなければ我が国は危うい。どうすればいいのか。呆然としてしまう。

しかし、三年前に尖閣諸島魚釣島に視察のため上陸したときから感じていたが、この戦後体制の正体は実は極めて脆弱である。「幽霊の正体見たり枯れ尾花」ではないが、一人が日本人としての当然の行動をすれば突き破ることができる。当たり前の行動に対する非難は北京からも東京からもヒステリックにうるさいが、相手に通じないと分かればそこで止むのである。だが、今問題なのは、一人の日本人にではなく、日本の政府に如何にして国家としての当たり前の言動をさせるかである。

我が外務省は中国外務省日本支部なのか

その為の第一歩として、外務省をやり玉に挙げ、戦後体制とは何かを国を愛する読者に明示したいと思う。

それは①日本国外務省が、仮に中国外務省日本支部ならば日本政府が李前総統の入国を認めることはあり得ない。②入国を認めるのは、日本国の外務省であるときだけである。③日本国外務省は李前総統の入国を認めていない。したがって（結論）、果たして霞が関にある外務省は日本のものかどうか点検されてしかるべきである。何故ならこの三つの前提からだけでも、論理的に我が国にある外務省は日本のものか中国のものか、両様の推論が成り立つからである。

日中共同声明は台湾が中華人民共和国の領土の不可分の一部との同国の表明を、日本国政府は「その立場を十分理解し、尊重する」となっている。したがって、日本国政府は日中共同声明を守っているだけであって、これを守って李前総統の入国を認めないことをもってこのような推論をするのはけしからんという向きもあろう。

しかし、私は点検論を維持する。何故なら、中華人民共和国の立場を尊重すれば、現実の一部が消えて無くなるわけではない。その証拠に、河野洋平外務大臣自身の乗った飛行機が台風を逃れて台湾の空港に緊急避難させてもらったことがあった。その時、日本の外務大臣は北京の中華人民共和国政府に着陸許可をもらったのであろうか。現実に着陸を許可した河野氏の命の恩人である政府はどこなのか。中共の立場を尊重することと、その立場に従うこととは違う。日中共同声明は独立国家の間で発せられたはずだ。独立国家同士ではお互いの立場を尊重するのは当然であり、そこに「和」つまり友好関係が築かれる。この和は、「小人は同じて和せず、大人は和して同ぜず」の和である。同じるだけでは和は生まれない。しかし、我が国外務省は、中国に同じてばかりいる。

さらに、李前総統訪日問題だけが単品であるのではない。他にも国益に関する重要問題故に、点検を促す重要な事例が外務省にはあり過ぎる。①フランスの核実験で騒然としている時に、中国は二回の核実験をした。しかるに、在北京の日本国大使は中国政府に抗議に行かなかった(「諸君!」九七年三月号)。②我が国にはODA四原則があり、核大国・軍事大国には国民の税金で援助できないことになっている。しかし、ODA予算を握る外務省はその原則を無視し巨額の援助を中国に出し続けている。③我が国固有の領土である尖閣諸島に関し中国が領有権を主張するや、外務省は尖閣諸島という日本領土に日本人が行くことを阻止する側に回っている。これらは中国に同調するのみで独立国の政府としての要件に重大な傷を与えるものばかりである。

以上を総合すれば、一人の親日的な私人である李登輝前総統の訪日拒否は、日本外務省の中国外務省日本支部化のなかで発生している事例であり、この構造を除去するには東京裁判史観(新しい中華思想または冊封体制）から脱却した日本国の政府を建設しなければならないということが分かる。

〈『正論』平成十二年十二月号「なぜ李登輝氏は訪日できないのか」改題〉

台湾への攻撃は日本への攻撃である

中国共産党と台湾の、一つか二つかという問題は、実は近代国民国家か国民国家ではないかという文明論的争いである。

まず、北京が「中国は一つ」というその中国は、果たして国なのか。歴史上、中国という国が存在したことは一度もない。群雄軍閥割拠の争いの合間に、隋や唐や元、明、清という王朝は存在した。しかし、ついに中国という国は生まれなかった。

何故か。

「中国人は、一人一人砂粒のようにバラバラだ」という孫文の言葉で明かであろう。

この大陸には、歴史上全体として国民国家を形成するまとまりもなく基盤もない。言語の体系も南と北と東と西とで異なる。それどころか、隣の村でも言葉が通じないことも珍しくない。この彼等が今まで存続してきたのは相互の互助組織として、大小様々な結社というまとまりを形成してきたからだ。彼等にとって、この結社が生活の単位であり生き延びるよすがである。国など必要としない。ただこの組織から外れればお互いに敵となる。つまり、妻も敵なり、なのだ。

では、共産党の言う「中国は一つ」の中国とは何か。それは国民的概念、領土的概念ではなく一つのイデオロギーに過ぎないのだ。我々日本人は、無意識に北京も同じように国民国家の意識をもって「中国は一つ」といっているように錯覚する。しかしそうではない。北京の権力者にとって、「中国は一つ」とは、何時も唱え続けなければ地位が危うくなるイデオロギーなのだ。つまり、これは対外的な発言ではなく、対内的発言である。よって、共産党にとっては、台湾は中国の一部と今は言っていても、次の瞬間、日本の近畿地方も中国の一部と平気で言えるのである。何故なら文献にある三角縁神獣鏡が出土したから。事実、南沙も西沙もチベットもモンゴルも満洲も、総て中国だと平気で言っているではないか。

何故このような唖然とするイデオロギーが生まれたのか。それは、中華人民共和国がその版図を引き継いでいる満洲人の建てた清朝の始まりに溯ればすぐ分かる。結論から言えば、部族の意識のみがあって国境の意識も国民の意識もない遊牧民による遊牧帝国を中華人民共和国が引き継いでいるのだ。

すなわち、一六三五年、奉天のハーン・ホンタイジは、元朝の皇帝の玉璽を引き継ぎチンギス・ハーンの受けた天命が自分に移ったと解釈して、満洲人、モンゴル人、中国人の代表から三種族共通の皇帝に選挙されて大清と国号を改めた。そしてこの周辺の広大な砂漠高原は、ホンタイジを皇帝とする遊牧民が自由に走り回っている。従って、その遊牧民が一人でも羊を連れてウロウロしていれば、そこは北京の皇帝の版図になる。この発想で今も北京に権力者がいるのである。そして、遊牧帝国と中華主義と共産主義イデオロギーが団子になり、ますますたちが悪くなって病膏肓に達してきた。従って、ヌケヌケと一度も支配したこともない台湾を自分のものだと言い放ち、こちらが低姿勢だと付け上がって、靖国神社を辱めてくるのである。

さて、この遊牧帝国と中華主義と共産主義イデオロギーの団子に対して、台湾の李登輝前総統と陳水扁総統は、台湾は「国民国家」だと言っているのだ。すなわち台湾の二千三百万国民が、総統を直接選び、さらに選挙による政権の交代を実現している。つまり、自らの運命を国単位で自ら決定してきたのである。これが、国民国家の国民の姿でなくて何であろうか。自明のことだ。人間が人間である限り、自分を人間と認めよというのと同じである。

八月三日の世界台湾同郷連合会への陳水扁総統のメッセージは、まことに格調が高い。「台湾は第二のマカオや香港にならない」、「台湾の未来は、如何なる国、如何なる政府、如何なる政党、如何なる個人といえども、我々に代わって決定することはできない。二千三百万の偉大な台湾人民こそ台湾の未来を決定する」とある。

私は日本人として、このように誇り高い国民が隣にいることをアジアの誇りに思う。

それを、北京が、国民国家になれば武力を行使すると恫喝しているのだ。北京の権力者は何と醜いのか。北京はアジアの恥だ。進化論的に言えば、下等な醜い昆虫が、高等な哺乳類に無礼にも醜い昆虫になれと恫喝しているようなものだ。

そこで、隣国である我が国は、台湾と同じアジアの同じ国民国家としてどうするのか。北京の恫喝に屈するのか。かつて先祖が多々良浜辺で遊牧帝国の野望を武力で打ち砕いた歴史を持つ以上、日本の名誉と道義にかけて、隣人のよしみにかけて、断固として北京の屁理屈の恫喝に屈することはできないのだ。「傲慢無礼者、倶に天を戴かず」（元寇の歌）で行こう。国防力を益々研ぎ澄ましていこうではないか。台湾への攻撃は、我が日本への攻撃である。台湾、万歳。

〈『月刊日本』平成十四年九月号「傲慢無礼者、共に天を戴かず」改題〉

新しい時代の「戦争」が始まった

憲法第九条という逃げ込み寺

九月十一日（二〇〇一年）のニューヨークとワシントンで行われた攻撃に対して、我が国政府は、その本質から目を背けて憲法九条に逃げ込んでいる。この本質に対する認識が間違っているので、この先いかに右往左往して緊急立法をしても、無意味になりかねない。

リーダーシップとは、衆に先んじて事態の本質を見抜いて指針を提示し、部下をしてそれを実行せしめることにある。小泉総理はリーダーシップを重視し、それを確保するためには「首相公選制」がふさわしいとまで発言した総理大臣であった。

しかるに、小泉総理は五月一日の北朝鮮総書記金正日の息子である金正男の不法入国事件に続き、今回もまたしばらく無為無策、つまり無能であった。これでは、阪神大震災において、被災した神戸の国民を放置しながら「なにぶん初めてのことで、朝も早かったものですから」と言い訳をした総理大臣と何の違いもない。まことに気力の衰えた現状にふさわしい総理大臣が続いている。

さて、今回のテロ攻撃事件を世界紛争史に照らして我が国家の将来という観点から捉えておく必要がある。

一九〇〇年六月二十日、前年からキリスト教徒を襲撃して勢力を広げてきた清国内の排外的な狂信的集団である義和団は、「伝神助教滅洋共和義和拳」の旗を掲げて北京の各国公使館を包囲した。以後包囲が解かれる八月十四日までの「北京の五十五日」が始まる。

この事件に際して、日本軍を主力とした二万の連合軍は、七月十四日から天津攻略を開始して北京を解放した。つまり、我が国はPKF部隊を出す決断をして欧米列強の公使館要員と家族の命を救ったのである。この救出作戦における日本軍の軍紀は厳正にして志気は極めて旺盛であった。そして、この国際的評価が我が国の国際的地位を高めて一九〇二年の日英同盟に繋がり、二十世紀前半四半世紀間の我が国の安泰を確保し得る国際環境を生み出した。

そして、二〇〇一年九月十一日、狂信的イスラム教徒により、ニューヨークの金融センターとワシントンの国防総省ペンタゴンがテロ攻撃を受けた。我が国政府は、この事態をいかに受け止めるべきなのか。百年前の義和団事件が二十世紀の我が国の運命を分けたごとく、この度も、二十一世紀の我が国の将来を分けるであろう。

言うまでもなく、政府は我が国の安泰のために適した国際環境を主体的に構築する責務がある。仮に、十年前の湾岸戦争の時のように、金だけを出して事を済まそうとするならば、政府は我が国を国際的孤立化のプロセスに陥れるであろう。

いかにすれば、この錯綜する国際社会のなかで、我が国の安泰を確保し得るのか。まず、明治の先人が果たしたように、世界の大勢を大観して事態の本質を見抜き、これに「国益」の機軸を切り結ばせ、我が国家の進路を求めるところに答えは出る。

ＯＴＷとは何か

今回のアメリカで起こったテロ攻撃の本質は何であるか。それは、新しい時代の「戦争」である。これを、「Other Than War」（略してＯＴＷ）と言う。つまり「戦争でないようで戦争であり、戦争のようで戦争でない」事態が起こったのだ。これは、我が国憲法九条に言う「国権の発動たる戦争」の次元ではない。したがって、ここで明確に知るべきことは、憲法九条が想定して禁止する戦争は、「古典的戦争」であるということ、そしてこれからは、今まで想定していなかったOther Than Warに対処しなければならなくなったということである。

「古典的戦争」の目的は何であるか。

それは、国家同士が自国の利益と意志を貫くために、相手国の軍隊を壊滅させて相手国の戦意を喪失せしめ、もって相手国に自国の意志を受け入れさせようとする闘争である。ここでは、戦争の主体はあくまで「国家」である。国家同士が宣戦を布告して戦時国際法に則って軍隊を戦闘員として行う戦闘が戦争の本質であった。

しかし既に、国家ではない非国家組織が、国家以上の破壊力を動員できるし、国家の機能を麻痺させる力を持つに至っている。つまり、かつての国家が追求した戦争目的も非国家組織が達することができるのだ。国家機能を麻痺させられては相手国政府は屈服するほかない。

たとえば金融、情報、エネルギー、食料・水など、およそ国民生活をパニックに陥れる要点に攻撃をかければ、その目的は達成可能である。その実行組織は軍隊である必要はない。サイバーテロでその目的を追求しようとすれば、どこかの密室でコンピューターのキーボードを操作する目立たない人物であって十分である。そして、この非国家組織の構成員にとって国境はなきに等しく、彼らは旅行者や滞在者として世界のあらゆる場所で活動するのである。

アメリカ政府首脳は、このテロの本質を直ちに「戦争」と認識した。しかし、日本政府は、事態の重大さには驚愕しても、その本質に即した認識を表明していない。オウムサリン事件という世界最初の毒ガスによる無差別テロを受けた国であるにもかかわらず、である。

今、日本政府は、相も変わらずにアメリカへの後方支援のあり方を検討しているという。曰く、「憲法上の制約」に鑑み、できることとできないことを選別しているという。武力行使は、憲法が禁止しているので、武力行使と一体化しない後方支援であるという。

ここに、何が起こったのかも分からずに、ただ成り行きに引きずられていく主体性なき国家の姿がある。日本政府は、「憲法の制約」と言ってはいるが、実は自ら決断するのを回避するために「憲法の制約」に逃げ込んでいるのだ。これは、一種の自閉症国家である。登校拒否症国家である。

我が国政府に、政治の責務とは何かを考える気力さえあったら、いかに無能でも次のことに思い当たるであろう。まず、この攻撃で何が起こったのか。日本人数十名が殺された。日本企業のオフィスが破壊された。これは、日本に対する直接攻撃ではないのか。したがって、この度の事態は、まさしく我が国固有の「自衛権発動」を促す事態である。決して、日本が攻撃を受けていないという前提で動く事態ではない。

しかるに、我が国政府は、アメリカが「戦争」と認識して行動に移そうとしているのを見て、「集団的自衛権」は憲法が禁止しているので行使できない。したがって、アメリカと同盟国として肩を並べて共同行動をとることができないとしている。その政府の「集団的自衛権」の定義とは、「我が国以外の国が攻撃を受けた時に、我が国が攻撃を受けていないにもかかわらず反撃する権利」というものである。

ここに至って、いかに我が国政府が国民を馬鹿にした政府であるか明白になっているではないか。我が国政府は、国民とその財産がこれほど破壊されても、まだ攻撃を受けたと思っていないということだ。ここまでくれば、平素のきれい事とは裏腹に、戦後政治が「国民を守る」という政治の本義にいかに反するものであるかが明らかになる。数十名の国民が拉致されても二十数名の国民が殺されても、正確な反応をなし得ない政府は、国民のための政府ではない。

ちなみに、政府の「集団的自衛権」の定義も、実は間違っているのである。

「他国が攻撃を受けた時に、その攻撃が自国に対するものと認めうる場合に自国に対する攻撃として反撃する権利」、これが集団的自衛権の定義である。我が国政府は、集団的自衛権が無関係のところに関与する権利であるような間違った定義を流布して、この我が国固有の権利を放棄することを正当化して、国際社会と国民を誤魔化し責任逃れをしているのだ。そもそも、無関係のところに関与する権利など、論理矛盾でどこにも存在し得るはずがないではないか。

そもそも憲法九条の問題か

この度の事態は、非政府組織によるアメリカと我が国に対する攻撃であり、実は戦争であるという本質をもつ。では、この事態に対して我が国政府が、憲法上の制約を持ち出して、行動を躊躇することが正しいのか。実は全く間違っている。

憲法九条は、国際紛争を解決するために「国権の発動たる戦争」に訴えることを禁止しているのだ。もちろん、この九条は国家が固有にもつ自衛のための行動をとる自衛権を禁止してはいない。しかし、歴代政府解釈はこの固有の自衛権のうち、個別的自衛権は容認しても集団的自衛権の行使は九条によって禁じられているとしている。

さて、政府の憲法解釈などはどうでもいい。この度の事態は憲法九条が想定する「国権の発動たる戦争」をする相手など、どこにもいないからだ。宣戦を布告する相手はいない。この度の相手は国家ではない。この非国家組織が我が国民を無差別に殺した。

つまり、今我が国に突きつけられているのは、憲法九条の想定した範囲にはない事態だ。この事態にいかに対処するか、これが課題である。ただあるのは、我が国が国家である限り固有の権利としてもつ「自衛権」をいかに行使するのかということだけである。したがって、集団的自衛権か個別的自衛権かという、三百代言的議論は、憲法九条適用領域にはあっても、この度の事態にはあり得ない。

考えてみれば、危機とは既存の秩序や平時の想定が通用しない事態が起こることである。その意味で事態はまさに危機だ。しかし、政府は既存の憲法九条の想定の中に逃げ込んでいる。したがって、事態の本質に基づく対応がとれない。結局我が国政府は、この危機にも対処不能なのだ。この度の「戦争」に対して、我が国総理大臣が迅速に発すべき声明は、「この攻撃をアメリカのみならず、我が国に対する攻撃と受け止め、自衛権を発動する」という断固たる国家としての意思表明でなければならなかった。

断固として抑止しなければ惨害は我が国内で拡大する

今、総理大臣に事態の本質に即した断固とした決断が必要な時である。何故なら、決断なき我が国は、次のターゲットになり、国民が殺されるからである。「断ずるに当たって、断ぜざるは、かえってその乱を受く」という言葉通りに、この組織に対して主体的に国民を守るという決断を今しなければ、近い将来大きな乱を受けるであろう。

情勢を大観してほしい。

この非政府組織の目的は、イスラム原理主義に基づいて世界をイスラム化することである。そのために、バーミヤンの世界最大の石仏を爆破し、イスラムの聖地であるサウジアラビアに肌を出した女兵士を駐留させるアメリカを許せないのである。そのために、自由主義経済社会を無差別に破壊することが、アラーの御旨に従う行動だと信じている。そのために死ぬことこそ至福の名誉である。

この目的を果たすためのターゲットを選ぶ自由は、彼らにある。九月十一日、アメリカの象徴的な中枢に攻撃を加えて破壊することに成功した。当分、アメリカ方面の防備は堅くなり連続攻撃は費用と労力がかさむ。よって、もっとも防備が手薄で戦果が大きいところを攻撃する。その絶好のターゲットは、日本である。

日本こそは、世界第二位の経済大国であり、ここを機能不全に陥れれば、アメリカ経済に甚大な被害を与えられるとともに、世界経済は深刻な不況に陥ることになる。つまり、日本は最小の費用と労力で最大の効果が期待できるターゲットなのだ。彼らは、イスラム原理主義を信ずる以上、永久にテロリストであり、新たなターゲットを求めて攻撃を続けなければならない。そうでなければ、アラーの御旨にかなうことができない。

ここで、アフガンと東アジア情勢を大観する必要がある。まず、ソビエトの侵攻に対してアフガニスタンに結集して、ソ連を打ち破ったイスラム勢力は「聖戦《ジハード》」に勝利したと思っている。何故なら、ソ連の共産主義は無神論であり、この無神論者を撃退することは「聖戦」であるからだ。この認識があれば、「聖戦」の次のターゲットは東の無神論者である中国共産党に占領されている中国領ウイグルになりかねないことが分かる。

実は、この地域にあるアフガニスタン、ウズベキスタン、トルクメニスタンなどの国名の末尾に「タン」の付く国々は、武器を携行して国境の意識無く自由に移動するパタン人の国なのだ。パタン人にとってウイグルが東の無神論者に占領されていることは許せないのだ。彼らにとって、武器を持たず髭を生やしていない者は「男」ではない。二年前の秋野助教授が殺される要因の一つもここにあった。

さて、彼等の現在の「聖戦」は、聖地サウジアラビアに異教徒の軍隊を駐留させているアメリカに対してであるが、このアメリカにイスラム過激派を叩かせて中国領内の争乱という将来の禍根を除こうとしているのが中国共産党である。伝統的な「夷を以て夷を制す」戦略である。これがこの度中国がアメリカに対して極めて友好的な理由である。パキスタン政権がいち早くアメリカ軍の領域内通過を認めたのは、この中国の強い働きかけによるものと思われる。これで当分、イスラム過激派は、アメリカ相手の「聖戦」に集中せざるを得ない。そして、既に述べたように、この対アメリカ「聖戦」に集中する中で、日本というターゲットが浮かび上がってくると認識しなければならないのだ。

さらに、日本が機能不全になることを待つ国が東アジアにある。北朝鮮である。北朝鮮の半世紀前に敢行した韓国併呑のための朝鮮戦争は挫折した。理由は、背後にある日本という基地が健全に機能したからだ。したがって、北朝鮮の教訓は、日本を機能不全に陥れれば、韓国併呑は可能になり悲願の北による朝鮮半島統一がなるということである。四年前に北朝鮮の黄書記が韓国に亡命して戦渦が再び朝鮮民族に降りかからないように警告したことを思い出すべきだ。彼は、北の金正日は韓国併合を本気で考えており、その意思は具体的実行段階にあると警告したのだ。そして、この北朝鮮はノドンミサイルを中東に売っていることから分かるように、イスラムと武器コネクションで結ばれており、反アメリカで共通である。したがって、この北朝鮮という要因からも、世界の耳目がアフガンに注がれる中で、「敵の敵は味方」である両者が朝鮮半島と日本でOther Than Warを仕掛ける蓋然性は高いのである。

ＯＴＷに対して如何に対処すべきか

もはや、我が国は主体的に国家と国民を守る決意を固めるしかないのだ。そして、国連を中心とする集団的安全保障の枠組みおよび同盟国との協働関係というあらゆる段階において積極的行動をとり、何時終わるか不明確なこのOther Than Warを受けて立たねばならない。

現時点において（平成十三年九月二十一日）、小泉内閣が九月末に始まる臨時国会に緊急提出する法案の具体的内容は明らかではない。ただ、この場限りの法案であるらしい。ということは、結局、アメリカの後方支援という次元から一歩も出ないということだろう。今必要なのは、他人事に近所付き合いをするというような緊急時限立法ではなく、実は国家防衛の基本原則の確定なのだ。明確な基本原則こそが、錯綜する事態に適切柔軟に対処できるものと知るべきである。

とはいえ、もうすぐ明らかになる緊急法案を点検評価する際の基本的要点を明らかにしたい。

まず第一に、自衛隊の権限および行動規範の根拠として「国際の法規及び慣例」が明示されているか否かだ。これがなければ、実は「後方支援」もできないのだ。何故なら、世界の軍隊というものは、「国際の法規及び慣例」を共通の秩序および行動基準としており、この中に「後方」といえども参加しながら連携する周囲が全く知らない「日本の国内法」で動く部隊が存在することは許されないからだ。

「国際の法規及び慣例」、これを自衛隊の行動基準としているか否か。実は、これが全てだ。ここから、いかなる装備で行くか、武力行使は如何に為されるべきかが自ずから決まってくる。そして、国内における例の武器使用の要件をどうするかなどの、あたかも警察法で自衛隊部隊を縛るような無意味な議論から解放されるのである。

この観点から政府の出してくる法案を点検すれば、小泉内閣が、何もしないための法案を出したのか、言葉通り「後方」であっても何かを実行するための法案を出したのかが明らかになる。

私は、参議院選挙後から、秋の臨時国会に提出するために「国防省」設置のための関連法案を準備検討中であるが、この関連法案の中核は、内閣法を改正して内閣総理大臣の自衛隊最高指揮官としての地位を明確にすること、および自衛隊の権限が「国際の法規及び慣例」に基づくことを明確にすることである。この権限が明確にされれば、陸海空の「領域警備」や海賊船の撃退など、自衛隊はその任務を国際法に則って果たすことができる。あとは、具体的状況の中で、いかなる任務を自衛隊に与えるかという最高指揮官の決断が残るだけとなる。

つまり、問題は総理大臣のリーダーシップの領域に移るわけだ。したがって、いま政府が作成している緊急立法の必要もなくなる。国家防衛の基本原則の確立が今こそ必要だというのは、この意味からである。リーダーシップを欲して総理になった小泉が、なぜここに気づかないのか。

次に、法整備無き現状においても、総理大臣は、速やかに陸海空の将官クラスを直接連絡員に任命してペンタゴンに派遣すべきである。そうでなければアメリカとの連携はとれない。何も現役には限らない。統幕議長、各幕僚長、方面軍総監、艦隊司令官などの経験者に人材は豊富だ。軍人と文官は、打ち合わせることはできないのだ。軍人同士であるからこそ信頼感が生まれコミニュケーションが可能な分野がある。本件事態がそうである。そこで、「後方支援」であったとしてもいかなる分野におけるいかなる形態の支援なのかを明確にすべきである。軍人同士であればお互いの能力は分かっているのだから、能力に即した軍事的整合性のある選択肢が得られるであろう。その選択肢から何をとるか、これが総理のリーダーシップというものである。その選択肢を提供しえる軍事領域における人材の動員、これも総理のリーダーシップと心得るべきである。

今までどおり、防衛庁の文官や外務官僚に漫然と対ペンタゴン交渉を任せてはいけない。彼らは、法律は知っていても軍事専門家ではないからだ。

それとともに、軍事以外の領域つまり金融、運輸、エネルギー、サイバーなど、近代国家を機能させているあらゆるシステムに関して、国内はもとより国際的な防御のシステムの構築を急がねばならない。

最後に、地上の対ゲリラ戦について、述べておく。言うまでもなく、兵を用いるとしても闘わずして相手を無力化する政戦略が採られねばならない。ゲリラ（この場合はイスラム過激派）というものは、生産的な活動はしていない。食料・活動物資などの調達は全て周囲の民衆に頼っている。つまり、勝手に民衆から「税」を徴収しているのだ。民衆は彼等を恐れて逆らうことができない。アフガンでもそうであろう。つまり、民衆のゲリラからの離反がゲリラを無力化する最良の方策である。アメリカが、この戦略をとれば対峙は長期化するもゲリラは、結局は無力化する。

しかし、アメリカは次世代以降（After Next）の戦争をアフガンで実験するかも知れない。何しろ、ブッシュは四百億ドルの予算を無条件で手にしたのだ。これは、宇宙と地上の歩兵が連携した、ゲリラの全ての拠点に対する同時ピンポイント攻撃である。この実験がうまくいけば、一人のアメリカ歩兵にもゲリラは近づくことはできない。彼が携行するセンサーが察知すれば、たとえ数名のゲリラに対しても直ちにミサイルのピンポイント攻撃が為されるであろう。反対に、地上でアメリカ兵が死ねば、その死体は晒しものにされて、全世界がテレビで見るであろう。そして、アメリカ世論の動き次第でブッシュ政権は崩壊する。しかし、このようなリスクを背負いながらも、「正義」の旗を翻した以上、ブッシュは進むだろう。これが、若い国アメリカの原理主義というものだ。

〈『月刊日本』平成十三年十一月号〉

不審船事件が浮き彫りにした亡国に至る病

はじめに

現在の我が日本国が、国際社会における「国家」としての常識的な体制にあるか否か。この質問に対して、多くの国民は、自信を持って「ある」と答えるのには、ためらいを感じている。しかしながら、このためらいは国家としてのハードとソフトの両面にわたっての不完全感であるからはなはだ漠然としている。

このような場合、具体的「事件」が霧を晴らして実像をはっきり見せてくれることがある。その実像とは、多くは「対処不能」の姿として現れてくる。我が国にとって、昨年（平成十三年）十二月末の東シナ海に現れた不審船がその「事件」である。しかも、この事件は、平成十一年三月の日本海における不審船事件とセットとなって、もはや誤魔化しが利かないほど完膚無きまでに我が国の「不完全」な実態を見せてくれた。

しかしながら、政治はまたもこの実像を、国民に開示しようとはしない。本年一月十日の衆議院国土交通委員会においても、「適切な措置をとった」旨の海上保安庁の報告書を読み上げただけで、沈没した不審船引き上げも確約せず、事態に対する関心が収まるのを待っている。毎度繰り広げられる政府のこの手法である。

しかし、もはや先延ばしはできない。なぜなら、我が国の制度的欠陥を隠蔽しながら不審船を海底に放置する動きは、日本人拉致事件を隠蔽して北朝鮮に米を送り、破綻した朝銀に対して総額一兆四千億円の公的資金を投入しようとする政治構造のなかで起こっているからである。

つまり、この度の不審船事件は、単に我が国の制度的欠陥と平和ボケ政治家の無能を見せつけただけでなく、周辺国の戦略に利を得て屈服している売国的政治の実態をも明らかにしているのだ。

以下、この不審船が突きつけている問題を、国家の原則に即して述べていきたい。

不審船への発砲は平時の国家業務

国家は、警戒・警備が行われていて初めて国家である。その警戒・警備は有事にならないようにする平時の国家業務であり有事の行為そのものではない。この度の不審船事件での発砲を「自衛権の発動」として有事の行為の如く解釈するマスコミ論調もあったが、これはあくまで平時の領域で位置付けられるべき行為である。

このことは何も国家特有のことではなく、我々の家庭や企業を含めた組織にあまねく当てはまることである。あらゆる組織は、警戒・警備そして安全のための情報収集なくしては存続できない。そして、組織のなかに不法侵入された場合は実力を以てそれを排除できるし（有事）、事前には（平時には）門に鍵をかけたり、周辺をフェンスで囲ったり、廻りでうろつく者に何か用かと質問して情報収集できる。このような組織の当然の各段階における権能が、国家においては自衛権を中心にして構築されているのだ。ただ国際社会においては国内社会における警察という存在がないから、のぞき見する者や不審者の職務質問などの警察がやることも全て国家自らがやることになっているのが国際法だ。そして、これらの行為は、自衛権を前提にしているが、その発動そのものではなく、自衛権の発動に至る事態を未然に防ぐ平時の行為（警戒・警備）なのだ。つまり、破壊された平和を回復する行為（自衛権発動）ではなく、平和を維持するための行為である。これは、自衛権の存在を前提にして、そこから導かれる対外的行為であり、軍事領域における行為である。

そこで、平成十一年三月の日本海不審船事件（以下、日本海事例という）と平成十三年十二月の東シナ海不審船事件（以下、東シナ海事例という）であるが、これらは全て警戒・警備の領域において発生している。

従って、これら事例における最大の目的は、平時の枠内で収集し決して国の平和破壊（有事）に発展させないことである。

しかしながら、我が国政府のこれら両事例における対処は、あたかもこの最大の目的を無視したようなもので、危険な事態に発展しかねない対処を繰り返したのである。

例えば国内で、重火器を携行しているかもしれないゲリラらしきものを発見した警察が、丸一日の間、相手を何百キロも追いかけ回せばどうなるか。国内の治安は破壊される。では、国境線付近でそれをやれば、どうなるか。国内不安の増大に加え国際的緊張を作ることになる。国際的緊張から有事への道が開かれるのである。従って、国境線付近において発生する警戒・警備事例に関しては、国際的緊張回避という観点からも迅速かつ明確な対処が必要なのだ。この時、相手の出方に任せるだけで、対処方針が決まらない時間帯、いわゆる「死節時」があってはならない。この「死節時」があれば、正体不明のゲリラ側に有利な状況が作り出される。だが、日本海事例と東シナ海事例の二度にわたって、日本政府は、正にそれをしたのである。しかし政府は、この度も「適切な措置を取った」と強弁している。ということは、また同じことを繰り返すということである。従って国民は、いつかは、「適切な措置」をとる政府（つまり責任をとらない政府）によって、ミサイル攻撃の惨害を蒙りかねない。

なぜ、この危険性に対して、朝野は意外に無関心なのか。それは、昭和二十年にアメリカに占領されてからの日本は、平時における領域の警戒・警備を全てアメリカに委ね、自らの職務から消去してしまったからである。この国家としての職務の欠落が、我が国から「軍事の常識」と情報に対する感受性をなくした。つまり、ボケたのである。この結果、我が国政治は、危険を危険と意識することもできなくなった。

領域警備は平時における国家の当然の措置であって、国際法に則った行為である。領域警備を国内法で細かく規定する必要はない。だから世界主要国は国内法をもたず、国際法で領域警備をしているのだ。従って、官僚ではない政治家は、領域警備は国際法により実施する旨の発想の転換をして、待ったなしに訪れる事象に対処しなければならない。

政治に不可欠な軍事常識

さて、具体的事例の点検に戻る。平成十一年の日本海事例においては、威嚇射撃を無視されて取り逃がしたが、この度の東シナ海事例においては、威嚇射撃の次に船体射撃を行い、反撃されて応戦し、相手船は沈没している。よって、この度は、前回より一歩踏み出した対処であるとされる。

また私は、平成十一年十月、防衛政務次官として不審船が今度日本近海に入って来れば「撃沈する」と発言した。当時、この発言に反発して非難した政界やマスコミ界の論者達が、この度の「撃沈」には意外に沈黙しているのも、この二年間の世相の変化が従来の「観念的平和主義」を許さなくなった結果だと評価される。

しかしこれらの対処において、根本的な共通の欠陥がある。しかもそれは、我が国に重大な結果をもたらしかねない欠陥なのだ。だが政治にそれを察知する能力がない。だから、同じことを繰り返したのである。その欠陥とは、迅速な決断と行動を可能とする明確なマニュアルが無いことから生まれる。およそ、このような事案では、当方が常にイニシアティブを握って局所で収拾し、時間的にも空間的にも事態を拡大せしめてはならないのだ。

しかるに日本海事例においては、相手船が止まらないのに引きずられて、北朝鮮の防空識別圏（国際的に認知された相手国のテリトリー）まで海上自衛隊の正真正銘の軍艦数隻が追いかけ、空からはＰ３Ｃが一五〇キロ爆弾を数発投下したのである。これは、相手国に対する軍事行動実施のサインとなりうる。仮に、日本漁船らしき船二隻が某国の数千トンの軍艦数隻に追われながら日本領海間近まで逃走してきており、上空からは一五〇キロ爆弾が投下されておれば、いくら日本政府でも日本に対する「某国の攻撃」ではないかと認識するだろう。しかし、我が国政府はそれをした。政治に軍事常識がなければ、如何に危険なことを平気でするかの見本ではないか。このとき、北朝鮮は戦闘機のスクランブル発進をしていた。さらに、北の軍事冒険主義者が過剰反応してノドンミサイルを発射していたらどうなったか。しかも、日本政府は、自らの行動で、そのミサイル発射が自衛の措置であると正当化する口実を北朝鮮に与えていたのだ。

そして、この度の東シナ海事例である。不審船を認めてからずるずると長距離・長時間引きずられ、中国の排他的経済水域にまで入りこまれてから自沈されている。中国は数年前に台湾の総統直接選挙を潰すために台湾や日本近海にミサイルを撃ち込んで脅迫した国であるが、それを棚に上げて中国の排他的経済水域での我が国艦船の発砲にすかさず懸念を表明した。つまり、本件は国際問題化された。また、この度はあそこで自沈してくれたからよいが、仮に船体が頑丈でさらに中国領海に向けて逃走したならば、政府は何処まで追跡させるつもりであったのか、マニュアルなしの追跡であるから見当もつかない。

繰り返すが、本件のような領域警戒事例においては、事態を局所に限定して収拾しなければならないのだ。我が国家の意思を体現する巡視船もしくは自衛艦艦長の命令に従わない不審船舶は、確信的なゲリラ・コマンドである。このことは、この度のゲリラが反撃に使用した武器を見れば明らかだ。よって、政治は迅速かつ断固とした収拾マニュアルを決断して現場に与えるべきである。

そこで、そのマニュアルであるが、これはROE（交戦規定）といわれる。海上保安庁においては、現場からの報告を受けながら東京で、「追いかけろ」とか「撃て」とか逐一指示を出しているようである。これは、今回も尖閣諸島警備の際も何ら変わらないようだ。しかし、このような対応はマニュアル、ROEに基づくとは言わない。

マニュアルとは事態を処理する現場の指揮官に与えられるものだ。現場の波も風も知らない者が東京で背広を着て、めまぐるしく移り変わる現実の事態に、遅れた報告を受けながら適切に対処できるはずがない。とうてい適切処理などできない。東京の官僚機構の保身と事なかれ主義が現場に蔓延し、二年前や今回のように対応に致命的な遅れを生むだけだ。

このマニュアルは、大臣もしくは総理大臣が了承して部隊に与えられる。部隊は訓練を繰り返し、現実の事態でマニュアル通りの処理を勝ち取る。このマニュアルの内容は、公表されるものではない。テロリスト、ゲリラに手の内を見せるからである。しかし、我が国では、次のことは公表して周囲に明確にしておくべきである。即ち、領海警備において我が国は、相手を「何時、敵と認定するか」という基準である。「正体を尋ねても返答しないとき」、「返答せず逃げ始めたとき」、さらに「停船命令を無視したとき」、そして「反撃してきたとき」のいずれの時点で我が国は相手を「敵」と認定してマニュアル所定の行動をとるのか、この基準の公表は必要だろう。

現実から遊離した官僚支配が国を滅ぼす

この度もそうだが、国会の審議などで、現場に行っていない官僚が、自分達が東京から逐一指示を出しているから適切な措置であると言わんばかりに出てくる。そして、大臣もこの官僚の作成した答弁を読み上げることによって審議をそつなく終わろうとする。海上保安庁に限らず、自衛隊に関しても、およそ武力を行使する組織の運用に関しては同様の構造がある。官僚の判断の追認と辻褄合わせを、政治家たる閣僚が国会でしている。しかし、これはシビリアンコントロールとは似て非なるもので、現実から遊離した官僚支配でしかない。

この度の海上保安庁の説明でもそうだが、官僚は共産主義者のように、自らの組織の非は認めようとしない。政治責任を負わない官僚に、失敗が失敗でないと強弁されたまま過ぎ去ってゆく。これでは、自ら反省して改革へ進むことはできない。同じことを繰り返す。エイズも狂牛病もハンセン病もそうだった。そして、ガダルカナルもサイパンもレイテも。これが積み重なれば、国家が破綻する。

したがって、領域警備において、国民に対して責任を負う総理大臣及び担当大臣が承認して部隊に予め与えるマニュアル（ROE）が必要なのだ。そこには、そのマニュアルを起動させるかどうかの命令権者も、危機のランクに応じて予め決められているものである。危機のランクが最高になれば、命令権者は、内閣総理大臣になる。

しかし、である。実は現行法制では海上保安庁に、この適切なマニュアルを与えることができないのだ。この領域は、軍事の領域だと言った。事実、この度、訓練された工作員がロケットと機関銃を発射して攻撃し、こちらが二十ミリバルカン砲で応戦した。この事態を軍事領域ではないというのは、飛行機をトンボというのと同じくらい非現実的である（日本の官僚は言いかねないが）。

ところで、海上保安庁法二十五条は次のように定めている。

「この法律のいかなる規定も、海上保安庁またはその職員が、軍隊として組織され訓練され、または軍隊の機能を営むことを認めるものとこれを解釈してはならない」

よって、この海上保安庁法二十五条によれば、そもそも保安庁の巡視船は、本物の漁船を追いかけることはできても、この度の工作船のような軍隊の能力を持った船を追跡すること自体が許されなかったのである。また、このような事態を想定してはならない巡視船が、このような事態に即応する適正マニュアルを与えられていなかったのは当然ではないか。

さらに、「軍隊の機能を営むことを認めるものと解釈してはならない」巡視船に、この度発射した遠隔自動照準装置を付けた二十ミリバルカン砲を装備することが許されるのか。この二十五条という奇怪な条文を放置し、国家の安全のための重要な任務である領域の警戒・警備をできなくしている政治は、不作為による怠慢の責めを負うべきである。

従って、答えは二つに一つ。海上保安庁には不審船事例にタッチさせず海上自衛隊が初動から対処するようにするか、海上保安庁法二十五条を削除して、海上保安庁と海上自衛隊を一体化して役割分担させるか、である。いずれかに決断すれば、現在の保安庁と自衛隊という指揮命令系統の二元化の弊害と情報伝達が遅れる弊害の二つともクリアできる。そして、最も重要なことは、事態対処の適正なマニュアルを持つことができるのだ。さらに、このいずれかへの決断は、昨年の九・一一ニューヨーク爆撃テロ以来、平時か有事か分別できなくなったゲリラ・コマンドの脅威に対処するための体制構築の前提として急がねばならないのだ。

しかしながら、国家・国民の安全のために、このいずれかを決断せよとする私の要請に対して、国土交通大臣は役人起案の答弁を繰り返すまま、回答することはなかったのである。反対なら反対と言えばよい。しかし、それもなかった。つまり、反応がないのである（平成十四年一月十日、衆議院国土交通委員会）。

国内法しか眼中にない政府首脳

次に、東シナ海事例に関し、我が国政府はいかなる発言を行ってきたのか。

言うまでもなく、本件は国際社会においては軍事領域とみなされている。従って、国際社会に対しては、特に、指揮命令における政治的リーダーシップの所在を明確にした発言が必要であった。その目的は、国際社会に我が国の対処が適切であることを明確にして疑念を生じさせず、いらざる非難・中傷、さらに介入の余地を無くすことにある。政治的リーダーが、この国際社会で生起しかねない問題を回避する努力をしなければ、この度のような現場の諸君の国家と使命に対するいかなる献身的な努力も報われず、反対に対処が失敗とか過剰だとかの評価が広がり、我が国の国際的イメージが損なわれてしまう。

しかしこの度、総理大臣を含めた政府首脳は、総て国内法の次元でのみ発言していた。これは、国際社会を意識しない怠慢であるといえる。国内的人気と国際政治感覚は、必ずしも一致しない。昨年の八月十五日の靖国神社参拝発言とその「慚愧の念に耐えない」変更、外務大臣の言動を放置して外交の不在に無頓着。そして、この度の事態に関する「我が国家を説明する意欲」の希薄さ。小泉人気は、戦前の近衛人気に似ている。共に、発言は国内的にはうけるが、のっぴきならない国際環境が生まれてきているという意識が果たしてあるのか。

さて、これが国籍不明の武装船にたいする我が国領域における対処である以上、政府は、国際法と国内法の区別を明確にして、まず国際法による正当な措置を取った旨、明確に国際社会に発信すべきであった。しかし、この発信が無いまま、総理大臣もマスコミも、領海内なら警察官職務執行法で発砲できるが、領海外ならそれは使えず正当防衛に基づく発砲だというような、国内でしか通用しない質問と答弁を繰り返していた。これでは、武力行使の根拠を政府が明確に説明できないという国際的発信になりかねない。対外的には、国内の問題はいわないのだ。

このような場合、特に東アジアにおいては、歴史的に日本人が凶暴で無原則な強硬措置を取ったようなイメージを作りだされかねない。これを常習とするプロパガンダに長けた諸国が近くに存在するではないか。ここを見逃さずに中国政府は、我が国の発砲に懸念を表明し、逆に東シナ海における存在感を示そうとした。さらに恥ずべきことは、我が国にいる中国の手下が、中国政府の発言に合わせて、船の引き上げには中国の了解がいるとか言い始めたことである。そして、北朝鮮は、この中国の反応と日本国内の状況を見た上で、悪乗りして、日本をならず者国家呼ばわりしたのである。

国家は、国内法ではなく国際法に基づいて行動する場合がある。それは、主に軍事の領域なのだ。この度の不審船対処もこの領域に含まれる。そしてまた、この領域は政治が明確な意思を示すべき領域でもある。従って、小泉総理はまず、「我が国は、国際法に基づき、東シナ海において国籍不明の武装ゲリラ船に対して適切な行動を取った」と明確に発言すべきであった。そして、出動した海上保安庁および自衛隊部隊の労をねぎらうのである。これにより、我が国の政治的意思とその意思が現場にまで貫徹するリーダーシップの所在が明確になる。さらに総理は、ワールドカップをひかえた東アジアの安全のために、不審船を引き上げて不穏な武装集団の正体を突き止めるという発言を忘れてはならなかった。しかし、以上のどの発言も為されなかった。

湾岸戦争を戦ったアメリカ首脳部の思考と行動をドキュメントにした『司令官たち』（文藝春秋）という本がある。その中で、民主主義国家の司令官（シビリアンコントロールにおける最高指揮官、つまり大統領や内閣総理大臣）には二つの戦場があると述べられている。一つは、もちろん部下の戦う戦場である。もう一つは、マスコミと政治の世界が司令官の戦場であるというのだ。そして、仮に司令官が、この第二の戦場で戦わなかったら、現場の部下のあらゆる努力も反対の評価を受けかねず、勝利も敗北になり、国家のための正当な行為が残虐行為にされ、帰還した部下は郷里で石を投げられる。この上層部の無能を放置して、どうして次の国家の危機に立ち上がる国民が育っていくというのか。

我が国内外の治安が保持されているのは、現場の自衛官、警察官が職務を果たしているからである。しかるに、我が国の政治はこの第一の戦場における彼等の努力を正当に位置づける職務を、司令官の第二の戦場で果たしてきたのか。軍事を具体的に語れば「平和憲法」に攻撃されるので逃げてきたのではなかったか。

オウム真理教によるテロの全貌を明らかにする端緒となった現場の努力と逮捕を、「別件逮捕」と非難したのは、時の総理大臣であった。この「平和憲法」時代の意識は今も総理大臣の頭を支配しているのか。

テロリストの能力と復讐心に用心せよ

この度の事態から見ることができるのは、我が国政治の総体としての国家運営の能力という問題であろうか。国際社会の中で日本という国家を如何に「実現」していくかという問題と内政問題は不可分である。国家運営には、この内外両面を総合した運営能力が必要である。特にグローバル化した国際社会の中における国家戦略の成否と国内における国民の生活はますます深く結びついてくる。

しかし、この度のように、我が国政治は国際社会に「国家として明確な自己主張」をしようとしない。それどころか、できるだけ国家を意識せず、国民というより市民といいたいという政治家ほど時流に乗り、「国際派」といわれる。その我が国の「国際派」は、奇妙なことに「国際法」に無関心である。また、外国で我が国の歴史を非難してみせる。しかし、我が国以外の国々の国際派は、国際法に精通しているから国際派なのだ。その国際法とは、国家を単位として国家の主権とそれを確保するために国際社会で取りうべき国家の権限を規定した法である。では、我が国の「国際派」とは何なのか。国際的には「未熟児」と同義語ということになる。

我が国政治は、国際法に基づく我が国の主権保持のための即応体制構築を急がねばならない。

これを阻害する政治的惰性のよりどころは、憲法九条である。この憲法九条に逃げ込み、国際法に基づいて運営されるべき我が国家の出現を拒否してきたのが「戦後政治」という政治的未熟児と保身的官僚の癒着構造だ。しかし、もはや戦後ではない。よって、この戦後憲法解釈を変更するのが第一歩である。

さらに、政治家は、テロリストのマインドとその戦略が分からねば、国家と国民の命を守れないのだ。平成十三年九月十一日以来、世界は既にこの段階に入っている。金融、エネルギー、サイバーなどあらゆるものがテロの手段であり目的である。憲法九条を口実に、国防と危機対処の先送りを続ければ、いずれ隙を突かれて国家と国民生活は破壊される。

そこでこの度、東シナ海で少なくとも十五名のテロリストが死亡した。つまり、十五名の仲間を日本に殺されたテロ組織が我が国内および周辺に存在するのだ。現状では、関係のない日本人家族全員が脈絡なく殺害される事態が各所で起こっても不思議ではない。実態が判明しないテロリストの能力と復讐心を過小評価してはならない。さらに、死亡した十五名にとって、この不審船は命に代えても日本に渡すことができない船であった。だからこそ、我が国にとっては、国家と国民の安全のための最重要の情報がある船なのだ。

このような問題意識を持って政府首脳は年末年始を過ごしたのであろうか。もしそうなら、工作部隊の実態把握に不可欠な不審船の引き上げは遅くとも年始には完了していたはずだ。しかし、一月十日に行われた衆議院国土交通委員会における大臣答弁も、引き上げを明言するものではなかったのだ。このような答弁しか今の政治は出せないのだ。ここに、保身的官僚と売国的政治の結託という亡国に至る病がある。

おわりに

本件を、日本人拉致問題や朝銀破綻問題と総合して位置付けよう。

我が国の政界には、常に日本人拉致問題から国民の目を逸らそうとする動きがある。その動きは、拉致問題は存在しないとうそぶく北朝鮮に米を送り続け、破綻した朝銀に対する公的資金の投入を実現しようとしている政界の主流の動きである。すでに朝銀には六千億円を超える資金が投入された。

昨年十一月、朝銀破綻に関する横領事件で朝鮮総連本部に強制捜査が入っている。しかし、押収された資料は、ダンボール箱二つにすぎない。地上十階の巨大なビルの中に入って、集めた資料が箱二つである。これはダンボール箱二つ以外は押収しない、つまり、日本政府による「朝鮮総連聖域化」のサインである。同じ頃、タレントの野村某氏が脱税で強制捜査を受けた。自宅から押収された資料はダンボール箱四つである。一個人の脱税事件でもこれくらいは押収されるのだ。朝鮮総連と野村某の落差、これは日本人に対する日本政府による民族差別ではないか。

さて、朝鮮総連聖域化と、不審船引き上げ回避の動き、何か連動していないか。相手は共に北朝鮮で、その活動とコネクションの実態が明るみに出るのを、日本の政治が封印しようとしているのだ。なぜ、このような抑制が働き、反対に、カネやコメは、日本人のことは無視しても積極的に北朝鮮に送られるのだろうか。答えは、日本の政界の中枢に、既に北朝鮮の工作に屈服して長年政治資金というカネをもらい走狗となって、北朝鮮の意向通りに動く幹部がいるからである。

この政界の構造によって、国民の安全のための「情報の宝の山」である不審船も引き上げられないでいる。このような構造に巣くう者を、売国奴といわずして何というのか。

〈『正論』平成十四年三月号〉

防人の思想と国民の軍隊

七月三十一日（平成十四年）に終了した通常国会は、国防に関して時間を空費した。議論しなければならないことを議論せず、議論する必要のないことを議論したからだ。この原因は、相変わらずに土台と一階が無いのに二階を乗せようとしたことにある。さらに、その土台とは何かということも理解していなかった。もちろん、その成果は不毛である。これでは、時間の空費に留まらず、貴重な国費の空費である。この国会が行政による税の無駄使いを無くそうと言う。まことに笑止である。

はっきり言おう。有事法制が稔らなかったのは、国防体制の土台と一階が無かったからである。また、情報開示請求者リスト問題に対する防衛庁の狼狽は、土台を誤魔化しながらその場をしのいでいこうという卑屈な精神の虚を突かれたことから生じた。つまり、有事法制を提案している有事に対応すべき組織が、皮肉にも、些細な有事にも適切な対応ができなかったということなのだ。

もちろん、この土台を明確にしない責任は我が国の政治にある。しかし、この変則的政治が放任する制度のなかで安楽な生息環境を陰湿に固守しようとする役人も防衛庁のなかに生息している。そして、ついに、この防衛庁という組織自体が、我が国の国防体制確立の最大の障碍《しょうがい》になりつつある。防衛庁は冷戦下の敗戦国用の組織にしか過ぎず、冷戦後の国防という任務に対応できないどころか、その障碍になるとは、これほどのパラドックスがあろうか。「聖域無き構造改革」のターゲットは、実に東京・市ヶ谷（防衛庁）なのだ。

「警察予備隊」から真の脱却を

本稿では、国防の土台とは何かと言うことと、これを明確にしないまま動く防衛庁という組織が、作為であれ不作為であれ、いかなる障碍を国家にもたらしているかを論じたい。扱う事例は、今国会の有事法制議論、情報開示請求者リスト問題、インド洋派遣艦隊に関する朝日新聞誤報問題および防衛庁調達制度問題（八月の富士通による運用ネットワーク情報漏洩事件）である。

有事法制議論の土台とは何か。それは自衛隊が「軍隊」であることに尽きる。政治にこの決断があれば、あとは自ずから定まる。しかし、政府にこの決断がない。従って議論は無駄であった。国防省を設置せず、自衛隊を軍隊と位置付けることができない政府に、有事法制は能力的に無理だ。この前提で生きてきた防衛庁内局官僚も有事法制議論で無能をさらけ出した。

自衛隊が軍隊であれば、まず「名」を正すことだ。防衛庁を国防省に、陸上・海上・航空自衛隊を、陸軍・海軍・空軍に。そして、行動原理は国内法から国際法に転換する。つまり、警察法制による運用からの転換だ。この時はじめて自衛隊は「警察予備隊」から脱却する。

今回の有事法制議論は、提出法案が警察法的発想で作成されていたから空転したのだ。これが最大の欠陥であった。その他、相変わらず有事法制は違憲だという反論もあったが、相手にする必要はない。なぜなら、自衛隊が違憲だから有事法制も違憲だ、という論理は成り立つが、自衛隊は合憲だが有事法制は違憲だという論理は成り立たないからである。そして、転向以前の社会党のように、今どき自衛隊は違憲だという輩には「表現の自由」を保証するだけでよい。

さて、有事法制とは「ポジリスト」ではなく、「ネガリスト」で作成されねばならない。ポジリストとは、出来ることだけが規定されており、規定されていないことは禁止されている、ということである。ネガリストとは、禁止事項だけが規定されており、規定されていないことは出来る、ということである。警察法がポジリストで有事法制はネガリストでなければならない。例を挙げると、かつて西ドイツのルフトハンザ機がアフリカのモガジシオでハイジャックされた。西ドイツ政府は、国境警備隊をモガジシオに送り込み、武力行使を以てハイジャック犯を鎮圧した。その海外派兵の根拠を西ドイツ政府は、「西ドイツの法に、国境警備隊を国外に出してはならないという規定が無いからだ」と説明した。これがネガリストに基づく行動だ。世界の軍隊は、この原理で動いている。

考えてみれば、これは当然のことであろう。有事つまり危機とは、昨年（平成十三年）の九・一一テロのように、予想されないことが起こることである。予想されない危機を想定して、ああするこうすると事前に対処法を作ることなど不可能である。事前に出来ることは、禁止すべきことだけを規定し、あとは現実に現れた危機の具体的様相に応じた自由な対応を法的に可能にしたうえで、「常在戦場」の心得で研究と訓練を怠らないことである。実際、このようにしなければ危機を克服することは出来ない。

アメリカを例に取れば、有事法制は、戦争権限法と国家緊急事態法の二法からなっている。当然、「軍隊」の運用を前提にしたネガリストの法で、極めて少ない条文からなる手続法である(国家緊急事態法はわずか五章七ヵ条)。その骨格は、大統領の非常事態における権限を明確にすると共に、議会の関与と司法の事後審査の手続を定めたものである。その根拠は、アメリカ憲法二条にある「行政権は、大統領に属する」と「大統領は軍の最高指揮官である」という基本原則である。アメリカは、この二法からなる有事法制とFEMA(連邦危機事態管理庁=Federal Emergency Management Agency)という危機対処の中央総合管理機構を運用することにより、自然災害や我が国の輸出攻勢による経済的被害をも含む(驚くべきことであるが)、国内外のあらゆる危機の克服に対処してきた。アメリカで現在生きている国家非常事態宣言の数は、最新の九・一一テロに関する宣言を加えて十六である。実にアメリカは平時の国ではなく、今も国家非常事態宣言下にある国なのだ。

したがって、我が国においても、憲法六十五条の「行政権は内閣に属する」と六十六条の「内閣の首長は内閣総理大臣である」との規定、そして「内閣総理大臣は内閣を代表して自衛隊の最高指揮監督権を有する」(自衛隊法七条)という基本体系により、アメリカ同様の有事法制を整備することが可能なのだ（アメリカのように経済摩擦にまで範囲を拡げる必要はないが）。しかしながら、我が国の国会に出されたこの度の有事法制案は、正反対のポジリストであり、さらに確立すべき土台をすべて無視して形だけを整えたものであった。

無責任政府と「獅子身中の虫」

なぜ、このような無能と無責任がまかり通るのか。言うまでもなく自・公・保による政府が無責任だからである。よって、選挙で政治を変えなければならない。しかし、これだけでは完全な解決策にはならない。なぜなら、選挙で左右されないところに〝害虫〟がいるからである。選挙の結果に影響を与えるのは世論である。この世論に影響を与えるものがマスコミ報道である。ところが、国防に関しての「意図的誤報」が絶えない。しかも、マスコミに情報を与えて、この意図的誤報を誘発せしめる要因が防衛庁内に存在している。つまり、マスコミ内の〝営業左翼〟と見事に利害が一致する構造が防衛庁にあるのだ。自衛隊を警察予備隊に閉じこめることにより、国家の利益より自身の栄達と保身を確保しようとする分子が防衛庁内にいる。防衛庁内のこのような分子こそ、口先では国防に人生をかけたかのような言辞を営業として弄しているが、その実、自衛隊を軍隊とする真の有事即応体制構築という国家の要請を阻害する最大の「獅子身中の虫」である。

このことを示す一連の報道が、春から夏にかけて朝日新聞に登場した。本年（平成十四年）五月の佐々木芳隆論説委員による記事がその幕開きである。それは、防衛庁の海上幕僚監部が、在日米海軍のチャプリン司令官に日本がイージス艦等をインド洋に派遣するようにアメリカ側から日本政府に要請するように働きかけていた、という記事であった。そして、これを朝日は「文民統制揺るがす独走」と論評した。

翌六月には、インド洋派遣の自衛艦隊が対テロ作戦でアメリカ海軍の「戦術的指揮統制」に入ることを海上幕僚監部が了承したことを複数の日本政府関係者が明らかにした、という記事が続く。そして、七月十二日、佐々木論説委員による、「『文官統制』やはり必要だ」という見出しの評論が「記者は考える」という欄に載るに至る。しかし、この記者は何も考えていない。なぜなら五月からの一連の記事はすべて「がせネタ」で事実に反するからだ。佐々木記者は、防衛庁内部（記事によると複数の政府関係者）からの間違った情報に飛びついて記事を書いただけである。そして、「文官統制」はやはり必要という論評で、防衛庁内の情報提供者の本音まで明らかにしたにすぎない。

ここで、記事の見出しが「文民統制」ではなく、「文官統制」であることに注目されたい。「文民統制」と「文官統制」は天と地ほども違う。前者は民主主義体制における軍隊統率の原理である。つまり、国民から選挙で選ばれた最高権力者が軍隊の最高指揮権を保持するということである。これこそ、「国民の軍隊」にふさわしい統制のありかたである。一方後者は、選挙とは関係のない文官つまり防衛庁内局官僚（背広組）が軍隊を統率するという原理である。これほど非民主的な運用があろうか。これは、自衛隊は国民の軍隊ではなく「文官の傭兵」としてその管理下にあるということである。

そして、まさに朝日新聞は事実に反するありもしない記事を連ねて、あたかも海上自衛隊が、インド洋において「文民統制」を逸脱して暴走しているとの印象を与え、こともあろうに「文官統制」支持に世論を誘導したのである。さらに、防衛庁内部部局の幹部に、朝日新聞記者に内部文書を提供し、誤った情報を与えて文官統制擁護の記事を書かしめた分子がいる。これは文書管理上、機密保持上、ゆゆしき事態である。

現在もインド洋の風波のなかで、千数百名の海上自衛官が国の命令により黙々と任務を遂行している。国の命令を受けた彼等のために働くべき文官が、彼等を裏切った。つまり国家を裏切ったのだ。卑劣な利敵行為者である。防衛庁長官は、この文官を突き止め、懲戒免職に付すべきである（もう分かっていると思うが）。この者の存在を軽視してはならない。

また、朝日新聞は相変わらず、自らの誤報を報道しない。防衛庁長官のもう一つの戦場はマスコミ対策である。この朝日の誤報は、かつて珊瑚を自ら傷つけながら自然破壊を非難し、保護を訴えたのと同じ構造だ。長官は、この誤報と執拗に戦え。そして、朝日に紙面で謝罪させよ。そうしなければインド洋の部下は国民から誤解されたままになる。ここで、長官が戦わなければ、「君はインド洋で任務を果たした彼等を日本で出迎える資格はない」。

内局制度が孕む深刻な危機

さて、このような内部からの利敵行為的裏切りは何故起こったのであろうか。それは、まさに現在まで温存されてきた防衛庁という組織構造から生まれたのだ。つまり、四十八年前の自衛隊法および防衛庁設置法が作り出した構造である。この二法は、シビリアンコントロールを、適切に「文民統制」と訳さずに間違った「文官統制」と訳した上で成り立っている。そして、文官が自衛隊をすべて管理する体制を創った（内局制度という）。

この内局制度は、高度の軍事専門領域にある部隊の作戦や指揮つまり軍令の領域に関しても文官が取り仕切るものである。すなわち、この分野における長官の補佐も、すべて文官を通じて行われる（防衛庁設置法十六条）。よって、有事において、その具体的状況が軍事専門家から直接長官や最高指揮官（総理大臣）に伝わらない構造になっている。二十歳代前半に軍事とは関係のない法律や経済で公務員試験を受けて役人になった文官が、最高指揮官の廻りを縄張りとして取り囲んで補佐する体制だ。極めて歪である。危機に対処し得ない構造であり、かえって危険を呼び込む体制であると断言できる。

例えばこの体制で、携行する武器は機関銃二丁はだめで一丁なら良い、というような馬鹿な結論が出たことがあった（アフリカへのＰＫＯ部隊派遣の際の指令）。これは、銃という機械はよく故障するし、連射すればすぐ銃身が焼けるという体験的知識が無い者が長官を取り囲んでいるから、このようになった。仮に現場の事態が急変していたら、武装難民を含む数十万の難民の海のなかで、百人足らずの我がＰＫＯ部隊は、殺されていたであろう。

さて、この内局制度を正当化する理屈は、自衛隊は武器を持っているから本来危険なんだ、従って安全のため文官がすべて管理しなければ暴走する、というものである。そして、二言目には、もし我々が管理しなければ自衛隊が旧軍のようになる、という理屈が出る。つまり、自虐史観と自衛隊は本来違憲という左翼の理屈が、内局制度という既得権益を守ることになる。よって、朝日新聞誤報事件のように、内局幹部のなかに営業左翼と意気投合して利害一致して結託する者がでてくるのだ。

しかし、最高指揮官が内閣総理大臣である原則のもとで、自衛隊が旧軍と同じ指揮命令系統で動くはずがないではないか。呆れるばかりの牽強付会の言いがかりである。現実は反対で、軍事訓練を受けたこともない文官が最高指揮官（文民）を軍令面で補佐することほど危険なことはない。指揮官の判断に軍事的整合性が確保しがたいからである。ネズミを追いかけるのに慌てて戦車や軍艦を出動させかねない。三年前日本海で、断固とした決意もなく、わずか百五十トンの船を数千トンの軍艦数隻で延々と追いかけ、空からはＰ３Ｃ対潜哨戒機が一五〇キロ爆弾を落とした。この行為は、相手国が日本が戦争を仕掛けてきたと錯覚するほどの過剰反応であった。極めて危険なことを自覚無くやったのだ。

これで明らかであろう。この内局制度を残しておいては、我が国家は自衛隊を適切に運用できず、有事に対処できないのだ。従って有事法制整備は、まず現行の内局制度を廃して、軍事組織における軍令の補佐（幕僚監部）と軍政の補佐（内局）の構造を明確にし、国防省を設置し自衛隊を軍隊として明確に位置付けることから始めるべきなのだ。この土台を無視して文官に作文させたから、有事法制案は訳の分からないものとなった。

「情報」に対する問題意識の欠如

次に本国会において奇妙な大騒ぎが起きたことを論じたい。防衛庁情報の開示請求者リストの問題である。結論から言うならば、この問題に関与した各自衛隊員および内局において法的に違法な行為は無い。つまり、大騒ぎをしたが、本件は個人情報保護法に抵触する事例ではないのだ。ただ、本問題が有事法制審議中の五月二十八日に、突然重大問題であるかのような見出しで報道され、防衛庁が自ら調査報告書で認めるように、「防衛庁内部で個人情報保護法の法的検討が迅速にできなかった」ことは極めて遺憾である。つまり、防衛庁はこのような悪意の意図をもつ暴露的報道に対して、法的に対抗し得る能力が無かったのだ。

しかし、本稿で問題にするのは細かな法律条文の知識の欠如ではない。国防における情報の意義に対する防衛庁幹部の問題意識の欠如である。つまり、国防・危機管理を本分とする組織が、情報の重要性を明確に位置付けておれば、初動において狼狽することなく、個人情報保護法を適切に解釈しえて、この度のようにその対応を誤ることはなかった。条文解釈というものは機械的な作業ではなく、価値体系を前提にして行われなければ現実的に妥当な結論を得ることができないものなのである。防衛庁幹部が平素「国防の必要性と個人の利益」という有事法制の課題でもある二つの価値のバランスに国防組織の観点から結論を出しておれば、この度のように、慌てて機械的条文解釈に逃げ込むこともなかった。

さて、ゲリラが、自衛隊基地の爆破を企てる場合には、その正確な図面が必要となる。そこで行政監視の市民運動を装い、戦闘機の格納庫や管制塔の建設費が適正かどうかを調べるとしてそれらの図面を情報公開請求し、または軍事オタクを装って各種精密兵器の性能と所在を情報公開請求してきた者がいるとする。その場合に、その請求者の個人情報リストは基地施設警備上のみならず国防上の重要な情報の一環である。

この観点からこの事例を見るならば、海幕三等海佐による、防衛庁の情報開示請求者の個人情報リストの作成とその内局および調査隊への手交は、個人情報保護法にいう「情報保有目的以外の利用」(同法九条)でもなければ「みだりに他人に知らせたこと」(同法十二条)でもない。いやしくも任務としての警備に関心があるのならば当然の行為である。また、個人識別不能の請求者情報リストを空幕のLANに掲示したことは何ら違法ではない。個人識別不能なのであるから、同法にいう「個人情報」ではないからだ。

問題は、なぜ防衛庁は慌てて弁解にこれつとめたのかということである。逃げれば犬でも追いかけてくる。何故、正面を向いて国防や防衛施設警備における情報請求者リストの重要性を指摘し、しかる後に検討の時間を与えよと堂々といえないのか。顧問弁護士に検討させていると答えてもいいのだ。

結局このように対応できなかったのは、防衛庁幹部が前記のように保身のために左翼思想に近似した思考回路をもち、警察予備隊という日陰者の存在に自衛隊を押し込め、騒ぎに蓋をすることのみを優先させようとするからである。つまり、この騒動も結局、シビリアンコントロールのもとに堂々と軍隊を保持しようとしない鵺的な構造とその中で生息する歪んだ精神の過剰反応によって生まれたのである。情けないかな。ここでも負け犬根性が出たということだ。

それにしても、またも職務熱心で如何なる法的また分限上の処分も受けるいわれのない自衛官が戦わない幹部の保身と負け犬根性のために犠牲になった。正しい部下を守ることができない組織は崩壊する。この点からも、防衛庁を廃止して国防省の設置をはじめとする抜本改革しかない。

防衛産業の衰退を放置するなかれ

さて、以上のような無益有害な騒動を繰り返すなかで、取り返しのつかない事態が進行している。防衛産業の衰退である。その中で富士通による部隊運用システム情報漏洩事件が発生した。

物資や武器の調達を、一般競争入札を原則として行うからこうなるのだ。誰でも入札できるとなれば機密が漏れるのは当たり前ではないか。幸い、この度は情報を手に入れた者が、のこのこ富士通に売りに来たからまだ助かった。外国に売ってしまえばまず発覚しない。情報は漏れたままで、我が国の防衛システムもヘチマもない。知らぬは日本人ばかりなりということになる。

この事態は、防衛庁調達制度の欠陥から生まれている。そして、この欠陥は我が国の防衛産業を衰退させる。防衛産業が衰退すれば、自衛隊は文字通り「張り子の虎」で、我が国の防衛力は崩壊する。まことに由々しき事態なのだ。政府は、国防産業の育成は国防政策における最重要の課題であるという問題意識に欠けている。防衛庁は非現実的な有事法制をこねくり回しているよりも、調達システムの破綻と国防産業衰退という、今足下にある自らの危機を何とかしなければならない。それこそ内局（軍政）の最重要の仕事ではないか。朝日新聞と結託して、インド洋の海上自衛官を貶めて保身を図っている場合ではないのだ。

現行自衛隊法においても、我が国が侵攻を受ければ、自衛隊は防衛出動する。その時、自衛官は、「身の危険を顧みず」という宣誓をして任務につく。しかしまさか竹槍か丸裸で出動させることはできない。任務達成を可能にする武器・装備が必要となる。政治は、自衛隊に出動の命令を発する以上、その命令を達成するに足りる武器と装備を調える責務があるのだ。そして、その責務を具体的に達成する任務が軍政における内局の仕事なのである。

しかし、現在我が国では、その武器・装備の調達システムの欠陥から、防衛産業が成り立たなくなってきている。その欠陥の原因は、機械的に競争原理を武器調達分野にも導入していることにある。これも三年前の調達実施本部の不祥事において、産軍癒着の非難に過剰反応した結果あり、まさに「角を矯めて牛を殺す」の類である。

まず、自衛隊の使う武器・装備品は国産でなければならない。有事の際、国内で武器・装備を調達整備できる体制がなければ短期間に戦力が消耗するからである。これを前提にすれば、国内に武器・装備品の自由市場がないのであるから、必然的に政府は防衛産業を国策として育成しなければならない。しかし今は、この反対の一般競争入札による調達を原則としている。市場のあるティッシュペーパーや毛布などはともかく、初度経費に巨額の費用を要して防衛庁しか購入しない武器・装備の生産と販売を一般競争原理に任せて防衛産業が成り立つはずがないではないか。成り立たないから、企業は防衛産業から撤退して、国内に自衛隊に武器・装備を提供する企業がなくなる。

例えば政府は、偵察衛星開発を民間に任せていて成功すると思っているのだろうか。先進各国では宇宙開発は軍事的な観点から政府が国費を投入して行っているのである。その国策による下支えがあって初めて商業衛星が成功しているのだ。我が国の商業衛星が国際的に通用しない理由は、企業が悪いのではなく、国の責任である。国の支援なく巨額の初度費用を宇宙開発に投入できる企業などない。仮にあったとしても、その経営者は株主から特別背任で訴えられるであろう。

また、ミサイル技術開発に一番熟達していたのは日産であるが、外国人社長就任のもと、リストラ、設備廃棄の流れのなかで、その日産のミサイル技術が何処に流れ去ったのか、さっぱり分からない。これを国防上由々しき事態であると、防衛庁は思っていないのだろうか。

よってこの際、次の通り武器・装備調達制度を抜本改革して、国は防衛産業とその技術の蓄積を保護育成すべきである。

まず、国内に市場がある物品以外の武器・装備調達に市場原理を適用しない。この防衛産業を国策産業と位置付け、ミサイル、軍艦、戦車などの初度に膨大な費用の投入を要する兵器の開発は、国が費用を持つ。国は、軍事技術の民政分野への転換を奨励する。国は武器・装備の生産において、国策として二系列以上の生産ラインを確保する。一系列が破壊されても他のラインが稼働して国の生産能力が消滅しないようにするためである。政府は武器輸出三原則を撤廃して、政府が主導して武器・装備の輸出を奨励して産業を活性化させる。政府は、潜在的敵国へ武器・装備および技術が流出しないように、体系的なスパイ防止法を中心とする法体系を整備する。国防力増強のための人事交流を含めた産軍協働体制を確立する。同時に産軍癒着による汚職が発生しないように、予防措置を整備する。

以上の骨格は、防衛産業を確保育成して、我が国の国防力を維持増進するためにどうしても必要であり、政府がその気になれば次の国会で実現可能である。このままでは、防衛産業からの日本企業の撤退を止めることはできない。

今こそ「抜本塞源」を

以上、本年現れた具体的事例に即して、我が国の防衛と危機管理の現状について述べてきた。各事例は異なる様相をもっていて一見無関係のように見える。しかし、これらは同じ制度的欠陥と精神構造から生まれている。それは、敗戦国用の組織を、そのまま維持しているという欠陥である。さらに、この組織のなかで断固として住み続けたいという昔の京都の公家のような連中が謀略を逞しくして改革を阻止してきた。彼等は平安朝の公家が武士を「令外の官」（律令の外のもの）として貶めて、存在を認めなかったように、自衛隊を日陰者として扱うことにより、自分達の存在感を確保している。しかし、公家と同じように保身本能が強く臆病であるから、本稿で取り上げたような事態が起これば何時も逃げ腰で、かえって問題を錯綜させる。

このような無気力はもう限界に来た。土台を入れ替え、「抜本塞源《ばっぽんそくげん》」しかない。すなわち、警察予備隊体制を完全に払拭し、自衛隊を国軍へ転換し国防省を設置するのである。そのために、新しい次元で新政権の誕生を期する必要がある。

〈『正論』平成十四年十月号「わが国を危うくしているのは誰か」改題〉

第二部

対談・危機をいかに乗り越えるか

日本国憲法への疑問と対策

対談者 反町勝夫

対談者略歴
◎反町勝夫／昭和四十年、東京大学経済学部卒業。会社勤務を経て、同四十五年、公認会計士試験合格。同五十三年、司法試験合格後、㈱東京リーガルマインド（LEC）を創立。わが国で一般的に行われている実務法律・会計の、教育・研修システムのほとんどを考案。現在、弁理士・税理士・会計士補・社会保険労務士。同五十六年から社長就任の平成八年まで弁護士登録。同社代表取締役社長・学院長。主な著書に『21世紀を拓く法的思考』『司法改革（正・続）』『めちゃくちゃわかるよ！　法律』他。広報誌『法律文化』に毎月「今月のことば」を執筆。

反町　西村先生は日本の政治家がなかなか言い出せないことも、そのベールを剥がして、思うところを率直に発言され、また行動に移されております。本日は、そのような西村先生に、国の骨格、根本規範である憲法に関して、ご意見を伺いたいと思います。

西村　ご承知のように、わが国では明治二十二年と昭和二十二年の二度、憲法が紙に書かれました。では、伊藤博文らの努力によって作成された明治の帝国憲法は欽定憲法であり、それに対して昭和の日本国憲法は民意に基づくものと言える資格があるのかという問題を点検すれば、日本国憲法は、占領中、ＧＨＱの若手将校がきわめて短期間のうちに起案した「マッカーサー草案」（注1）を基本にしたものであることは、紛れもない歴史的事実なのです。

それに対して、議会での審議を経て、公布されたことが憲法の有効性の根拠として言われますが、その衆議院選挙も、立候補者の多くを連合国最高司令官ダグラス・マッカーサーが追放するという状況下に行われたものですから、その審議は占領軍の意向に沿う、コントロールを受けたものと言わざるを得ないのです。

つまり、日本の基本法とするには、成立した昭和二十二年の時点で、重大な瑕疵があった。その瑕疵は憲法を無効にするものと私は判断しています。確かに五十数年、憲法として通用してきたわけで、その事実の重みをいかにするかという問題は残りますが、出発点において無効であったことは隠しきれない事実だと考えています。

日本国憲法【前文】

日本国民は、正当に選挙された国会における代表者を通じて行動し、われらとわれらの子孫のために、諸国民との協和による成果と、わが国全土にわたつて自由のもたらす恵沢を確保し、政府の行為によつて再び戦争の惨禍が起ることのないやうにすることを決意し、ここに主権が国民に存することを宣言し、この憲法を確定する。そもそも国政は、国民の厳粛な信託によるものであつて、その権威は国民に由来し、その権力は国民の代表者がこれを行使し、その福利は国民がこれを享受する。これは人類普遍の原理であり、この憲法は、かかる原理に基くものである。われらは、これに反する一切の憲法、法令及び詔勅を排除する。

日本国民は、恒久の平和を念願し、人間相互の関係を支配する崇高な理想を深く自覚するのであつて、平和を愛する諸国民の公正と信義に信頼して、われらの安全と生存を保持しようと決意した。われらは、平和を維持し、専制と隷従、圧迫と偏狭を地上から永遠に除去しようと努めてゐる国際社会において、名誉ある地位を占めたいと思ふ。われらは、全世界の国民が、ひとしく恐怖と欠乏から免かれ、平和のうちに生存する権利を有することを確認する。

われらは、いづれの国家も、自国のことのみに専念して他国を無視してはならないのであつて、政治道徳の法則は、普遍的なものであり、この法則に従ふことは、自国の主権を維持し、他国と対等関係に立たうとする各国の責務であると信ずる。

日本国民は、国家の名誉にかけ、全力をあげてこの崇高な理想と目的を達成することを誓ふ。

反町　憲法の内容についてお考えになっていることを伺いたいと思います。まず前文については、どのようなご意見をお持ちでしょうか？

西村　前文は主権在民を謳っています。しかし、「政府の行為によつて再び戦争の惨禍が起ることのないやうにすることを決意し」との文章があり、それからやや離れて、「平和を愛する諸国民の公正と審議に信頼して、われらの安全と生存を保持しようと決意した」という文章があります。これらを総合して考えるなら、主権者である日本国民が作る政府は戦争の惨禍を繰り返す戦争勢力になりかねない。日本国民は政府によってではなく、「平和を愛する諸国民の公正と信義に信頼」することで、安全と生存を保持できるという論理になる。このような論理を国家の根本規範として容認できるのか否かということです。この問題を深く考えようとするなら、二十世紀の総括という視点から見なければならないと思います。今テレビでも盛んに二十世紀の総括として第一次世界大戦、第二次世界大戦のことが放映されていますが、私は二十世紀において総括すべき最大のものは戦争ではないと思います。戦争は十九世紀にも十八世紀にもありました。

二十世紀の最大の特色は、地球上の人類を二つに分類する思想が生まれたことです。

一方はプロレタリアートであり、国境を越えて連帯を深め、バラ色の未来を築く。憲法の前文で言えば、「平和を愛する諸国民」でしょう。もう一方は国ごとに割拠して、任せておけば惨禍を繰り返す勢力です。マルクスの分類によれば、資本家・地主階級となる。果たしてその分類は正しかったのか。二十世紀は、その思想が現実に権力をとり、ソビエト連邦や中国大陸やカンボジアにおける惨害を起こした時代だと考えます。人類の未来のためと称して、多くの人々が殺害され、迫害を受けた。そのことはいまだに総括されていません。

そして、私はそのような思想が憲法前文の根底にあると思っています。

日本を民主主義国家と規定するにもかかわらず、その政府は戦争の戦禍を呼ぶものと表現されている。そして、国民の安全と生存を保持するために何をすればいいか、簡潔に指摘しなければならないはずの憲法において、具体的方策をなんら示されず、ただ「平和を愛する諸国民の公正と信義」とだけ記している。これは日本の国体を敵視したコミンテルンの対日戦略そのものと判断せざるを得ません。

結論として、この前文は理想的文言がちりばめられてはいるが、空虚な作文であると判断せざるを得ないのです。

反町　憲法前文についての西村先生の主張は、過去三百年の時代文脈を総覧した見解であり、日本のアカデミズムにおいて未だ指摘されておりません。今後、注目されることでしょう。

第一章　天皇

第一条【天皇の地位・国民主権】

天皇は、日本国の象徴であり日本国民統合の象徴であつて、この地位は、主権の存する日本国民の総意に基く。

第六条【天皇の任命権】

天皇は、国会の指名に基いて、内閣総理大臣を任命する。

②天皇は、内閣の指名に基いて、最高裁判所の長たる裁判官を任命する。

第七条【天皇の国事行為】

天皇は、内閣の助言と承認により、国民のために、左の国事に関する行為を行ふ。

一　憲法改正、法律、政令及び条約を公布すること。

二　国会を召集すること。

三　衆議院を解散すること。

四　国会議員の総選挙の施行を公示すること。

五　国務大臣及び法律の定めるその他の官吏の任免並びに全権委任状及び大使及び公使の委任状を認証すること。

六　大赦、特赦、減刑、刑の執行の免除及び復権を認証すること。

七　栄典を授与すること。

八　批准書及び法律の定めるその他の外交文書を認証すること。

九　外国の大使及び公使を接受すること。
十　儀式を行ふこと。

反町　前文に続いて、第一章から検証していただきたいと思います。
西村　天皇の地位については、第一条の「象徴」ということばかりが言及されますが、私はむしろ第六条、第七条にこそ日本国における天皇の地位が端的に表れていると見ます。われわれ議員は国会において内閣総理大臣を指名しますが、それだけでは就任できません。第六条第一項に「天皇は、国会の指名に基いて、内閣総理大臣を任命する」と書いてあります。同第二項に、最高裁判所の長たる長官も同じ定めがあります。三権のうち行政と司法の長を天皇が任命するのです。国会についても、われわれが勝手に東京に集まっても国会を開くことはできません。第七条第二号で、「国会を召集すること」が天皇の国事行為とされています。天皇が召集してはじめて国会になる。つまり三権すべてについて天皇がスイッチを押すことが要件とされているのです。また第七条第三号に「衆議院を解散すること」とあります。国民に選ばれた衆議院議員の身分は天皇の行為があってはじめて喪失する。つまり、天皇の国事行為がなければ、三権は正統に機能しないと書かれてあることになる。第六条と第七条は明らかにわが国を立憲君主国と規定しているると思います。しかし、第一条に戻ると、「日本国民統合の象徴」とされている。第六条と第七条で明確な天皇の国政における至高の地位から見て、具体的に何を言っているのかわからない。

歴史性がなく、その地位が何に由来するのかわからないのです。政治権力は、一つの権威に源を発したものでなければならないと思っています。

反町　例えば、アメリカ大統領は就任式に臨んで、聖書に手を置いて宣誓しますね。

西村　それは聖書に源を発した権威付与の儀式です。天皇はわが国の歴史を遡る悠久の神話にその源を発しているという点からするなら、「象徴」という言葉には、歴史性がなく、国政における天皇の地位を表す言葉としては相応しくないと思います。また憲法前文にも、天皇制のことがまったく出てこないことも納得できません。

第2章　戦争の放棄
第9条【戦争の放棄、戦力及び交戦権の否認】
日本国民は、正義と秩序を基調とする国際平和を誠実に希求し、国権の発動たる戦争と、武力による威嚇又は武力の行使は、国際紛争を解決する手段としては、永久にこれを放棄する。
②前項の目的を達するため、陸海空軍その他の戦力は、これを保持しない。国の交戦権は、これを認めない。

反町　憲法改正議論の最大テーマである第九条を含む第二章についてお聞きします。

西村　第九条は昭和三年のケロッグ・ブリアン条約（注2）に源を発した概念で、それ自体は特に目新しい条文ではありませんが、解釈上、マッカーサーは陸・海・空すべての軍事力を永久に日本から封じ込める草案を持ってきました。辛うじて第二項の「前項の目的を達するため」という文言を入れて修正したわけです。第九条を字句通りに読むなら、前文の「平和を愛する諸国民の公正と信義に信頼」すれば、平和と安全を確保できるという前提を無批判に受け入れた上でしか成立しえない。では、その前提が正しいのかというと、先程述べましたように、その思想の歴史は諸国民に惨禍をもたらした闘争に満ち溢れているのですから、フィクションの上に成り立つ条文と思わざるを得ません。

その条文から、「集団的自衛権は行使しない」「専守防衛」「攻撃的兵器は保持しない」といった憲法解釈、防衛政策が生まれてきたわけですが、出発時に誤りがあれば、いかに議論を重ねようと、その解釈は砂上の楼閣にすぎません。

いまだに解釈の議論が不徹底なこともあります。第九条第二項に「国の交戦権は、これを認めない」とありますが、「交戦権」という言葉には、二通りの解釈が可能です。一つは「戦う権利」であり、もう一つは「戦う主体が保障されるべき権利」です。わが国でも自衛の戦争は認めているわけですから、自衛の戦争をしている国が当然、認められるべき国際法上の権利や保護、例えば、ジュネーブ条約（注3）の捕虜の待遇などを日本はもたないと解釈するとの見方も可能です。それなどはまだ詰められていない部分だと思います。

反町　これまでの憲法解釈をめぐる議論については、どのようにご覧になっていますか？

西村　解釈の手法上の混乱があると思います。解釈には「法実証主義」と「法理想主義」という二つの手法があります。いずれによって解釈するか、はっきりされたほうが良い。旧社会党的護憲派の方々は法実証主義的に、改憲は一切ダメという解釈を展開される。しかし、第一条以下の天皇の国事行為に関しては、とたんに法理想主義的になって、第七条に基づいて天皇に召集される国会の開会式は、一切出席しない行為が正しいと思っておられる。第九条では厳格な法実証主義、天皇の規定では自由放漫な法理想主義。嫌なことは無視するのでは分裂した解釈です。

第三章　国民の権利及び義務

第一八条【奴隷的拘束及び苦役からの自由】

何人も、いかなる奴隷的拘束も受けない。又、犯罪に因る処罰の場合を除いては、その意に反する苦役に服させられない。

第二〇条【信教の自由】

信教の自由は、何人に対してもこれを保障する。いかなる宗教団体も、国から特権を受け、又は政治上の権力を行使してはならない。

②何人も、宗教上の行為、祝典、儀式又は行事に参加することを強制されない。

③国及びその機関は、宗教教育その他いかなる宗教的活動もしてはならない。

第二四条【家族生活における個人の尊厳と両性の平等】

婚姻は、両性の合意のみに基いて成立し、夫婦が同等の権利を有することを基本として、相互の協力により、維持されなければならない。

②配偶者の選択、財産権、相続、住居の選定、離婚並びに婚姻及び家族に関するその他の事項に関しては、法律は、個人の尊厳と両性の本質的平等に立脚して、制定されなければならない。

第二六条【教育を受ける権利、教育の義務】
すべて国民は、法律の定めるところにより、その能力に応じて、ひとしく教育を受ける権利を有する。
②すべて国民は、法律の定めるところにより、その保護する子女に普通教育を受けさせる義務を負ふ。義務教育は、これを無償とする。

第二九条【財産権】
財産権は、これを侵してはならない。
②財産権の内容は、公共の福祉に適合するやうに、法律でこれを定める。
③私有財産は、正当な補償の下に、これを公共のために用ひることができる。

反町　「基本的人権の章」と呼ばれる第三章はどのような条文が問題でしょうか。

西村　全般的に、国民の義務とは何かということを真っ正面から規定していません。国民の義務には勤労の義務、納税の義務以外、パブリック・サービスの義務があるはずです。それには兵役の義務も入ります。日本は他国から様々なことを受け入れたが、それだけは入っていないのです。ヨーロッパでは、古代ギリシャ・ローマ以来、市民は兵士という伝統があり、それをもとにして近代的な憲法思想ができていますが、わが国の憲法はその部分が欠落しています。

妙な解釈をされている条文もあります。第一八条は「奴隷的拘束及び苦役からの自由」ですが、リンカーンによって奴隷解放がなされた国と違い、わが国では奈良時代まで遡っても、人間を奴隷として売買する公の市場が存在したという歴史的事実はない。であるのに、なぜかこの文言が入っている。そのため憲法の精神から苦し紛れに奴隷的拘束を徴兵制とする解釈がある。

徴兵制をアメリカ流にとらえれば、パブリック・サービスです。公に対する奉仕ということではボランティアと同じです。アメリカではパブリック・サービスを奴隷的拘束とは言いません。

反町　信教の自由と政教分離に関する第二〇条はいかがでしょうか？

西村　自らが信じる神以外は一切認めない一神教の精神世界では、巨大な信仰勢力から国民国家の自主性を守るという意味において、信教の自由という概念に有効性があったことは認めますが、わが国では、一つの神を信じる宗教勢力が政治を壟断したという歴史的事実はありません。かの国の伝統をそのまま持ち込み、抽象的・原理主義的な解釈を加えたところで、日本の歴史的風土・精神的風土に合うのか疑問ですね。

反町　第二六条の「教育を受ける権利、教育の義務」ですが、主権国家では教育は国の存立を支える重要な柱です。現在の日本の教育はいかがお考えですか？

西村　憲法の条文がすべてを規定するのではなく、必然的に、背後にある社会的な事実が条文の根拠を補強するわけで、第二六条の規定と現在の教育の実態とを総合して考えて、教育を立て直すために、条文の改正が必要であれば、当然、そうすべきでしょう。

他についても同様なことが言えます。第二四条の「家族生活における個人の尊厳と両性の平等」ですが、この背景には、共同体の拘束を一切受けず、自分が何を考えるかによってのみ行動する個人という抽象的な存在を尊いものとする思想があると思われます。このような考え方は、例えば、親を介護するという行為を遺産相続においてカウントしない現在の相続制度を招来しています。長男が両親を介護してきて、相続が起こった。独立して、別に世帯をもっている兄弟が集まってきて、「相続は平等に行われるべきだ。唯一の財産はこの家だから、売却して等分にしろ」と言う。長男は「では、俺はどこに住めばいいのか」と兄弟間に確執が生じる。そのようなとき、「家というのは売却して金に代える財産ではなく、生活の本拠となる場所であり、家族の思い出が集積した場ではないか」という説得は法的根拠を欠く、今の相続調停ではできません。これはやはり共同体の拘束から離れた個人が理想だという憲法の抽象的な思想に根ざした弊害でしょう。

イギリスに「わが家は城。雨や風は入っても、国王が入ることはできない」という格言があります。個人が権力から自由でいられるのは、家によって守られているからだという思想です。第二四条はあたかも「個人の尊厳」という花のように美しい言葉をもってきて、水槽に飾ったような印象を受けます。その花を権力から守ることができるのは、家があるからだという考えがない。

反町　いずれも日本の歴史観に立った解釈ですね。他には、いかがですか？

西村　第二九条第一項に「財産権は、これを侵してはならない」とありますが、わが国の税制は、これを侵しっぱなしですね（笑い）。怠けている人より、たくさん働いて多くの収入を得た人を敵視して、手にした財産を八割がた持っていくという税制ですから。

反町　経済がこれだけグローバル化して、所得が発生するのは国内だけでなくなっています。また違法に収入を得て、適切な納税をしていない人も多い。不当な所得も、使わざるを得ないわけですから、所得が発生したときに税金を取るのではなく、むしろ消費するとき、消費者から取る。消費税や付加価値税のほうがこれからの税制として望ましいのです。

西村　大阪の「八百八橋」というのは、稼いだときに取らずに放っておいたからこそ、できたのです。江戸時代の大阪の橋は、淀屋橋を淀屋が造ったように、町人の申し合わせによって自主的に架けられたものです。大阪の「くい倒れ」というのは、食べて倒れるのではなくて、橋の杭を打ちすぎて倒れるというのが本来の意味です。今では、いかな上場企業といえども、自主的に淀川に橋を架ける財力はない。儲けたとき国が簒奪するからです。

反町　寄付にも税金をかけます。アメリカのように寄付を経費として認めればいい。

西村　そうです。自主的に学校も病院も美術館も建つ体制というのはひとつの理想ですね。より儲けた人からより多く取ったり、死んだら相続税で財産をあらかた没収するのでは共産主義社会です。私はおそらく日本で初めて予算委員会で相続税廃止を質問した議員だと思います。どうしても人が死んだら税金を取る原因が発生するという理由が理解できないのです。「人はまず死ぬ前に、生まれなければならない。では生まれたときにも税金を取るのか?」と質問したわけです（笑い）。

反町　相続税を取ることは、文化の継続性と歴史の否定にもつながります。京都など、町そのものが貴重な文化財と言えますが、バブル崩壊以降、伝統的な町屋や庭園が更地になり、マンションが建つなど、その崩壊が顕著です。そういうことを防ぐためにも、ぜひ税制の見直しを考えていただきたい。

西村　文化が育ちません。今の日本文化は江戸時代以前にできたものです。

反町　法人税法は累進でなく比例なのに、個人の方にだけなぜ累進なのか。一所懸命に働き、国民の福祉や豊かさに貢献すればするほど、多くの税金を取られるという懲罰的税制では、まじめに働くことは悪いということになります。最近は政治家のみなさんも、立法については議員立法も含めよく対応されていますが、それに対応した税制を整えないと活動ができません。税制を切り離した法改正は意味がない。

西村　おっしゃる通り、本来、政治家にとって大切なのは税制です。今、政治家は大蔵省や経済企画庁の課長クラスの知識をペラペラしゃべることが要件のようになっていますけれど。

反町　元来、国民の代表者とは納税者の代表という意味です。社会主義的税制を改革して民間主導の活力ある社会を前提にした発想に変える必要があります。

西村　私は特にこれからの政治で一番の任務は税制だと思っています。あとは自由な領域に移っています。政府が経済活動についていちいち指図をすることはない。民間シンクタンクが経済政策を出せばいいし、企業を動かす人が浮沈をかけて選択すればいい。

反町　日本には、戦争中の国家総動員法によって、経済や税制の体制が作られ、それが未だに尾を引いています。中央官庁の強力な権限も残っています。国民の自由な活動、今日の国際社会を切り開ける賢明な国民レベルを前提とした租税体系に変えていただきたいですね。

西村　国民の富は一度行政機構が吸い上げ、分散するのが良い方法だという思い込みが強すぎますね。

反町　やや話がそれますが、現在、事務次官経験者でさえ、共済年金の最高額は月三十何万円とのことです。中央官庁の公務員が退官した場合、相当な額の年金を出すようにしたらいかがでしょう。その増加額の国民負担よりも、現在のように天下りで民間を圧迫している弊害のほうが遥かに大きい。

西村　なるほど。ただ、その前に税制改革ですね。日本の経済を立て直すのも税制ですね。その改革を断行して、官僚のトップにのぼりつめた人や幹部の生活を生涯保証する、そういう形を実現することが必要でしょう。

反町　税制はもっとフラットな形にする。一律十パーセントの所得税でいいという説もあります。

西村　古代ローマの税制がそうです。単純にして明解という税法が理想です。

第四章　国会
第四一条【国会の地位・立法権】国会は、国権の最高機関であつて、国の唯一の立法機関である。

反町　国会についての憲法の規定はいかがですか？

西村　現状をみますと、参議院の在り方に問題があると思います。

私は古代ギリシャと古代ローマの比較を研究しているのですが、衰退期に入ったギリシャでは政敵を追放するシステムがあり、それが政権交代の役割を果たしていました。ローマにはそれがないわけです

ローマ人たちは例えば、労働組合の組合長が社長になったり、社長が店員になったりするのは当たり前だと思っていました。異なる意見を総合してローマの危機に立ち向かう体制を作ったわけです。ギリシャとローマの政体の相違を端的に言うなら、そういう歴史があります。

そういう意味から、日本の参議院を考えると、パブリックに尽くした経験と能力を評価して、党派的な組織活動としての票の結果から離れて、終身で身分を保証する。ローマの元老院のような制度にするべきではないかと思います。

反町　イギリスは、上院（貴族院）が終身の貴族、下院（庶民院）が直接選挙による任期五年の議員制と、それと同じような形ですね。

第五章　内閣
第六五条【行政権】行政権は、内閣に属する。

反町　第五章の内閣についてはいかがでしょうか？

西村　ここで要点となるのは、危機における内閣をいかに作るのかという視点が欠落している

ということでしょう。
イギリスは法案を作っておいて、危機を認定したら直ちにそれを通すようになっています。第二次世界大戦では、イギリスのチャーチル首相は野党労働党にも協力させて、少数の意思決定者による戦争内閣を作った。
今の日本国憲法では、そのような体制はとれません。これも第九条をもたらしたような思想が原因です。内閣が危機においていかに対処するかという規定が抜け落ちていると考えられます。内閣に関するとりきめは、すべて平時のルーティンワークをこなす行政の長という位置付けですから。

第六章　司法
第七六条【司法権・裁判所、特別裁判所の禁止、裁判官の独立】
すべて司法権は、最高裁判所及び法律の定めるところにより設置する下級裁判所に属する。
②特別裁判所は、これを設置することができない。行政機関は、終審として裁判を行ふことができない。
③すべて裁判官は、その良心に従ひ独立してその職権を行ひ、この憲法及び法律にのみ拘束される。
第八一条【法令審査権と最高裁判所】
最高裁判所は、一切の法律　命令、規則又は処分が憲法に適合するかしないかを決定する権限を有する終審裁判所である。

反町　司法に関してはいかがですか？

西村　第七六条第二項に「特別裁判所は、これを設置することができない」とありますが、なぜ設置することができないのか不思議です。

例えば、軍事裁判所は必要です。市民法の秩序で、苛烈な戦闘ができるはずがありません。軍隊を市民法の秩序で律していては、戦わずして壊滅します。また危険性もある。市民法の秩序で成り立っているＰＫＯ法は、自分が侵害を受ける事態にならなければ、撃ってはならないという法律ですが、逆に言えば、自分さえ危ないと思えば、撃っていいことにもなる。それが九ミリ拳銃ではなく、九〇式戦車の一〇二ミリ榴弾砲やイージス艦のミサイルの発射にエスカレートする危険もあります。

反町　特別裁判所については今、専門裁判所の設置が議論されていますね、通常裁判所内での専門部としてですが。案に上っているのは特許部、租税部、行政部、労働部ですね。

西村　軍法会議は？

反町　防衛部については現在、議論に含まれていません。

西村　私は憲法裁判所を作ることを考えても良いと思います。憲法裁判所が違憲判決を出せば、憲法を変えなくてはいけないと、自然にそのような流れになるはずです。

反町　ドイツやフランス、韓国にも憲法裁判所があります。憲法を改正するなら、事件性を要件から外した違憲立法審査制度を導入する必要があると思います。そうでないと違憲判断は実際に事件が発生してからでいいということになり、緊急な問題に対応することができません。

第九章　改正

第九八条【最高法規、条約及び国際法規の遵守】
この憲法は、国の最高法規であつて、その条項に反する法律、命令、詔勅及び国務に関するその他の行為の全部又は一部は、その効力を有しない。
②日本国が締結した条約及び確立された国際法規は、これを誠実に遵守することを必要とする。

第九九条【憲法尊重擁護の義務】
天皇又は摂政及び国務大臣、国会議員、裁判官その他の公務員は、この憲法を尊重し擁護する義務を負ふ。

反町　憲法改正については、手続きに関する議論もありますね。

西村　私の持論は、無効宣言という方法があるということです。

反町　東京都知事の石原慎太郎さんも、破棄の決議であれば国会議員過半数の賛成でできるということをおっしゃっていますね。

西村　現行の憲法は占領中にできた憲法です。あるいはハーグ陸戦条約（注4）に、占領中には現地の法律を尊重するという規範があります。国際法から判断しても有効性がない。

反町　第九八条第二項にも「確立された国際法規は、これを誠実に遵守する」とあります。国際社会で常識となっている条約の条項は日本国も当然拘束されるのです。また、憲法の改正は第九九条の「憲法尊重擁護の義務」と抵触するわけではありません。憲法を現実に合わせ、生きた規範にするため、積極的に解釈権を行使する。問題があるなら、何度でも改正する。それが第九条の理念です。後ろ向きに憲法を解釈することが擁護ではありません。国の根本規範である憲法を国民が守るのは当たり前のことで、守ろうとする以上、積極的に改善、改良を加えるべきです。

西村　改正すべきときには、改正しなければならないという意味で、われわれ国民は憲法擁護義務を負っています。しかし、これまでの憲法に関する論議は車を運転するのに、バックミラーだけを見て、フロントガラスを見ずに運転していたようなものです（笑い）。

反町　本日は忌憚のないご意見をたまわり、ありがとうございました。

〈『法律文化』平成十二年第二号「一刀両断・日本国憲法」改題〉

注1「マッカーサー草案」
一九四六年、政府の憲法問題調査委員会の憲法改正案を「保守的」とした総司令部民政局長ホイットニー准将に対して、マッカーサーは「マッカーサー三原則」（天皇は国の元首の地位、戦争の廃止、封建制度の廃止）を示し、ホイットニー准将をして一九四六年二月四日、民生局のスタッフに約一週間で日本国憲法原案を作成するよう命じた。同月十二日、「マッカーサー草案」確定。草案作成を急いだ理由として、天皇制の存続を支持するマッカーサーが憲法問題を英ソなど全連合軍による極東委員会に委ねることを避けたとの説がある。

注2「ケロッグ・ブリアン条約」
不戦条約。一九二八年、ケロッグ米国務長官、ブリアン仏外相が努力して成立。①国際紛争解決のため戦

争に訴えることを不法とし、②一切の紛争を平和的手段により解決すべきことを定めた。締結にあたり各国は自衛のための戦争は禁止されないことを表明。

注3 「ジュネーブ条約」

「戦地軍隊における傷病者の状態の改善に関する条約」（一九七七年に追加議定書作成）。広義では、捕虜、文民に拡大した「戦争犠牲者保護諸条約」（一九四九年）を指す。

注4 「ハーグ陸戦条約」

「陸戦ノ規則慣例ニ関スル条約」（一九〇七年）第四三条「国ノ権力カ事実上占領者ノ手ニ移リタル上ハ、占領者ハ、絶対的ノ支障ナキ限リ、占領地ノ現行法ヲ尊重シテ、ナルベク公共ノ秩序及ビ生活ヲ回復確保スルタメ施シ得ベキ一切ノ手段ヲ尽スベシ」

私が見た北朝鮮人民の地獄

対談者　ノルベルト・フォラツェン

対談者略歴

●ノルベルト・フォラツェン氏／一九五八年デュッセルドルフ（旧西独）生まれ。八四年デュッセルドルフ大学医学部卒業。オスナブリュックの国防軍病院で軍医（外科）として勤務。インド洋モルディブで医療活動をした後、八七年からドゥイスブルクの専門病院で精神療法による中毒カウンセラーの教育を受ける。ゲッティンゲン大学で脳解剖学の医師および講師を務めたのち、バーデン・バーデンの心身医学病院に勤務。開業医を経て九九年、ドイツ緊急医師団（カップ・アナムーア）に加わり、同年七月、北朝鮮で活動を始める。

《一九九七年七月、ドイツ緊急医師団（カップ・アナムーア）に加わり、北朝鮮・黄海南道で人道援助活動を始めたノルベルト・フォラツェン医師は、重度の火傷患者への皮膚移植に協力（自らの皮膚を提供）したことから、西側の人間として初めて同国の「友好メダル」を授与された。その勲章によって「監視なしでどこにでも行ける」立場を得たフォラツェン医師は、閉ざされた国の内側深く末端の人々の暮らしのなかに入っていった。しかし、二〇〇〇年十月、訪朝したオルブライト米国務長官（当時）の同行記者団を平壌市内に〝案内〟したことが当局の逆鱗に触れ、同年末に「破壊活動分子」のレッテルを貼られて国外追放処分にされた。

フォラツェン医師は平壌入りして以来、十八カ月にわたってつけていた日記をもとに、恐怖の独裁体制国家で何が行われているかを一冊にまとめ発表した（『北朝鮮を知りすぎた医者』草思社）。彼が目撃したのは、貧困と飢餓にあえぐ想像を絶する地獄のような光景だったのである》

北朝鮮の危機は人災である

西村　まず医師としての使命を果たされたフォラツェンさんに敬意を表したいと思います。私も弁護士ですから、北朝鮮という人権を一顧だにしない独裁体制国家には非常な注意を払ってきました。しかも、わが国には北朝鮮国家による七件十人におよぶ日本人拉致という問題があります。これは断じて看過できない。北朝鮮が厄介なのは、一九八三年のビルマ（現ミャンマー）で起こったアウンサン廟爆破事件や、八七年の大韓航空機爆破事件を例にあげるまでもなく、自国民の人権はおろか他国民の人権を平気で侵して、ときには生命を奪っても何とも思わない〝ならず者国家〟であることです。

フォラツェン　日本人拉致の話について、いまは知っていますが、北朝鮮にいた十八ヵ月の間は一度も聞いたことがありませんでした。国外追放になってソウルに入ってからその話を知ったんです。日本人拉致の問題を含め、ほかにもソウルに入ってから初めて知ったことが数々あったので、自分は北朝鮮で随分自由に行動できる立場にあったにもかかわらず、実際はほとんど何も知ることができなかったのではないかと非常にショックを受けました。

西村　日本政府は四年前に五十万トン、昨年（平成十二年）六十万トン、合計百十万トンのコメを北朝鮮に援助しています。これは相当な量で、試算の仕方にもよりますが、少し倹約すれば七百万人が一年間食べられる量のはずなんです。しかし、フォラツェンさんの目撃した光景を積み重ねていくと、この日本からの人道援助のコメは、まったく庶民には届いていないということが分かる。とくに悲惨なのは子供たちですね。

フォラツェン　そのとおりです。私は平壌だけでなく南浦、元山、開城、海州、順川、平城などの地方都市を含めて北朝鮮の約十ヵ所の医療機関で活動しましたが、孤児院でも小児病院でも、出会った子供たちの表情はみな同じでした。栄養失調のなかでみな諦めてしまっている。彼らには感情がありません。笑うどころか涙もない。私は四人の子供を持つ親ですが、北朝鮮の子供たちと身近に接したとき、何としても彼らを救わなければならないと自分に約束しました。それが大人の責任だと思ったからです。

北朝鮮では朝鮮労働党の幹部や軍の幹部の子弟に生まれない限り、この困窮と悲惨からは逃れられない。平壌は外国人に〝見せる〟ための街です。食べる物もふんだんにあるし、豪華な生活を連想させる装飾が巧みに施されている。しかし、そこから数キロ離れた地方に行ってみれば、平壌がいかに欺瞞に満ちたショーウインドー都市に過ぎないか一目瞭然です。そのコントラストは悲劇としか言いようがない。なぜこんなにも物がないのか、食糧、医薬品、生活必需品……、鉄道などの交通機関も、電力不足などからほとんど機能していません。

忘れられないのは、十三、四歳の女の子が急性盲腸炎で運ばれて来たときのことです。穿孔の恐れがあった。緊急手術が必要でしたが、麻酔薬がない。麻酔がきいていない状況で少女は手術を受けたんです。錆びたメスが腹壁の筋肉を切開したとき、少女はピクリと身体を震わせ激痛で縮み上がりました。けれども唇からは呻き声一つもれず、健気にも三十分の手術に耐えたんです。そのときはまだドイツからの薬品が届いておらず、私にもなす術がありませんでした。

病院の多くの設備が不備でした。消毒剤も、注射も、点滴も、石鹸も不足し、ビール瓶を点滴の容器として使っていたぐらいです。医師たちは手袋なしで手術をしなければならず、その手術室の床や旧式の手術台は血のしみだらけ。トイレもない。水も近くの井戸からバケツで汲んでこなければならない。私たちカップ・アナムーアの受け入れ窓口は、水害対策委員会（FDRC）という北朝鮮外務省の一部局でしたが、この悲惨な状況は水害によるものではない。北朝鮮の危機は自然災害によるものではなく、明らかに人災なのです。金正日を頂点とするあまりにも非人間的な政府による人民の支配こそが元凶だと、私は断言できます。

西村　せっかく援助しても、本当にそれを必要としている庶民には届かず、高級軍人や政府・党の幹部連中の懐に入ってしまっていることを何とかしなければならない。

フォラツェン　援助物資がどのように行き渡っているか、あるいはいないのかを日本政府が調査したことはありますか。日本のマスコミでもいい、それを目的に北朝鮮に入った人間はいるでしょうか。誰もいないでしょう。援助物資が〝消えて〟しまうことが問題なのです。ヨーロッパのNGOはそれについて何とか監視しようとしてきましたが、絶対に自分たちでは配分させてもらえない。当局との摩擦が絶えず、「国境なき医師団」をはじめ次々と北朝鮮から去っていく結果となりました。

無条件の援助では誰も救えない

西村　日本政府が監視しないというのは、日本政府自身が怠慢であると同時に、日本政府自身がものの本質、国民の人権を守るということの意味が分かっていないからです。私はいままで常に、フォラツェンさんがご覧になったような子供たちに確実に行き渡るという確証が得られない限り、コメを援助してはだめだと言い続けてきました。それは北朝鮮の独裁体制の延命につながるだけで、彼の地の人民を救うどころかその苦しみを長引かせるだけの可能性が高いからです。「人道」や「人権」の名のもと、要求されるままに無条件でコメを送っている限りは誰も救えない。

フォラツェン　日本から送られた百十万トンのコメが、普通の人々の間に行き渡っていないのは確かです。これは海州で目にした光景ですが、自分で作ったであろうわずかな野菜を手にした人たちが何百人も、昼夜に関係なくとぼとぼと道路を歩いていました。物々交換でコメを手に入れるためです。しかもみな裸足です。コメがあればこんな徒歩行はしなくても済むはずです。また病院にやってくる人たちはみなひどく痩せ衰えていて、ビタミンや蛋白質の不足からほとんどが皮膚炎などの病気にかかっていました。

平壌の北にある平城、北倉、順川は炭鉱と工業の街で、海州や載寧といった南部よりももっと貧しいところです。耕地が少ないので食糧事情も極端に悪く、患者の二五パーセントが重度の栄養失調でした。ここでも患者全体の六〇パーセントが栄養失調の子供で、やはり諦めがその表情を支配していました。外国人が入れる地域ですらこうなのですから、たとえば中朝国境付近の茂山周辺に集中的にあるとされる「強制労働収容所」に収容されている人たちはどれほど悲惨な目に遭っているか。

西村　言葉にできない、それこそ想像を絶するものだと思います。

フォラツェン　そもそも国民を養うことは国家の義務のはずなのに、北朝鮮政府はそれをやろうとしない。北朝鮮は決して外貨を稼げない国ではありません。鉱物資源は豊富ですし、武器をかなり輸出している。それに麻薬の密売にも手を出している疑いがある。世界から金と物資は相当流れ込んでいるはずなのに、国民を養うことができないというのは、いったいどういう国の仕組になっているのか。

西村　フォラツェンさんのお話は、実は百年以上前に朝鮮半島を訪れた西欧人が書き残した報告とほぼ同じなんです。民衆が困窮し、飢え死にしているにもかかわらず、特権階級は全く関心を示さず、自分たちだけの贅沢を考えている。街は非常に汚く、医療設備もない。これが百年前の朝鮮半島で、現在の北朝鮮の姿もこれと同じです。

フォラツェン　北朝鮮は昨年、かなりの金額をつぎ込んで軍事用の航空機や戦車を外国に多数発注しています。子供たちがいかに飢えていてもそういうお金はあるんですね。国民の間にあるのは、絶え間のない厳しい訓練であり、多くのパレードであり、早朝六時からの集会です。絶えず政治的なプロパガンダが轟いていて、最後まで頑張り通せというスローガンが記された横断幕の数々に囲まれている。

人々はほとほと疲れ切っているにもかかわらず、北朝鮮政府はさらに彼らに鞭を当てている。それで彼らは無気力でぼろぼろになってしまい、病院はそういう人たちで一杯。残りの患者が飢えた子供たちです。

西村　国全体が強制収容所というわけですね。

フォラツェン　そうです。私が出会った子供たちは、まるでアウシュビッツの子供たちと同じような顔をしていました。収容所の子供たちにあるのはただ死を待つだけの絶望……、それが平壌に住む一部の特権階級の子弟ともなれば、ナイキの靴をはき、アルマーニのジャケットを着て、高級料理に舌鼓を打っている。幼い子供たちが飢えて死んでいく凄まじい現実が一方にありながら、支配階層は贅沢に暮らし、驚くほどの豊かさを享受している。まともであれば、これに怒りを感じない人間はいないでしょう。ですから私は自分が北朝鮮で見てきたこと、聞いてきたことを広く世界に伝えるのが義務だと思っているんです。

はっきり言って、北朝鮮の人たちが自分たちの力で、悲惨な現実を変革することはできないだろうと思います。その体制が彼らに与えている恐怖はあまりにも大きく、弾圧とイデオロギーの刷り込みはあまりにも強い。変化を引き起こせるのは国際社会の圧力だけです。そのことを人道援助のスタッフだけでなく、援助国の政治家、ジャーナリストが自覚しない限り、北朝鮮の地獄は決して終わらないでしょう。

西村 ヨーロッパにはミュンヘン会談（一九三八年九月）で英仏、とくにイギリスがヒットラーのドイツに対して宥和政策をとったことが、チェコスロバキアの解体とその後のポーランド侵攻を招いたという教訓がありますね。当時イギリスの首相はチェンバレンですが、「わが時代のための平和条約」と彼が自賛したミュンヘン協定は、ヒットラーによってわずか六ヵ月で瓦解させられた。宥和ではなく決然とした力の対決がときには必要だという教訓ですが、これが東アジアにはありません。とくに日本の政治家は先の大戦以後、アメリカの庇護のもと長く続いた〝平和ボケ〟で、そうした感覚が皆無になってしまった。社会主義に共鳴してきた左翼政党の政治家ならいざしらず、保守・自由主義を掲げる政党の政治家ですらそうなのですから、実に情けないことです。わずか十三歳の少女が拉致されたにもかかわらず、抗議の声一つ上げられない人物が外務大臣になるような国になってしまった。

日本の贖罪感を利用するしたたかさ

フォラツェン　北朝鮮という国はアジア全体、とくに近隣国にとって、その軍事的脅威を含めて憂慮すべき存在だと思います。北朝鮮の外交は実に巧みです。脅したりすかしたりする一方で、ときにほほ笑んで見せる。それで日本はもちろんヨーロッパなどいろいろな国から援助物資を引き出しています。歴史的な対立や感情の軋轢なども利用している。日本に対して最も効果のあるのは「過去の植民地支配の罪」というカードですね。これを出されると日本は弱い。

ただ、だからと言って無条件に援助してはいけないんです。二千万人の人々が恐ろしい独裁のもと、不安と恐怖のなかで暮らしている現実を見過ごしてはならない。この体制はすべての人権を否定し、圧迫することで辛うじて存続しています。その状況を何が何でも改善する方途を考えるべきで、体制の存続に手を貸してはならないと私は思います。

その意味では韓国の金大中政権がとっている「太陽政策」はきわめて危ういと言わざるを得ません。実はこの三月に金大中大統領との会見の可能性があったのですが、その実現のためには「韓国政府がとっている『太陽政策』を称賛する」という条件がありました。私は会見を断り、アメリカに行ったわけですが、現在、韓国のほとんどの新聞が、北朝鮮で行われている人権侵害の事実について報道することに及び腰であるのは確かなことです。私のところには大勢の韓国のジャーナリストがインタビューに来ましたが、ほとんど何一つ新聞に載りませんでした。せいぜいが「皮膚移植」についての報告だけです。

西村　日本の新しい歴史教科書が、日韓の間の歴史に関して適切でない記述をしている——私はまったくそう思いませんが——、という理由でジュネーブの国連人権委員会に訴えようとしている韓国が、目と鼻の先の〝兄弟国〟で起こっている残酷な人権侵害には沈黙を決め込むというのは、いったいどういうことなのか。韓国も五百名を超える韓国国民が北朝鮮に拉致されている現実があるはずなのに、人権に関する明らかな二重基準というか、金大中の「太陽政策」はきわめて恣意的なものとしか言いようがない。

現代ヨーロッパの概念から比べれば、たしかにアジアの国々は人権意識が低いと言えるかも知れない。毛沢東は文化大革命で二千万とも三千万ともいわれる人々を死に至らしめている。カンボジアのポル・ポトは自国民の三分の一を殺害した。そして金正日の北朝鮮では四百万人が餓死したといわれ、その悲劇はいまもまだ続いている。ただこれには共通性があって、いずれも共産主義を信奉する国だということです。北朝鮮は「主体思想」というさらにオカルト的なものになっているけれど、そうした国々では本当に人間の命は軽く扱われる。

フォラツェン　北朝鮮では人間の命に全然値打ちがないということを私も実感しました。彼らは犠牲に慣れているんです。アメリカだったら紛争地域に派遣した兵士がかりに五人でも死んだら大変な問題になりますが、北朝鮮では死体が放置されているのは日常です。

西村　朝鮮労働党の機関誌「労働新聞」に載った人権に関する社説を訳したある日本の新聞記者によると、そこには「主体思想」に反対する者には人権はないというふうに書かれていたそうです。そういう人権観ですから、当局の政策に不満を持つ者や異議を唱える者はすぐに強制収容所に送られるわけです。

フォラツェン　北朝鮮の人たちの大半が冒されている病は、凄まじい恐怖です。それは残忍きわまりない弾圧によって国民を支配下に置こうとするスターリン主義の恐怖政治における恐怖と同じです。それゆえ国民は病気になり、どうにもならないところにまできている。希望もなく、未来もなく、多くの人たちが精神の上で自殺しています。

そうした体制の犠牲者たちは絶え間のない軍事訓練によって、ロボットのように動く兵士へと〝培養〟されています。これがアジアの近隣国すべてに対する脅威ともなっているわけです。ベトコンはなぜアメリカを撃退できたのかというようなことが繰り返し教育され、勇猛果敢な人海戦術が賛美されている。もちろん仮想敵国はアメリカ、日本、韓国です。

西村　われわれは隣人として、いま飢餓に苦しんでいる人たちが北朝鮮に多数いることを知っている。それを何とか救わねばならないという人道目的で各国から援助がなされているわけですが、皮肉なことに援助することによってその恐怖の国家体制を維持するというジレンマにも陥っている。結果的に人々を弾圧する体制を長らえさせている。そのジレンマを断ち切ることが可能かどうか。

フォラツェン　そのジレンマは、すべての援助国の関係者が抱いています。それを解決するには、先にも述べましたけれど、とにかく北朝鮮の実態を広く世界に知らせることしかない。人道援助のスタッフ、それからジャーナリストは北朝鮮の開放を促すために力を尽くすべきです。考えられる限りの外交手段を駆使しない限り、北朝鮮の老獪な支配者たちは、これからも世界の愚かさを笑い続けることになるでしょう。

北朝鮮がなぜあの体制を維持できるか。なぜ強いかというと、全部秘密裏にやれるからです。ジャーナリストがそれを暴いて報道してしまえば、みんなが知るようになってしまえば、それを突き崩すことができる。彼らはいままで実に巧妙に、器用に立ち回って尻尾を掴ませないできたけれど、ジャーナリストが悲惨な実態を暴き、各国の政治指導者がそれをもとにきちんとした〝圧力〟をかければ、独裁制を覆すことは可能だと思います。むしろ、そうした外からの働きかけなしには体制の変革は難しい。この「働きかけ」という視点から考えると、先程も述べましたけれど、日本は戦前、朝鮮半島を植民地にしたという贖罪感から有効な手段を打てないという心理作用になっている。

西村　コメの援助に走り回った日本の政治家は、贖罪感という言葉で実態をごまかしているだけなんです。それで己の良心を高みにおいて、何か免罪符を手に入れたような気分になっている。

フォラツェン　北朝鮮はそのことが日本に対する〝外交カード〟としていかに有効かを熟知している。それが本当のことであれ、嘘であれ、気に入らなければ「あんたたちは昔何をしたんだ」と言いさえすればすべて解決できてしまう。北朝鮮にとってはオールマイティな物言いなんですね。ドイツにも同じようなことがありますから、私もそのへんはよく分かっているつもりです。

私たちドイツ人は、強制収容所の惨状を知っていながら何もしなかったと非難された。二度とこういうことがあってはならないと言われてきました。私たちが歴史から真に学んだのなら、北朝鮮に強制収容所があるという噂をちらっとでも耳にしたら、行動を起こす必要がある。ドイツ人ならなおさらです。しかしそれは無条件に援助することではない。困窮している人々にきちんと行き渡るかどうか監視し、いたずらに独裁体制の延命につながることのないようにしなければならない。贖罪感でもってそれを曖昧にしてはいけないんです。

西村　是非フォラツェンさんに知っておいていただきたいのは、李氏朝鮮の時代、あの半島の人口は八百万でほぼ一貫して変わらなかったんです。増えることはなかった。朝鮮半島では人は食えなかったんですね。それが日本が朝鮮半島を統治してから二十年で人口は千八百万に増えています。これは客観的に見て、日本の統治が朝鮮の民衆に非常な豊かさをもたらしたことを示しているんです。

フォラツェン　私も朝鮮の歴史についてはだいぶ勉強しましたので、いま西村さんのおっしゃったことは大まかには知っています。それはそのとおりだろうと思いますけれど、残念ながらそうした事実は金正日にとっては関係のないことで、「植民地にしただろう」と一言で済んでしまうんですね。北朝鮮の国民は事実をまったく知らされていません。そうした点から考えると、もう少しハードライナーというか、援助国として金正日にきちんと意見する政治指導者が必要だと思います。

世界中に及ぶ北朝鮮の工作網

西村　私の知人の医師が金正日を精神分析して、とくに目付きというか眼差しに注目して、あの目は情緒障害児の目だと言ったんですけれど、フォラツェンさんはどんな印象をお持ちですか。

フォラツェン　私もその意見に同調できます。たとえば大きな式典があったとします。それに参加する子供たちはそれこそ一年も前からパレードやらマスゲームの練習をさせられるのですが、代表の子が金正日総書記に花束を持ってくる。花束を渡すというのは非常に名誉なことですから、子供たちは本当に緊張して喜んで持ってくるんですが、金正日は表情一つ変えずにただ仏頂面で受け取っている。そういう映像を、何度も目にしました。たまに仏頂面どころか麻薬患者のように、目付きがトランスしているような感じのときもあります。

ただ気をつけなければならないのは、そういう一方で彼は俳優になりたかったような人間ですから、外国の首脳が来たときなどは全然違った表情を見せたりします。にこやかに大人然としてお客様を招くという態度を上手に演じている。だから単に情緒障害的というふうに決めつけるのは危険に過ぎると思います。実にしたたかで狡智な面も持っている。西村さんにうかがいますが、日本にそうした金正日に対抗できそうな器の政治家はいますか。

西村　残念ながらちょっとだめですな。フォラツェンさんがご指摘になったように、北朝鮮の特権階級はまことに贅沢ですが、日本にいる北朝鮮人もまた劣らず贅沢です。彼らが日本国内で何をやっているかといえば、本国に対して日本政府にコメを送らせるための工作です。北朝鮮の日本国内における組織の幹部が語ったところによると、日本の政治家に工作するために一億円の現金を用意したという。そして現実にそれを受け取った政治家がいるとも。

フォラツェン　それは一人ですか。それとも複数ですか。

西村　少なくない連中でしょう。だから合計で百十万トンものコメ支援がなされたわけです。もちろん名目は選挙資金の提供ということです。しかも、さまざまに迂回して直にそうだとは分からないように処理されている。

だからわれわれは日本の国内の政治体制とも戦っているんです。日本に北朝鮮の工作員がいて、そういうことを発言するときに日本の警察当局が私に「身辺に気をつけてください」というぐらい日本中に根を張っている。

フォラツェン　東京に北朝鮮の工作員がたくさんいるというのは聞いてます。『タイム』の記者に「これから日本に行ってくる」と言ったら、「気をつけてくれ」とさんざんいわれましたよ。

西村　本当に気をつけた方がいい。

フォラツェン　ソウルでもワシントンでも、ここ東京でもそうですね。要するに世界のどこにでも北朝鮮の工作員が入り込んでいて、お金をやって手なづけるとか、恐怖感を与えて言うことを聞かせるとか、手段はいろいろでしょうけれど、とにかく手を替え品を替え、その国の政治家や影響力のある人たちが北朝鮮に対して不利なことを発言しないように工作するネットワークを構築しているのは間違いないようですね。

そういえば北朝鮮における私の前任者は、ベッドに横になったまま死んでいたんです。心筋梗塞という話でしたが、検死は行われませんでした。すぐに火葬され、骨壺に入れられてドイツの遺族に渡された。気味の悪いことに高麗航空の手荷物として送られたそうです。その部屋にはおびただしい数の空き瓶がありました。北朝鮮のスタッフによると、恐ろしくアルコール度数の高い酒の瓶だというんです。薬品の空き瓶もありました。誰も前任者の死について話したがりませんでしたが、枕が雄弁に物語っていました。数ヵ月前に前任の彼はその枕の上で死んだわけですが、枕からはハローセンが匂っていました。手術のときに使われる強い液体麻酔薬です。酒と麻酔薬——これが本当の死因だったのは間違いのないことだと思います。なぜドイツで検死させずにすぐに火葬してしまったのか、自殺だったのかも知れませんが、あるいは……北朝鮮で死んだ援助者はその彼が初めてです。

独裁体制崩壊の兆しはあれど……

西村　五月十四日にフォラツェンさんは東京で記者会見をされましたが、そのなかで北朝鮮国内で政治的な落書きが目に付くようになったとおっしゃってますね。具体的にどのような文言が書かれているんですか。

フォラツェン　北朝鮮の北西、中国国境に近い街でフランスのＡＣＦというＮＧＯが活動していたんですが、そこはひどく貧しいところで、食糧不足から暴動が発生したそうなんです。そのとき街頭の壁に「打倒金正日」とか「この飢餓の責任は金正日にある」というような文言が書かれてあったといいます。それをＡＣＦのフランス人が見ているわけです。ただ暴動鎮圧に軍が投入されて、蜂起した人たちはあっと言う間に散り散りになってしまった。フランス人も平壌に戻されて、正確な規模とか犠牲者の数は不明のままです。いずれにしても北朝鮮の末端の人々が疲弊のなかで、金正日体制に不満や鬱憤を募らせていることは間違いない。

私はまだ北朝鮮に残っているカップ・アナムーアのスタッフと電子メールで連絡を取り合っているんですが、この二月にロシア大使館の周辺は全面閉鎖されたそうです。ロシア大使館に北朝鮮の民衆が亡命を求めて殺到したことから、そうした措置が取られ、以来ロシア大使館周辺は要監視地域となっているそうです。中朝国境には毎月百人規模の難民が逃げ込んできていますから、他国の大使館に逃げ込むことと併せて、かつて崩壊前の東ドイツで起こったことと似たような状況にはなってきている。東西ドイツの国境崩壊も、まさしくそういうふうに始まりました。

西村　そうした民衆を支援するにはどうしたらいいかを考えなければならない。安易な宥和政策は、結局、金正日体制を延命させるだけだと私は思っています。

フォラツェン　日本にしろ韓国にしろ、北朝鮮のソフトランディングということを考えるのはいいとしても、金正日に逆手を取られないように警戒することが不可欠でしょう。かつて旧西ドイツのブラント首相がギュンター・ギョームにやられたようなことがなければいいのですが、先ほどの西村さんのお話ではきわめて日本も危うい状況ですね。韓国の金大中政権が北朝鮮にフレンドリーな「太陽政策」をとっているのも、ひょっとして金大中氏の側近にギヨームと同じような人物がいるからではないかと疑うアメリカ人ジャーナリストもいます。その確率はかなり高いと私は思いますが。

西村　そうですね。一九九七年に韓国に亡命してきた朝鮮労働党書記の黄長燁氏は、いま金大中政権によって軟禁状態にあると言われています。金大中は黄長燁がマスコミに接触できないような状況にしています。彼の北朝鮮非難の発言が「太陽政策」に逆行するからでしょう。

フォラツェン　私もソウルで彼に会おうとしたんですが、無理でした。黄長燁氏はアメリカの議会でも証言するように招待されているはずですが、それもいまのところ実現しそうにありません。

西村　日本も韓国も、北朝鮮の工作が行き届いて〝絶望の国〟を救うことはできないということになるのか。私はそうあってはならないと奮闘しているつもりですが、日本国民全体の油断の前に、何か浮いたような感じになっているのを拭えない。援軍なし、ですわ。

フォラツェン　事を為すには、そうした孤独に耐えねばなりません。西村さんのご活躍が日本のためになることは間違いありません。北朝鮮はいま、ミサイルによって世界中を脅しながら、同時に援助物資を手に入れるため良いイメージを保とうともしている。したがって、国際的なジャーナリストを自由に出入りさせない限り援助はしないことで、逆に北朝鮮を脅さなければならない。「宥和」ではなく、「脅し」が有効な場合もあるという歴史の教訓を生かすのはいまでしょう。診断ははっきりしています。必要なのはいますぐ行動することです。

西村　本当に身辺には注意してください。

〈『正論』平成十三年八月号「人道援助では救えない北朝鮮人民の地獄」改題〉

〝拉致〟国家と〝放置〟国家

対談者 石原慎太郎

対談者略歴
◎石原慎太郎／昭和七年、兵庫県生まれ。同三十一年、一橋大学在学中に『太陽の季節』により芥川賞を受賞。同四十三年、参議院全国区に出馬、三百万票獲得しトップ当選。以後四半世紀に渡り作家と政治家を両立させる。同四十七年、衆議院に転出。以後、環境庁長官、運輸大臣を歴任。平成七年、議員勤続二十五年の表彰を受けたその日に辞職を表明。同十一年、東京都知事選挙に出馬、当選を果たす。同十五年、二期目を三百万票強獲得しトップ当選。主な著書に『化石の森』『生還』『弟』『「NO」と言える日本』『国家なる幻影』『日本よ』他多数。

西村　長らくわが国の懸案だった有事法制に関して、政府は今国会に関連四法案を提出する運びとなっています。なおざりにされ続けてきたこの問題に、政府がようやく目を向け始めたのはまずは喜ばしい。ですが、伝わってくる法案の内容を見るかぎり、大事な議論が欠落していると感じざるを得ません。

何か事が起こったときに、平時から有事への切り替えがどう行なわれるのか。つまり、戒厳令や国家非常事態宣言を誰が、どういう手続きで発動するのか。また、「有事」の範疇にテロ、あるいは不審船のような問題も含めて考えているのか。これらの重要なポイントが見えてこないのです。

石原　おっしゃるとおりです。アメリカは昨年（平成十三年）の同時多発テロの際、これは現代の戦争だ、と明確に規定しました。ところがわが国では先日も野党の女性議員が小泉首相に対し、有事法制を整えるというが一体いつ、どの国とのどんな戦争を想定しているのかと間の抜けた質問を得々としていた。そういう人たちは戦争を十九世紀的な、国と国が仰々しく公文書で通告して始めるものと思っているらしい。現代における戦争なるものの本質に対する認識が決定的に欠けている。

西村　戦争の主体は国家しかない、というのはまさに十九世紀から一歩も踏み出していない認識ですね。二十世紀の後半から、民間のテロリストやカルトなどが、かつての国家以上の破壊力を動員できるようになってきたわけです。これまで戦争ではないと思っていたことが実は戦争だった、というのが昨年ニューヨークで起こったことです。政府が有事法制を作るといったところで、官僚の作文に任せたままでは前時代的な戦争の概念から踏み出すことはできないでしょう。やはり私は有事の際には戒厳令、国家非常事態宣言を発動させ、政治が責任を取っていく姿勢を明確に打ち出すべきだと思います。

これは「第二のアヘン戦争」だ

石原　有事の認識とそれへの対処の法制の欠如という点については、西村さんはかねてから九九年の日本海における不審船事件を例に挙げ、実に鋭い指摘をされていましたね。

西村　ほとんど表に出なかったことですが、実はあの事件の際、海上自衛隊の軍隊が北朝鮮の防空識別圏内まで不審船を追いかけ、空からはＰ３Ｃ哨戒機が一五〇キロ爆弾を落としながら迫っていったのです。これは相手国から見れば、日本が戦争を決断したサインだと受けとっても不思議ではない行動でした。

しかしあのとき、我々は戦争を始めかけたんだ、という認識を日本の誰が抱いたでしょうか。有事とは何かという共通の認識がないから、いつ戦争になっても不思議ではない乱暴なことを自覚しないでやってしまうのです。

石原　正真正銘の軍艦が自国の領海に迫りつつあるいう状況は、北朝鮮がテポドンやノドンを撃ち返す引き金に充分なり得た。あの国は日本に対し強い畏怖感を抱いているから最悪の事態は避けられましたが、他の国だったら大規模な戦争に繋がっていった可能性もあり得る。あるいは今度は逆に、戦争の口実を作ろうとわざと不審船を出して日本を誘い込もうとするかもしれない。有事法制をきちんと整備すれば、相手も「日本に有事法制あり」と認識し、出方もおのずと規制されてくるはずです。

北朝鮮については、工作船が覚醒剤を日本に運び込んでいる事実も以前から指摘されている。時折、数十キロという途方もない単位の覚醒剤が押収されることがありますが、それだけ多量に押収されればさぞ末端価格もはね上がるだろうと思うと、全然変わらない。密輸されている総量が膨大だということの傍証です。

西村　現代の「アヘン戦争」を仕掛けられているようなものです。

石原　そう、まさに「第二のアヘン戦争」だ。大量の覚醒剤が北朝鮮から流れ込んでいる。あの国にやくざ組織があるとも思われないないし、国家の意思が働いて特別な装備を持つ不審船を仕立て、日本の領海を侵犯して侵入してきていると疑わざるを得ない。昨年、アメリカでは炭疽菌テロで大騒ぎしましたが、日本の場合は国じゅうに覚醒剤がぶちまかれ、若い世代の精神と肉体が荒廃させられ、数多くの凶悪犯罪を誘発している。これはもう、戦争が始まっていると言ってもいい。

政府が有事法制を手がけるのは結構だけれども、概念規定をきちっとし、こういうケースも有事に含めなければ何の意味もない。

西村　アメリカにしても、我々は、漠然と平時にある国だと考えていますが、実は現在、十六もの国家非常事態宣言が発動されている有事の国なんです。昨年の同時多発テロ以降ひとつ増えて十六になった。米国内のイラン資産も、一九七九年のイラン革命以来の非常事態宣言にのっとっていまだ凍結されている。かたや日本はといえば、北朝鮮の資産を凍結するどころか、本国への送金で破綻した朝銀信組に、三月末までに総額一兆円を越える公金を投入するというありさまです。

石原　有事法制を多角的、複合的に考えた場合、日本に対して害意を持った国に対する金融援助などを断固として停止させられるようなものでなくてはならない。アメリカがアル＝カイダの資産を即座に凍結したようなことを、日本も当然やらなくてはいけないんです。

このあいだ、ブッシュ大統領と共に来日したパウエル国務長官と、明治神宮で流鏑馬《やぶさめ》を見ながら話したのですが、北朝鮮には数十人と想定される日本人がいまだ捕らわれている、と言ったら、彼はびっくりしていた。どういうことなんだ、日本はどんな対処をしたんだと。実は何も出来はしなかった。私はよくジョン・ミリアス監督の「風とライオン」という映画を引き合いに出すのですが、あの映画でセオドア・ルーズベルト大統領は、モロッコの部族の長に誘拐されたアメリカ人母子を救うために軍艦まで派遣して戦争を始める。人質を取り戻すためには軍隊を動員するのもためらわない、それが国家というものです。そうじゃなかったら、誰も税金なんか払わないし、兵役にも行きませんよ。

西村　たしかに、数十人の同胞が拉致されていながらまったく反応を示さない国というのは、他に例がないでしょうね。私は衆議院の法務委員会に属していますが、法務大臣に日本人拉致はテロか、と質したら、「テロという定義はさまざまですから、私は答える立場にありません」という答弁が返ってきた。では後学のために伺うが、わが国においては一体誰が答える立場にあるのかと重ねて聞いても答えがない。この問題に法務大臣が答えないで誰が答えるのでしょうか。アメリカは北朝鮮をテロ支援国家だと明確に指摘しているというのに。

石原　九・一一テロの日、たまたまワシントンに滞在していました。化学テロに遭った国の先達として、オウム事件の後日本はどんな対策を講じたんだ、具体的に教えてくれと質問責めにあいましたが、「いや、何もしていない、合同慰霊祭と裁判をやっただけだ」と答えたら向こうの人々は絶句していました。私としても、取り繕う言葉が見つからなかった。

日本人は捕虜にすらなれない

西村　昨年十二月、東シナ海で起きた不審船沈没事件は有事法制のケースワークとしていくつもの重要な要素を含んでいますが、そのひとつは、海上保安庁の職員が捕虜になる可能性があった、ということです。

石原　そう。逆にまた、外国の捕虜を受け入れることになる可能性もあった。そんな相手を法的にどう規定するか。その法規もない。

西村　不審船を撃沈して、海に浮かんでいる相手側の乗員を引き揚げた場合、彼らをどう扱えばいいのか。アメリカではアル＝カイダの兵士たちを捕虜として扱うか否かについて喧々諤々の議論をしていましたが、不審船の場合ももし捕虜を捕らえていたら、ジュネーブ条約に基づいて捕虜の待遇を与えるべきだ、という国際世論が上がったことでしょう。国家の命令で任務を遂行したのだから、名誉ある捕虜として扱い、しかるべき士官が取り調べにあたらねばならない、と。

しかし、捕虜として扱おうにも、日本はジュネーブ条約を批准こそしていますが、それに見合う国内の法制度がまったく整っていないんです。うがった見方をすれば海上保安庁は、命に代えて船を沈めようとしたあの十五人の乗組員たちについて、助けたら助けたで大変だと思い、沈んでいくままに眺めていたのかもしれない。

石原　日本の当事者たちがあの瞬間、そこまで事情を理解して自重したとも思えないけれどね（笑）。しかし、これは逆に日本人が敵に捕らわれた場合のことを考えると、非常に大事なポイントなんです。

私が、たとえば東京都の災害対策演習の際、「陸海空の三軍にも協力してもらって……」などというと、すかさず野党席から「軍隊じゃないぞ！」と野次が飛ぶ。私は「自衛隊が軍隊じゃなくて何なんだ」と言い返し、知事が壇上から怒鳴り返すなんて品がない、と叱られたりもしました（笑）。しかし、自衛隊が軍隊じゃないというのなら、隊員が敵に捕まった際に捕虜として遇してもらう資格さえないことになる。俺は捕虜だ、ジュネーブ協定に基づいて保護されるべきだと主張したところで、嘘つけ、貴様の国に軍隊なんかないじゃないかと言われれば返す言葉もない。

西村　単なる犯罪者として、裁判を経ずにその場で射殺されても文句は言えないでしょうね。仮に海上保安庁の乗組員が海に落ちて相手側に引き揚げられていたとしても、わが政府は「海上保安庁の職員に対しては捕虜の待遇を与えよ。彼らは日本国の任務を遂行した者であり、断じて犯罪人ではない」とは主張できないんです。というのは、海上保安庁法第二十五条は「この法律のいかなる規定も海上保安庁又はその職員が軍隊として組織され、訓練され、又は軍隊の機能を営むことを認めるものとこれを解釈してはならない」と定めている。つまり、海上保安庁の職員を軍隊とみなすようないかなる解釈もしてはならない、というのです。

石原　そこまではっきり規定されている一方で、現実には軍隊でないはずの海上保安庁の巡視船が、大口径の機関砲を撃って不審船を沈めたわけです。この矛盾は一体何なんだろうか。アメリカの沿岸警備隊は、航空母艦も持つ、れっきとした軍隊です。

西村　昨年の不審船沈没事件では、巡視船側も三百発以上の銃撃を受けたわけですが、海上保安庁は軍隊ではないのですから、そもそもそういう危険な任務に就かせてはいけないんです。三百発撃たれて、撃ち返せたのは空や海面に向けた威嚇射撃だけだった。軍隊としての訓練を受けていたのなら、飛んでくる弾の音で角度を判断したりするのですが、彼らはそんな訓練は受けていないので応戦もできない。機関砲を撃つまではすくみ上がった状態だったと聞きます。

不審船が一隻だったからまだよかったものの、仮に二、三隻いて、そのすべてを沈めて五十人の乗組員が海に消えた、ということにでもなったらどういう騒ぎが起こるのか。軍隊ではない組織の船が五十人を殺したということで、政治の責任が問われること必至です。

石原　そうならないためにも、最低限、海上自衛隊が出動することが必要なわけだ。

西村　あるいは、海上保安庁法第二十五条を削除し、海上保安庁と海上自衛隊を一体化させることでしょうね。それができれば、昨日まで飛行場の場長をしていた人が今日からは海上保安庁の長官になる、といった平和ボケした人事もなくなります。本来なら現場の部隊できちんと経験を積み、部隊の指揮官を務め、そして最高指揮官に就くというのが筋なのですが、今は組織内のポスト作りが優先されるので、海の風も波の音も知らない人間が東京で指示を下す、という妙なことになっている。九七年、尖閣諸島に香港や台湾の抗議団体が船で乗り込んできた際、海上保安庁の巡視艇に体当たりして飛び乗ってきた勇敢な男がいたんです。飛んで火に入る夏の虫というわけで、当然、逮捕しなければいけませんが、何を思ったのか巡視艇が今度はわざわざ向こうの船に体当たりしてその男を送り返した（笑）。こうなると喜劇ですが、それは現場の責任じゃないんです。保安庁の巡視艇は軍隊ではないので、拘束するにしてもいちいち東京の指示を仰がなければいけませんからとっさの対処ができない。

石原　私が運輸大臣を務めた頃の経験で言うと、海上保安庁長官というのはあまり名誉ある地位じゃない。運輸省で次官競争に敗れたナンバーツーが就くポジションだった。西村さんの言われる通り、そんな扱いでは海上保安業務に対するトップの誇りも、また経験の蓄積もあったものではないね。

軍隊というものがここまでタブーになってしまった元凶については言っても詮ないことだけれども、やはり不審船事件のような典型的な事例を踏まえ、法律の体系から変えていかないと日本人の意識は変わらない。この国は防衛に関してはすき間だらけというか、それ以前の状態だ。すき間というのは家屋があっての話で、この国にはその家屋すらない。有事法制も、国家がありその国家が棄損されかねない、あるいは棄損されつつあるという認識の上に立って初めて成り立つ議論だけれども、いまでは日本という国家そのものの実体が希薄なんだから。

お人好し国家日本

西村　石原さんが先ほどおっしゃった、自衛隊は軍隊じゃないぞと野次を飛ばすような人々が議員のバッジを付けていることも不思議ですね。そういう議員がいること自体、「有事」だと思います（笑）。政治家がそんな体たらくでは、いくら法律だけ整えても国はやがて滅びるに違いない。拉致問題では国民をないがしろにし、北方領土問題では国土をないがしろにして利権をむさぼっているわけですから。

石原　状況証拠からいって、北京や平壌からお手当てをもらっているに違いない政治家たちが沢山いる。そういう手合いが、前の戦争について反省がない日本は、何十人かの国民が拉致されてもものを言う資格はない、あるいは有本恵子さんはよど号ハイジャックの犯人が拉致したので北朝鮮は関係ない、などと国を売るような発言を平気でする。本来重層的なはずの歴史を一面だけで切りとって、訳のわからない理屈を振りかざすから国民は戸惑ってしまうわけです。彼らの言動の裏に何があるのかを、国民はしっかりと見定めなければいけない。彼らの発言の裏にはかの国からのお手当てがあったのかどうかと。非常に低次元な判断基準なのが情けないけれども、そういう目で観察して、政治家を選ぶときのよすがにしていただきたい。

西村　前に友好訪朝団が帰ってきて、その一人が議員会館で私の部屋の近くでした。無防備な方らしく、お祝い事があって廊下に大きな蘭の花が置いてあった。ふとカードを見ると、朝鮮総連東京本部とあるんですからね。

石原　平成九年の訪朝団の副団長を務めた中山正暉氏なんて本当におかしい。「北朝鮮拉致疑惑日本人救援議員連盟」の会長をしていたのに、突然どっちの味方だかわからないことになってしまうんだから。彼に文句を言ったことがあるんですが、「いや、石原さん、そんなもんじゃないんだ」というだけなんだ。何がそんなもんではないのか、きちんと説明してもらいたいな。仄聞ですが、朝鮮総連のある幹部は、日本の国会議員なんて一億円も積んでやったら土下座して何でも言うことを聞く、と豪語しているそうじゃないですか。

西村　わが国は幕末以来、幾度も国論が分裂する状況を経験してきました。百年前の日英同盟の際も、英国と結ぶかロシアと結ぶかで元勲たちが分裂しましたが、外国からカネをもらって分裂しているなどという事態は初めてです。有事法制を云々する資格もない国に成り下がった、ということです。

石原　金正男の偽造パスポートによる秘密入国にしても、ＣＩＡなどは彼が密かに何度も入国していたことをずっと前から知っていた。日本は四度目でやっと捕まえたわけです。しかも、ようやく捕らえたと思ったらすぐに北朝鮮に帰してしまったものだから、世界中の情報機関の連中はたまげてしまった。信じられないお人好し国家だとね。金正男の身柄をしっかり拘束して締め上げればよかったんだ。独房じゃなくて雑居房にでも入れて、その上で朝鮮総連の幹部などを呼んで面通しをさせ北朝鮮に取り次がせれば、外交上、非常に強力なカードになったに違いない。金正男カードを使って拉致されている人々との交換を提案する、という発想は当然あってしかるべきですが、当時の外務大臣も法務大臣も、たまたま女性だったからというわけではないのだろうが、怖い、怖い、早く帰しなさいの一点張りだった。しかも国外追放にあたっては、ご丁寧なことに、外務省の役人が北京まで随行している。

西村　国民の税金を使ってファーストクラスを借り切ったというから、何をか言わんやです。外務省の役人は、なぜ金正男をあっさりと引き渡したか、いろいろ理屈をつけて説明することでしょう。なにしろ日本の官僚は、自己正当化の材料を出すことに関しては天才的な能力を発揮しますからね。それだけに頭を使っているとしか思えない。

石原　沈没した不審船が、日本に来る前に中国の港に寄港していたことを、アメリカの偵察衛星がウォッチしていた事実が報じられましたが、改めて日本も自前の偵察衛星を持たなきゃ駄目だと感じましたね。偵察衛星を持つことについては、私もたびたび主張してきたし、政府も二回ほど、じゃあ打ち上げようか、と腰を上げたことがある。しかしそのたびにアメリカは慌てたようにウチから買え、という。そして予算を組み始めると、今度は何やかやと理屈を構えて売ってくれない。結果、アメリカの偵察衛星で何かわかったら我々に教えてくれるはずだ、という根拠のない期待の上に日本の安全保障が成り立っている状態が続いているんです。しかし、アメリカにしても単なる親切心でやっているつもりは毛頭ないんであってね。

だいぶ以前の話ですが、日本は衛星写真をアメリカから一枚二千ドルくらいで買っていた。真冬の、空気も海も澄みきった時期に撮影された三陸沖の写真に、明らかに断層と思われる筋が写っている。地質学者たちが色めき立って、もっと精密な写真が欲しいと申し入れたら、アメリカは、いやいや、あれは写真の継ぎ目の跡です、と言ったという（笑）。そんな情けない、あてがいぶちの写真を高いカネを出して買って一生懸命解読するなんて、いじらしいといえばいじらしいけれど、馬鹿馬鹿しい話で、早く自前の衛星を上げればすむことなんです。

一刻も早く引き揚げよ

西村　政府が今国会に上程する有事法制四法案は、与党の一員である公明党・創価学会も納得する内容になるのでしょうが、そうなると、テロや不審船は有事の概念に入らない可能性が高い。明らかなテロ集団であるオウム真理教に対してさえ破防法を適用できなかったこの国で、有事の概念をあいまいにしたままでは現実に機能し得ない法律になるのではないか。その懸念は非常に大きいと思います。

石原　北朝鮮による日本人拉致事件によど号事件の犯人が関与している、という指摘は前からなされてきましたが、それがこの三月、当事者の証言で改めて明らかになった。昨年の不審船事件についても一刻も早い船の引き揚げが求められている。加えて今国会での有事法制論議です。

ここに及んで、非常に重要なサブジェクトが三つ出揃ったわけです。地震に例えれば、三つの地殻プレートが一ヵ所でぶつかっている状態ともいえます。それがドラスティックな形で隆起し、爆発を起こせば、私はいい意味での変化があると思います。小泉総理がどこまで自覚しているかは知らないが、今、彼は大事な瞬間に立っている。ひとつの試金石ですね。彼にも政治家としての野心や功名心があるでしょうが、歴史に名を残そうと思うのなら、この問題をきちんとやるしかない。

西村　同感です。拉致事件については、本当は金正男事件のときが絶好のチャンスでした。かえすがえすも惜しいことをした。私は北朝鮮の政治体制は〝金王朝〟と捉えるべきだと思っていますが、もしも王朝の嫡子である金正男が捕らえられていたら、正統な血筋が揺らぐわけですから、金王朝にとっては最大の危機だったはずです。今からでもできることは、北に帰った在日朝鮮人の再入国の禁止でしょうね。毎年、一万人が北朝鮮に帰国し、また日本に戻ってくる。この再入国を許可しないことです。帰るのはご自由にしていただいていいが、日本人妻を含め拉致された日本人が北から帰ってこられない以上、彼らにも入ってきてもらっては困る。さらには日本と北朝鮮を結ぶ貨物船の万景峰号も、何を運んでくるのか知りませんが入港禁止にし、もちろん北朝鮮への送金も禁止すべきです。日本は拉致事件解決のため、あらゆるカードを使わなければいけない。

石原　さる三月八日、拉致された方々の家族と会いましたが、胸締めつけられる思いでした。

これは日本人が人さらいに遭い、どこにいるかわかっているのに取り返せない、という実に単純明快な話です。こういう単純明快な問題を単純明快に解決する、あるいはその姿勢を示すだけでもいい。それだけで、小泉首相の提唱する、いささか具体性にかける経済政策にも信頼感が芽生えてくるというものです。そうすれば支持率だって再び上がってくるはずで、政治とは本来複合的なものであるはずなのに、彼がこの機会をなぜもっと積極的に利用しないのか、それがわからない。

西村　小泉首相もようやく拉致被害者の家族に会ったようですが、これまで歴代総理はミスりんごやスズラン娘などと首相公邸で気軽に面会するのに、拉致被害者の家族が会ってほしいというと、いや、総理は公務輻輳《ふくそう》のためにお会いできませんと断っていた。私も当時の橋本龍太郎首相に質問したことがあります。その日は公務輻輳だと断ったはずなのにあなたはナントカ娘と会って、ニコニコ目尻を下げた写真が新聞に出ている。彼女らに会えて、なんで悲しみにくれている家族の方々に会えないんですか、と。

石原　橋本氏は大蔵大臣時代の、中国情報部の女性との親密な関係が報じられましたが、あれは、「男にはいろいろある」とか「へその下の話をとやかく言うな」などという次元の問題じゃない。ナショナル・セキュリティーの根幹に関わる問題です。欧米なら、あの一事で総理大臣の資格を失いますよ。この点、日本はルーズというか野放図というか、情報を売っていると自覚しないままに売り、それを許している面がある。

西村さん、あなたは自由党だけれど、まずは早急の課題として、不審船の引き揚げだけは与党と協力して必ずやってくださいよ。

西村　そうですね。鈴木宗男氏は日本国の法と正義を、北方領土においてドブに捨ててしまったわけですが、北朝鮮による巨大な人権侵害を同じようにしてはなりません。

石原　ぜひとも梅雨の時期までには引き揚げていただきたい。不審船をいかに早く揚げるか。まさにそこに、小泉政権の浮沈がかかっていると思います。中国に気兼ねしている場合じゃない。こういうときこそアメリカを巻き込んで、引き揚げに有無を言わせない空気を作り上げていく、それが外交というものでしょう。ぐずぐずしていると私も倒閣運動を始めるよ。

〈『文藝春秋』平成十四年五月号「〝不審船〟放置するなら倒閣だ」改題〉

「師」の不在がもたらしたものは何か

対談者　木村貴志

対談者略歴

◎木村貴志／昭和三十七年、福岡県生まれ。山口大学人文学部卒。凸版印刷株式会社勤務を経て福岡県立高校の教壇に立つ。平成八年、福岡教育連盟事務局長。既成概念にとらわれない新しい教職員団体のあり方を模索し、日本の公教育正常化のため様々な活動を展開中。共著に『なにが幼い命を奪ったのか』。同十三年、教師の資質向上を目指して「師範塾」を設立、代表をつとめる。

玉木文之進と吉田松陰の関係が示すもの

木村　司馬遼太郎さんの『世に棲む日日』に出てくる吉田松陰と玉木文之進の関係は、公教育に携わる者として誠に印象深いものです。私は公教育の使命とは、立派な「国民」を育てる「国民教育」と美しく豊かな心を育む「人間教育」の二つにあると考えています。前者は近代国家以前の社会に当てはめれば、「侍」的なもの、つまり「パブリックマインド」を育てることになる。

司馬さんは、玉木文之進の吉田松陰に対する姿勢を、

〈侍とはなにか。ということを力まかせにこの幼い者にたたきこんでゆくというのが、かれの教育方針であるらしかった〉〈「侍は作るものだ。生まれるものではない」という意味のことを玉木文之進はたえずいった。松陰は五歳から十八歳までのあいだ、このような家庭教師から教育を受けた〉と記しています。

すごい挿話だなと思うのは、〈暑い日は松陰は大きな百姓笠をかぶらされた。この日もそうであったが、しかし暑さで顔じゅうが汗で濡れ、その汗のねばりに蝿がたかってたまらなくかゆかった。松陰はつい手をあげて掻いた。これが文之進の目にとまった。せっかんがはじまった〉という件です。せっかんは、松陰が死んだかと思われるほどに凄まじかった。学問をするのは「公」に尽くす自分をつくるためであり、その最中に〝かゆい〟という私情を交えたことがせっかんの理由です。〈「痒みは私。掻くことは私の満足。それを許せば長じて人の世にでたとき私利私欲をはかる人間になる。だからなぐるのだ」〉と司馬さんは文之進に語らせている。

　こんなことを今の学校現場でやったら、その教師は即傷害罪で逮捕されるでしょう。死に物狂いの師弟関係などというものは存在しようがない。今や鍛えることは、子供に過重な負担をかける悪業ですから（笑い）。

西村　吉田松陰と玉木文之進の関係というのは、幕末という時代の熱が生んだとも言える。公の感覚とともに、「侍一人の遅滞は一国の遅滞に通ずる」というような切迫した危機感です。それからこれは、近代国家として教育制度を整えたことからくるパラドックスですが、教師を職業としたために、かえってそれが没価値になってしまった。相手の人格をからめとるような形での師弟関係を排除し、互換可能な制度とすることで近代は成立してきたわけで、公教育であろうが私教育であろうが、学問や知識、訓練といったものとお金を引き換えにすることで学校は成り立っている。

木村　互換性のないもの、あるいは計量不可能なものは社会的な基準になり得ないとして排除してきたのが近代ですね。本来はきわめて個別の関係としてしか成立しない師弟関係というものが、そこからはじかれるのは当然でもあった。ちょっと突き放して言えば、いまさら学校における師弟関係の希薄さ、空洞化が問題にされても、われわれは所詮そういう社会をつくってきたのだから仕方がないということになる。

しかし、私はそれに抗いたいんです。公教育という制度化された世界のなかでも、何とかそういう価値を復活できないものかと思っている。制度化された教育のなかでも、教師個々のありよう、志の有無によっては、それこそ吉田松陰と玉木文之進のような関係がつくり得るのではないか。今、子供たちを見ていると、鍛錬の欠如からくるエネルギー不足というのを感じざるを得ないんです。学ぶ意欲、生きる迫力といったものが本当に薄れてきている。文科省はさかんに「子供たちに生きる力を」と言ってますけれど、具体的にどうやってそれを養うのか。少なくとも私はそれが「ゆとり教育」から生まれてくるとは思えないし、むしろ逆だと思います。

西村　鍛錬の欠如と同時に、何のために生きるのか、何のために学ぶのか、といった根本の問題がなおざりにされているのも大きい。目的が分からなければ、人間は努力も辛抱もできないものです。松陰も文之進も、「何のために」という強烈な目的意識があり、それを共有していた。今の教育とあの時代の教育の最大の違いは、少なくとも武士においては、「私」ではなく「公」を当然のごとく上位の価値に置いていたということです。いきなり結論めいたことを言ってしまえば、人は自らの人生が、公や国家といった存在、あるいは自らに連なる歴史に重なることを意識できたとき、最も力を発揮するのではないかということです。今は学校の先生も、親も、それを言わなくなった。

木村　すべて「私の人生」だから、どのように生きてもいいということになる。象徴的だなと私が思っているのは、登校拒否の問題です。登校拒否の増加というのは、苛酷な受験体制や管理教育が子供たちをそれに追いやっているのだと日教組や教育評論家によって解説されてきました。だから、「ゆとり教育」が必要なのだと。今は子供の数が減ってきて受験競争そのものは緩和の方向にあります。また、過度の人権教育のせいで厳しい生徒指導はすっかりなくなってしまいました。にもかかわらず登校拒否は減っていない。それどころか増加の一途をたどっている。こういう因果関係は、実のところまったく検証されないまま、「子供がかわいそう」という安易で迎合的な雰囲気だけで教育政策が決定されてきた。

かりに今の子供たちが、吉田松陰や玉木文之進のような危機意識のもとにあったら、登校拒否などしている暇はないでしょう。教師は何のため教え、生徒は何のために学ぶのかということももっと考えなければならないし、自分の弱さ、自分の怠惰がそのまま、「私の人生」を台なしにするだけでなく、愛する家族や郷土、国家の危機につながるとしたら、やはり踏ん張らざるを得ないという意識を、教師も生徒も持つと思うんです。これはあくまでも意識の問題として言っているのですけれど、西村さんがおっしゃったように戦後の教育はそういうことをあまりにも教えなさすぎた。むしろそれを望ましくないこととして遠ざけてきた。それが子供たち一人一人の衰弱につながっているのではないかと私は推測しています。

教育と政治状況は不可分一体

西村　実は教育と時代状況、教育と政治状況というのは不可分一体なんです。それから離れて、教育だけが純粋培養されるということはあり得ない。今の日本の教育政策は、これは木村さんには釈迦に説法でしょうが、まさにかつての先進国アメリカの失敗の後追いをしている。

木村　そうですわ。八木秀次さん（高崎経済大学助教授）が的確な指摘をされていますが、子供の「自主性」や「自己決定」を正当化する思想が教育現場に導入された結果、一九六〇年代から七〇年代後半にかけてアメリカがどのような事態に立ち至ったか。師弟関係はおろか、教師と生徒は「対等」であるとされ、法律に反しない限り、他人に迷惑をかけない限り、生徒にはすべての自由、オートノミー（自律性）が認められることになりました。学校独自の校則や教育的指導が通用せず、当然のこととして、学校や教師の教育力は激減した。学校の環境も劣悪になり、学内で露骨な性表現が氾濫したり、麻薬の売買や使用が行われるようになったばかりか、暴力行為の増大も著しくなった。

もちろん、そんな状況では学力低下は否応もなく、一九八三年に出された「危機に立つ国家」

という報告書では、二十年の間に、二〇パーセント近くの子供たちが文盲となってしまったことが明らかにされています。これは恐ろしいことです。日本も子供の自主性尊重、自己決定重視を言い続け、さらには「ゆとり教育」の導入ですから、このまま放置すればアメリカ以上の惨状をもたらすのではないでしょうか。

西村　しかしアメリカは、レーガン大統領の登場によって保守回帰し、そうした実験ともいうべき教育の惨憺たる状況から政治の力によって立ち直っていった。「自主性」「自己決定」に任せるという、子供を大人と同列に扱う教育を失敗と断じた彼らは、逆に甘やかしをやめ、「ゼロ・トレランス（寛容さなしの指導）」に方針転換した。

それがわが日本の文部行政はどうか。木村さんがおっしゃったように、砂糖の上にさらにシロップをかけるような甘い積み重ねをしている。スローガンや掛け声だけで内実の点検がないまま、既定方針が定められ推し進められるとすれば、その最大の被害者は子供たちです。今般の「ゆとり教育」だけでなく、きちんと検証してみれば、戦後文部当局がやった教育改革と称するもので成功したものがいったいあるのか。

まあ、政治の現場にいる私としては忸怩たる思いを禁じ得ないのだけれど、「私の人生」にだけエネルギーが向かった大人が何をするのかというと、多くは色欲に溺れたり、金銭欲に溺れたりするんですね。それは政治家も変わらない。エネルギーがそういうところで消費されると、人間として結果的に衰弱するんです。ドンファンという種類の人間が、実は最も性欲が減退しているのと同じことです（笑い）。

生物である以上、人間には食欲もあるし性欲もある。それは子供たちにもあります。ここで大事なことは、子供たちにはそのエネルギー、圧縮熱をチューブに穴を開けて逃がすのではなく、むしろ高める方向で臨まなければならないということです。望みどおりみんなが簡単に満足してしまったら、チューブから空気が抜けて圧縮熱がなくなるように、結局は、自分で自分を運んで行くことができない。恋愛でもそうでしょう。簡単に事が運んだら感動だって薄いものです。

政治の世界で言えば、権力を手に入れたときにこそ、さらに圧縮熱を高めなければならないんです。自分は何のために政界にいるのかと問いかけ、その原点を突き詰めていかなければならない。それをしなければ、権力というものは容易に堕落し、「私の人生」の実現のためにだけ使われてしまう。

では、いかにすれば「私の人生」から距離がとれるかと言うと、「お前はいったいどこにいるのか」という問いかけを深く自覚することです。自分を育んでくれた民族の歴史のなかで、お前はどこにいるのか。先人が守り伝えてくれたものを、お前も学び、後世に伝えていく。そのことで今ある生を実感する、それが人生なのだということを認識できれば、「私の人生」であって「私だけの人生」でないことに思い至る。子供たちには徹底的にこのことを叩き込まなければならないと思います。これこそが「生きる力」の基本ですよ。

自分の欲望を満足させるだけの人生では空しいということ。人間は必ずいつかは死ぬ。それは避けられない。だからこそ死ぬまでに何を為すべきなのか。砂時計のように人生の持ち時間は刻一刻と喪失していく。砂時計は引っ繰り返せばまた時を刻み始めるが、人間はそうはいかない。死ぬことを前提とした生のあり方を考えなければ圧縮熱が高まることもない。

木村　そうした理念が教育の根底には不可欠だと思いますが、制度化された現場はもちろん、理念を考えるべき立場の政治家にそれが意識されていないことが大きな問題です。政治家にそれがない以上、官僚にもないのは当たり前でしょう。私はもっと政治の側から明確に理念、志を打ち出してほしいと思います。いったい日本はいかなる国をめざすのか。そのために国民はどうあるべきか。それを受けて教育に求められるものは何か。これらは個別の議論としてではなく不可分のものとして考えられなければならない。教育行政にしても権力行使の一つですから、その意味ではやはり国政に携わる政治家に大きな責任があると言わざるを得ない。

西村　おっしゃるとおりです。しかし現実には、戦後日本にそうした志を語ることのできる政治家がいるのかどうかという問題がある。今のような政治状況でいったい誰が真剣にわれわれの言葉に耳を傾けてくれるか。

木村　本質的には、やはり政治家も、それを何の疑いもなく〝職業〟としてしまったら、堕落の階梯を踏み出すことになるということなのでしょう。「職業として」はおろか、教師が自らを「労働者」と言い切ったときから、師弟関係の崩壊が深刻化したのと同じだと思います。もちろん、現実にはそれを生業とすることを完全に否定したのでは暮らして行けませんから、ギリギリのところで折り合いをつけなければならないのですが…。

堕落と腐敗の淵からいかに脱するか

西村　ちょっと極端なもの言いをしますが、教育者は給料をもらわなくなったらいいんですよ。むしろ、もらったらいけない（笑い）。玉木文之進も、吉田松陰も、教育者として給料なんてもらっていない。広瀬淡窓（江戸後期の儒学者）もそうですね。彼は終生江戸の地を踏まなかったけれど、豊後の片田舎に私塾を開いて教え、多くの俊英を輩出しました。門人としては高野長英、大村益次郎、谷口藍田らが有名ですが、塾生は全国から集まっていて何と四千余名にも達した。

文之進や松陰、淡窓らに共通するのは、まさに教師たらんとする志と情熱です。日々の稼ぎだとか、藩からの俸禄だとかは眼中にない。これこそが教師を「師」たらしめる原点であり、師弟関係というものの純粋性の根本でしょう。

今、教育現場で一所懸命やっている先生ほどストレスがたまるのは、給料をもらっているからです。やる奴とやらない奴が同じ給料だから馬鹿らしく思うのは当たり前なんだけれど——まあこれは、教育現場における勤務評価がいかにいい加減かということでもある——、逆説的に言えば、給料以外の評価、冒頭の話に引き付けて言えば、計量不可能な価値というものへの自負が希薄だからではないでしょうか。

木村　その計量不可能な価値というのは、「師」という文字に込められている意味そのものですね。

西村　そうです。それから対価によって教育することを、明治以降は普遍的な国民教育として制度化してきたわけですが、それが限界に来ているのなら、その制度の改変を考えなければならない。公教育というものを維持するのなら、それは不可避だと思います。つまり「師」たるに相応しい教師、子供も親もそう認める教師には、それに見合うものがもたらされる状況をつくらなければならない。大事なのは、それが物欲しげな権利闘争の結果としてもたらされるのではなく、志や情熱、意欲といったもので自明にされることです。

木村　それは私たち福岡教育連盟に所属する教師たちも常々望んでいることなのですが、西村さんがおっしゃったような点での評価基準の明確化はとても難しい。従来の教育行政の発想、体質では無理ではないかという気がします。なぜなら、勤務成績優秀な者を特別に昇給させる「特別昇給制度」一つとってみても、「誰もが特別に」昇給するといったような運用しかできてないわけですから。

西村　点数主義の発想では確かにそうだと思います。しかし、私が現下の教育界を見て、また政治のありようを見て考えているのはとてもシンプルなことで、政治家も、教室における教師も、今ぶち当たっている壁に勇気をもってブレイクスルーして行くことができるか否か、ということなんです。かりにブレイクスルーできたとすれば、子供たちにはそれが伝わるでしょう。子供たちは劇的に変わると思います。

それを具体的に言えばこういうことです。わが国の政治家ならば堂々と靖国神社に参拝に行く。公立学校の教師ならば堂々と国旗を掲げ、国歌を斉唱し、その意味をきちんと子供たちに教える。そのことから逃げないということです。

残念ながら小泉純一郎首相は、昨夏（平成十三年）、「いかなる反対があろうとも終戦記念日の八月十五日に靖国神社に公式参拝する」と国民に約しておきながら、それを反故にしました。これは左翼集団のように、政治家に抗議することも、約束違反だと叫ぶこともできない英霊との黙契を破る行為であると同時に、国家としての誇りと、国民からの信頼を失わしめる行為でもあった。

政治家はその政策実現のために、ときに狡智に振る舞わなければなりませんが、赤心をまっとうしなければならないときもある。靖国参拝というのは、わが社稷に照らして明白に後者に属する行為です。断じて譲ってはならぬことだった。もの言えぬ英霊を裏切るような首相の言葉を、いったい子供たちがどうして信じられるものか。現下の教育行政は、その一点においても破綻していると断ぜざるを得ない。

私が何を言いたいか――。この八月十五日に小泉首相は堂々と靖国参拝をすべきだということです。中国・韓国との関係に最大限の配慮をしてきたが、その努力は当該国の無理解によってまったく報われず、むしろわが国はその配慮によって近隣諸国の侮蔑を買っている。これでは営々と独立をまっとうしてきた先祖の辛苦に申し訳なく、またこれから日本に生まれてくる子供たちにも要らざる負い目を負わせることになる。したがって今夏は、日本人としての心情と慰霊の真心に素直にしたがって、わが国民にとって〝特別な日〟である八月十五日に、内閣総理大臣として靖国神社に参拝すると声明した上で、そのように粛々と行動することです。

これが今の時点における内閣総理大臣の最大の責務にして、日本人に道義と志を取り戻す劇的な効果を生む行為だと私は確信しています。そしてそれこそが、政治と教育が不可分であるという意味での私の認識でもある。

木村　政治家の言動が、良い意味でも悪い意味でも教育的効果を持ち得る。いや、教育そのものになるという認識はまったく同感です。私は最近、「学校教育」とか「家庭教育」という抽象的なものはないのではないかと、いろいろな機会に言ってるんですが、結局は、学校ならば教師が子供に何を語り、どのような後ろ姿を見せるのか。家庭ならば親が子供に何を語り、どう接するのか。その言葉と行動に尽きると思うんですね。身近な言葉と行動を通じて伝えられるものが教育にほかならない。西村さんが今おっしゃった今夏の小泉首相への〝期待〟は、まさにそれが為されたならば、サッカー・ワールドカップの予選リーグ突破よりも大きなブレイクスルーを国民に感じさせるでしょう。

言葉と行動が大きな意味を持つ。西村さんの核武装検討発言のときもそうでしたが、マスコミは政治家の言葉尻をとらえて、本質を大きく外れたところで難詰する。それに唱和する無責任なワイドショー的な空間が現出して、さらに事をねじ曲げていく。教育現場でも、たとえばそれが周囲の状況や子供たちとの関係から見て、〝問題のない体罰〟であっても、通り一遍の人権論によって難詰や攻撃が行われ、本当に意欲のある教師が押し潰されていったりする。「これは鍛練です」と言っても通用しない。欺瞞的な言語空間に支配されたまま、行政もそれから教師を守ろうとしない。そして、「真剣に教育するのはばかばかしい」という空気が全体を覆ってしまう。私はそれこそが問題だと思うのです。

言葉をないがしろにしてきたツケ

西村　言葉の本当の意味というものが、現実社会でないがしろにされるようになると、非常に厄介な危機を抱え込むことになります。今の日本人はそれに気づいてない。あるいはきわめて鈍感になって、耳に聞こえのいい発言や解釈しか受け入れないようになっている。これは日本人が幼稚になったことの証しだと私は思っています。

たとえば政治の世界で語られる「非核三原則」や「武器輸出三原則」「ODA四原則」といった言葉の内実を伴わない欺瞞。一般社会も「人権」「平和」といった言葉がいかに空虚かを直視しない。私は確かに国防のオプションの一つとして、核武装の検討ということを俎上にのぼせて物議を醸しましたが、それは何ら恥じるところのないものだったと思っています。国防問題において国民に対して正直であったことがなぜ問題なのか。ならば「非核三原則」の遵守などと国会で発言している議員の嘘はなぜ問題とされないのか。
「非核三原則」というのは、核兵器をつくらず、持たず、持ち込ませず、というものですが、日本に寄港するアメリカ艦隊に、核を搭載した巡航ミサイル・トマホークが配備されているのは周知の事実です。彼らが日本の領海に入るときにそれをいちいち外してくるなんてことはあり得ない。それが現実であるにもかかわらず、政治は「非核三原則」の虚構を前提に動いている。それに反する、否定するような言動を行った閣僚は罷免されるか、前言撤回によって保身をはかろうとする。こんなことでまともな政治ができるわけはない。私に言わせれば、与野党ともに、国家と国民に対して取り返しのつかない不実をなしている。

木村　「ODA四原則」も、中国への供与の内実を知れば知るほど大嘘ですね。学校現場で〝事なかれ主義〟の管理者と日教組が取り交わしている確認書や協定のようなもので、学校ではそれによって真面目な教師が馬鹿を見ているわけですが、ODAでは国民が莫大な損失を被っている。

西村　簡単に言うと、核ミサイルの開発をはじめ援助を軍事転用する国には出さない、武器輸入したり軍事支出を増大する国には出さない、民主主義がなく人権を抑圧する国には出さない、環境破壊をする国には出さない、というのが「ODA四原則」ですが、木村さんのご指摘どおり、最大の被援助国である中国はこのすべてに違反しています。

にもかかわらず中国への援助は続けられている。言葉を軽視した欺瞞が政治の現場を支配しているからで、日中友好という建前、虚妄を打ち破ることができない。人権だ、平和だと声高に叫ぶ者ほど、実際に北朝鮮に拉致された横田めぐみさんの人権侵害には冷淡で、救出しようとはしない。

結局、それは「私の人生」には関係のないことであり、自己の欲望追求には何ら益するものがないからです。多くの大人が利害関係、すなわち飯が食えるか食えないかで動いている。ところがそうした利害関係から離れて見ている子供たちにとっては、それは相当うさん臭いものに映っていることでしょう。そんな大人たちの言うことを聞く気はないと言われても、そんな大人からは教育を受けたくないと言われても、われわれに返す言葉はない。何と言っても総理大臣が最大の嘘つきなのだから(苦笑)。

木村　私は教育者の端くれですから、いろいろな方の批判はできる限りしたくない。それぞれのご苦労に敬意を表したいと思っているのですが、結局、戦後の大人は父祖の歴史をはじめ、子供たちに多くの嘘をつき続けてきたと言える。端的に一例を挙げれば、われわれにとっての大東亜戦争を語ることはせずに、彼らにとっての太平洋戦争ばかりを語ってきた。であるならば、戦後の言語空間を規定してきたアメリカの占領政策の実態を知り、それを克服しない限り、政治の現場であれ、教育の現場であれ、言葉と内実の一致はないのかもしれませんね。

西村　日本国憲法の虚妄もそうです。東京裁判によって、われわれは悪辣非道な侵略戦争をやった野蛮な国と決めつけられ、半世紀以上にわたってそう繰り返し繰り返し思い込まされてきた。そんな悪い国から、世界の平和に貢献する良い国に生まれ変わらせてやると与えられたのが日本国憲法です。われわれは、「平和を愛する諸国民の公正と信義に信頼して、われらの安全と生存を保持しようと決意した」ことにされ、それを祝詞のように唱え続けて今日に至っているわけです。日本国憲法が抱える矛盾、非合理を指摘しようものなら、それこそ「平和の敵」と非難の集中砲火を浴びた。

こんな嘘の言語空間が半世紀以上も続いてただで済むはずはない。嘘も百万遍唱えていたら真実を超えて定着してしまう。そもそもの日本人の志ではなく、占領政策の方便にすぎなかったものがそれに取って代わってしまった。その意味では、戦後の日本人は地球が平らなものだと信じているようなものです。これから取り組むべき教育の第一は、その日本人に地球は球体であることを理解させることだと思います。何としても、球体であることが真実であると分からせる必要がある。政治家も、教師も、そのためにあの戦争を研究し、敗北の原因を探り、次なる勝利につなげるように心がけなければならない。戦争を研究することは何も危険なことではない。むしろそれを怠ることが要らざる戦争を招くのですから。

木村　日本の大学には軍事学の講座を設けているところは一つもないそうです。政界であれ、教育界であれ、戦争を忌避する心情だけで思考停止しているとすれば――社民党がその代表例でしょうが――それこそ何の教訓も得られていないということですね。やはり日本は悪い戦争をしたのだから当然の報いとして敗れたのだ、という占領軍のマインドコントロールを解かなければならない。その呪縛を解かない限り靖国参拝の問題も〝敗北〟を続けるしかない。

西村　何度でも言いますが、国家の命運に殉じて斃れた先人への慰霊という行為は社稷の根本です。これに他国が容喙することはあってはならない。それを押し止められないようでは、その国は独立国とは言い難い。今後のわが国の最大の要衝は、やはり靖国神社だと私は思います。しかもこの一、二年の間に、それをめぐって日本国家の存亡の帰趨が決するでしょう。私は決して大袈裟ではなく、靖国神社の参拝問題と、事の本質がまるで分かっていない安直きわまりない国立墓苑構想がどう決着するかで、わが日本が日本のままでいられるのか、あるいは単にこの列島に人類が住んでいるだけの〝地域〟になるかの、大きな岐路に立っていると思います。

木村　靖国神社を子供たちにどう教えるかというのは、教師にとっても大変重いテーマです。戦争という極限状況のなかで交錯する人間の生死、その意味をいかに考えさせるか。人間誰しも死にたくないわけですから、それでもなお死地に赴かざるを得なかった人間の苦悩や勇気、あるいは志をきちんと伝えるというのは、生半《なまなか》な教育力ではできない。

しかし、戦争とそれにともなう生死を考えさせることは、劇的な教育効果を生むのもまた確かなことだと思います。人は何のために生き、何のために死ぬのか。戦争のなかでの生死という、平和な世の中にはあり得ない価値観に触れることは、死の側から生の意味を見つめることになります。単なる悲惨な話ではなくて、死と向き合いつつ生を燃焼させた人間の真実が見えることもあるでしょう。

個を超えた志を紡ぎ続けること

西村　靖国神社では毎月社頭に御祭神の遺書や書簡を掲示していますね。先日参ってきたのですが、六月の掲示をちょっとご紹介したい。南西諸島で戦死した林市造という福岡県宗像郡出身の二十三歳の海軍大尉の遺書と、それに対する母親の戦後の手記です。

〈お母さんさようなら
一足さきに天国に参ります。
天国に入れてもらえますかしら。お母さん祈つて下さい。
お母さんが来られるところへ行かなくては、
たまらないですから。お母さん。さようなら〉

〈泰平の世なら市造は、嫁や子供があつて、おだやかな家庭の主人になつていたでしよ《ママ》う。けれども、国をあげて戦つていたときに生まれ合わせたのが運命です。日本に生まれた以上、その母国が、危うくなつた時、腕をこまねいて、見ていることは、できません。そのときは、やはり出られる者が出て防がねばなりません。
一億の人を救ふはこの道と母をもおきて君は征きけり〉

林市造大尉は、恐らく沖縄戦で突っ込んでいったのでしょう。確か四月十二日戦死、とあった。この母子のありようを、単に「軍国日本の悲劇」と括ってしまうのか、それとも別の教え方ができるのかどうか。私はこれこそが教育の要諦だという気がします。もちろん戦場にはさまざまな愚かしい行為があったでしょう。だが同時に崇高な英雄的行為もあった。そうした複雑性のなかで、生きて死ぬことの意味、その覚悟と志について考えさせることが大事だと思います。それを真摯に考えたとき子供は劇的に変わる。

木村　西村さんがかつて、ビルマ戦線でのある日本兵の手記を読まれたときの感動を語っていらっしゃったのを思い出しました。確かこんな話でしたね。英印軍の迫撃砲が日本軍を苦しませていた。膠着状態のなかで、ある兵隊が手榴弾一丁を持って迫撃砲のもとへたどり着く。彼が何をしたかというと、迫撃砲のなかに手榴弾を入れて、それを外されないように砲を抱き締めながら自爆していったという。

西村　スティーブン・スピルバーグの「プライベート・ライアン」と本質的には同じ話です。彼は自分が死んだらどうなるということを考えたかもしれないが、それよりも迫撃砲を破壊して戦友を救うことに自らの生をまっとうした。そこに生きて死ぬことの目的を見いだした。今の日本ではこれは単なる悲惨な話として片付けられてしまう。それが「プライベート・ライアン」では、救われたライアン二等兵が、星条旗に囲まれた墓標の中に命の恩人ミラー大尉の墓を見つけて号泣する。生還した者と戦死した者、そうした運命の交差もまた、戦場の真実なんだと私は思います。人間のあらゆる醜さと、逆に神に近づくような崇高な振る舞い、戦場にはそれらが複雑に交錯し、凝縮されている。

木村　そうしたことを日本人の物語、われわれの血肉に連なる物語として教えられるかどうか。しかし、そのことが国なり共同体なりの根幹に関わるというのはよく分かります。政治の使命というのは、この日本という国、共同体の永続ですね。教育もまたそうでなければならないと思います。当たり前のことだけれども、国のために命をなげうってくれた人々がいるからこそこの国は続いている。だから国の永続をめざす政治、それを願う教育は、国のために死んだ人々のことを決して忘れたり軽んじたりしてはならない。それを大事にすることは、民族として共同体として、個を超えた志を紡ぎ続けることだと私は考えています。

吉田松陰がこんなことを言ってますね。

自分の人生は三十年で終わるけれども、この人生が籾殻《もみがら》であったのか、あるいは米粒であったのか分からない。しかし、中身のつまった米であったのなら、またその種子が芽吹き、絶えることなく世に広がっていってくれるであろうと。

教師というのは結局、自ら学び続けて、自らを何とか高め、籾殻ではない、せめて米粒となって後世に何事かを残していく。伝えていく。そういう存在であるべきだという気がします。そのとき何を伝えるのかと言えば、知識はもちろん大事ですけれど、連綿と続いてきた日本人の生きよう、今ここにある志なのだと思うんです。

西村　その志は何かと言えば、それはひとことでは言い尽くせない。言葉ではなく、感じるものとして、共感するものとして、それは靖国神社に行けば触れることができる。歴史を奪われた民は滅ぶしかない。靖国こそ、この国の帰趨を決する存在だと私が申し上げるのはそれ故なのです。

〈『正論』平成十四年八月号「〝志〟を語ることこそ教育の根幹なり」改題〉

救国の運動やるべし

対談者　石原慎太郎

「主権」侵害意識が希薄な政府・外務省

石原　相手が相手だから、北朝鮮に拉致された人全員が生きているかもしれないなんていうのは妄想でしかなかったとはいえ、あまりにも悲惨だったね。

西村　あの国は独裁国家であって、独裁者にとつて都合が悪くなった人間は、みんな強制収容所に入れてしまい、最終的には「死亡しました」と発表するお国柄でしょう。「病死」だの「災害による事故死」というのは、カムフラージュでしかない。生きていても平気で死んだことにしてしまう。しかし、もし、亡くなられたというのが事実だとしたら、金正日が殺したに決まっている。

石原　彼は、すでに自国民を四百万人も餓死させている男だ。当然、拉致された人の中にも餓死させられたケースがあったとも思う。いずれにせよ、拉致した後の使い捨てです。
それから有本恵子さんと石岡亨さんとが同じ命日というのは「頭隠して尻隠さず」で、北朝鮮の手の内、姿勢が垣間見えるというしかない。それをカムフラージュもせずに伝えるというのも、彼等の無神経さが露呈している。

西村 そんな杜撰な「死亡（生存）リスト」を北朝鮮から一方的に渡され、それを鵜呑みにし、あたかも自分たちが調査したかのような顔をして、拉致された家族に、そのまま丸投げで、六時間以上待たせたうえ、伝えた政府のやり方が、悲しみを一層倍加させましたね。
それにしても、石原さん、「北朝鮮はこんなリストを示してきましたが、独裁政権の言うことだから本当かどうか分かりません。残念ながらこのリストの信憑性を今の段階では政府としては確認できません。今後詳細は徹底的に調査します。国交正常化交渉再開はそのための方便です」と何故言わなかったんでしょう。
拉致された国民を長年放置しただけでなく、独裁者からその死亡を宣告されて、最後にはそいつと握手して帰ってくる政府が、何処の世界にありますか。

石原 まったくその通りだ。日本の外交官は、「チャイナスクール」のように相手国のスポークスマンでしかない輩が多すぎる。いやアメリカに対してもそうだね。

西村 僕と都知事は、一緒に尖閣列島に乗り込もうとしたし、この拉致問題でも誰も取り上げない時から積極的に関与してきました。世間や一部マスコミからは、「過激派」「右翼」「国家主義者」「変わり者」扱いされてきましたが、我々の言っていた通り、北朝鮮はテロ国家であることが証明された。

でも、だからといって勝利感があるわけでもなく、今はただ虚しさばかりが残っている。こんなノーテンキな「主権」意識ゼロの政府、外務省のために、国民が長年犠牲となって放置され悲惨な結末を招いてしまったと……。

石原　政府というか、自民党にも中山正暉みたいになぜか北朝鮮を庇うような手合いがいたけど、野党はもっと酷かった。拉致された家族のある人が、首脳会談当日夕方の記者会見で、叫ぶかのように、「社民党、共産党は拉致に関して何もしてくれなかったではないか、向こうの言いなりだったじゃないか」といった趣旨の発言をしていたのを聞いたけど、その通りだ。「北朝鮮が拉致をするわけがない。拉致問題など存在しない」と、言い張り続けた旧社会党の議員は沢山いたんだから。

でも、今さらそういうことを言えば言うほど詮ないことで、僕なんかこの拉致の事実が如実に現出する前から政治に対して虚しい思いがしていて、それが、議員を辞めるきっかけの一つにもなった。何故にして、「主権」に対する意識が、つまり国益、さらにつまり国民の生命財産を守るという責任感が、政府や国会議員や外務官僚の間で、かくも軽く、希薄になっていってしまったのか。

そんな無惨な結果を見た上で今さら詮ないと思うけど、昨年（平成十三年）の春先、金正日の息子、金正男がハーレムを従えて日本に密入国し、ディズニーランドにいこうとして、不法入国がバレてつかまった。

時の森山法務大臣と田中眞紀子外務大臣がタマげて「怖い怖い、早く帰しなさい」ということで馬鹿な話だが全日空のビジネスクラスを借り切って、粗相があってはと気づかい外務省の役人が数人同行して北京まで送りとどけた。アメリカはとっくに彼の動向をつかんでいて、日本も四度目にやっとつかまえたな、と思っていたら、政府はあの体たらく。

金正男は始めは、俺は金正男でない、といい張っていた。それなら並の不法入国者として雑居房にしばらくブチこんでおけばよかったんだ。労せずして大きなカードが手に入ったんだから、それは交渉取引きのためになるのに。彼はいわば向うの皇太子みたいなもの。花札でいえば、二十点の桜とか月のカード。拉致された日本人はみんな無名の人。つまり各自一点の札として、取引きしたらよかったのにあのザマでしょう。それはあの政治家の限界かなあ。イギリスにはサッチャーみたいな人もいるのにね。

西村　小泉首相にしても、拉致問題に関して交渉する上で、「主権」が侵害されたことへの意識がほとんどなかったように見える。

石原　そういう意識の構造はあまりないようだったな。第一、言葉として出てきていない。

「お前が殺ったのか」と反問すべきだった

西村　参加することに意義があるオリンピックみたいに、北朝鮮に行って、金正日と会うことに意義があると思い込んでいたんじゃないですか。

もちろん、首脳同士が会って話をすることは大事ですが、それだけで終わっては何にもならない。「会って何を話すか、何を結果として獲得してくるか」、それが政治家の仕事でしょう。所詮、小泉さんは感情主義的で自己陶酔型スタイリストでしかなく、こういう精神構造の人は、外務省から見ればシナリオに乗せやすかったんでしょう。

というのも、外務省にとって、日朝首脳交渉の絶対的な最優先課題は、「交渉を決裂させないこと」だった。だから、その障害になる恐れのあることは一切遮断した。

例えば、訪朝前日の九月十六日、拉致家族たちは、首相との面会を希望したものの断られ、福田官房長官としか会えなかった。福田さんはその首相との面会謝絶の理由として「首相は大事な会談を控えており、心が澄んだ状態で行かせたい。成功することだけを考えているので、本日はお会いしていただくのはふさわしいときではない」と釈明しました。

逆に言うと、その心は、「小泉首相が、家族に会えば心が濁る。そのため家族に会えば首脳会談の成功が覚束なくなる」というわけです。恐らく、十六日の段階で、外務省経由で、拉致された邦人に関してはかなり悪い結果だという情報が官邸には伝わっていたのではないかと。だから、訪朝直前に、首相を家族には会わせたくないと、取り巻きの官僚たちが判断しての「面会謝絶」

だったのではないか。

小泉さんにしても、十七日の午前中の会談のまえに、あのリストを見せられて、義憤に感じ「強く抗議する」と不信感を露にした。そして昼食もショックのあまり手をつけられないほどだったという。その時、安倍官房副長官が「拉致したという白状と謝罪がない限り、調印は考え直した方がいい」とアドバイスをしている。しかし、この時の会話を、北は盗聴していたんでしょうな。

石原　共産主義国家なら当然やっているに決まっている。だから、さらにそれを逆手にとった会話をし、それをテコにして午後の会談に臨めばよかったのに。

西村　そこで、午後の会談の冒頭では、金正日が、ちょっと妥協してみせて、拉致や工作船派遣の事実を認めて遺憾の意をあっさりと表明した。すると、コロリと宙返りみたいにホロッときた小泉首相は一気に北と田中均局長の「マインドコントロール」下に置かれて、宣言調印に一瀉千里に走ってしまった。

その時、「お前が殺ったのか」と凄味を効かして反問してこそ、日本国の総理でしょうが。しかも、夕刻に発表された「日朝平壌宣言」を見ると、そうした日本側の義憤なるものは全く文章化されていない。

「日本側は、過去の植民地支配によって、朝鮮の人々に多大の損害と苦痛を与えたという歴史の事実を謙虚に受け止め、痛切な反省と心からのお詫びの気持ちを表明した」と書いてあるけれども、北朝鮮の独裁者による〝部下に責任を押しつけて我関せず〟といった拉致、工作船派遣についての口頭での「釈明」は、声明には全く入っていない。拉致の「ラ」すらもない。しいていえば、「日本国民の生命と安全にかかわる懸案問題については、朝鮮民主主義人民共和国側は、日朝が不正常な関係にある中で生じたこのような遺憾な問題が今後再び生じることがないよう適切な措置をとることを確認した」とあるけれども、悪いのは国交正常化していなかったからと読めるし、具体的にどんな懸案かも明示していない。

死亡者リストを見せられて衝撃を受けたという首相が、一方ではしゃあしゃあとしてこんなノーテンキな文書に調印している。これでは精神分裂症的人格ではないかという疑いさえ持ちたくなる。少なくとも、こういうタイプは新興宗教にひっかかりやすいタイプに間違いない。共同宣言の内容に関して、田中均などを抑えて、自らの発案で主導していこうという意欲は皆無だったと断ずるしかない。

外交というのは「礼服を着た戦闘」

石原　その通りだなあ。ただ「日朝が不正常な関係にある中で生じたこのような遺憾な問題」としかいっていない。そんなことではなく、状況証拠でいえば百人に近い日本人の拉致、総量十五トンにも及ぶ覚醒剤の密輸入などなどと、列挙すべきなんだ。北朝鮮側の日本に対する「反省」

「おわび」は全くないものね。

そして史観によっては評価の全く違う朝鮮の併合問題を一方的にこちらの罪としてうたっている。この宣言文に関して、何故、総理の立場から疑義を表明しなかったのだろうか。

西村　極めて不可解ですが、外務省が訪朝前にお膳立てを全てすませていたからでしょう。

石原　……僕は小泉総理にこれまで何度か北朝鮮との交渉について助言したことがある。数ヵ月前に、赤軍ハイジャッカー「よど号」犯の女房だった八尾恵という女が、自分が主導して有本恵子さんを誘拐したと裁判所で告白した。去年、自沈した北の工作船もその頃、丁度引き揚げる時期になってきた。「これはまさしく天佑神助だ。ここで北朝鮮に毅然として対応すれば政治に対する信頼性も回復されるから、このカードをフルに利用してくれ」と。

その時、彼が訪朝するとは想像だにしなかったけど、その後、誰かから「もし、石原さんが仮に総理だったらどうする？」と聞かれてさ（笑）。「僕が？　僕なら金正日を呼びつけるよ」と答えたことがあったけど。

西村　今度、日朝首脳会談をする時は、そうなるでしょう。首相も誰かに代わっているでしょうし（笑）。

石原　誤解されるようなことは言わないでくれよ（笑）。ただ、あの男を呼びつける前提として、日本は防衛面でいろいろとなすべきことが多々あった。

というのも、ソ連崩壊によって冷戦構造が終わったときから日本の安保体制は大きく変化した。

それまで、冷戦の主戦場はあくまでも東西ドイツを前線とする欧州であったし、日本は海軍にしても、アメリカの第七艦隊の麾下でソビエト原潜の追跡、トレーシングをやっているだけでよかった。

一方、アメリカにしても、ソ連が崩壊してからは、ダレス以来の大量核報復戦略も必要なくなった。プーチンはアメリカと戦争して勝つなどということを全く考える必要もなくロシアを率いて、欧州に強いプレゼンスを維持できるようになっている。アメリカにとっては、ロシアの石油を輸入することによって、サウジへの依存を減らせるから、米露双方とも冷戦後のメリットを享受している。

従って、アメリカにとって、今、アジアにおいて一番目障りなのは中国だけど、昔のように空母と航空兵力で威嚇するのではなく、原子力潜水艦を東シナ海に潜ませて、いざとなればすぐさま巡航ミサイルを発射できる態勢にしている。中国はそれを察知することも防御するのも不可能です。

ただ、アメリカは、チンギス・ハンの帝国みたいに「一方的に支配すれど、統治はしない」から、領土的な野心はない。しかし、テロの後のアフガン攻撃のように歯向かう者は容赦なく徹底的に殲滅する。その手法を見て、北朝鮮は敏感に察知し対米政策を「太陽路線」に転じ、日本を楯にアメリカのムチを避けようとしたんですよ。

西村　イラクにしても北朝鮮にしても、向こうから「平和攻勢」をかけられると、アメリカも世論の国ですから、無理に叩かなくてもいいかという話になる。それをブッシュは警戒している。

でも、外交というのは「礼服を着た戦闘」です。首相自ら「敵国」に乗り込む以上、小泉さんは「三軍の長」として自覚を持って行動すべきです。アメリカの大統領専用機「エアフォースワン」には常に参謀総長に直結する連絡将校が大統領に随行しています。そういう臨戦態勢で北との交渉に臨む覚悟を持つべきだった。

石原　とにかく過去にも平気で民間機も爆破する国なんだから、政府専用機で行く以上、途中までF15や16が小編隊で護衛していくのが当たり前じゃないですか。

金正日は「地獄で仏（日本）を見つけた」

西村　その通りです。ところで、金正日を過大評価するわけではないけど、共産主義者や独裁者のやり口というのは、唖然とする妥協はよくするもんですよね。

ヒットラーとスターリンとが握手した独ソ不可侵条約などはその最たるもので、日本の平沼内閣は「欧州情勢は複雑怪奇」と声明して総辞職してしまった。中国の国共合作もしかりです。共産主義者や独裁者は生き残りのためなら豹変する。その点、昔も今も日本人はナイーブ過ぎます。

一説によると、金正日は、プーチンに日本から金をせびり取る方法をウラジオストック訪問の時に伝授されたらしい。何せ、ロシア、ソ連はシベリア抑留で日本人を十数人どころか、十万人近く殺した国です。それにもかかわらず、冷戦が終わって、エリツィンが「シベリア抑留は遺憾だった。スターリンが悪かった」という趣旨のことを、金正日同様に口頭で謝罪して、北方領土問題でもちょっと譲歩するかのような素振りを見せただけで、日本は一兆円近くロシアに献金し、ムネオハウスやらが作られる仕組みが出来た。このノウハウを説明し「一日だけ役者になって謝れ」と諭したんでしょう。

石原　ありうるね（笑）。過去の冷戦の崩壊は、日本にとってはいいことばかりではない。今度の相手が中国、北朝鮮という日本のすぐ傍の国になり、より直接的にオペレーションを考える必要が出てきた。西村さんと一緒に頑張った尖閣問題はその典型だし、北朝鮮による拉致に関していえば、今回のケースはあくまでも確証のあるものだけで、状況証拠の拉致疑惑を含めれば、実際は百人近い日本人が被害に遭っている。

恐らく、今となってはその人たちもほとんど抹殺されているに違いない。

西村　日本国民の態度いかんでその可能性は高まるというしかありません。向こうの報告を盲信してあきらめれば、そうなります。

石原　ブッシュ政権誕生前、政権に入る予定でいた現幹部たちと会談した際に「日本海と東シナ海、そして尖閣も日本人が自主的に防衛をする。しかし、そういった領域を越えて大きな紛争が生じる場合には、日米安保を意識もするし、アメリカもその範囲で責任ある行動をしてくれるんだろうな」と聞くと、「それは当然だ」と言っていた。

さらに、「第三次、第四次中東戦争の際、イスラエルがやったみたいに、小型の高速船艇に艦対艦、艦対空のミサイルを積んで、相手を完全に迎撃するといったような態勢を日本も独自に取るべきだと思う」と言ったところ、「それは当然のことだ」という答えだった。

冷戦崩壊後、十年以上が経過しているけど、その間に日本が、近隣諸国に対してそういう自主的な防衛態勢を確立していれば、さっきも言ったように、金正日を日本に呼びつけることも可能だっただろうにね。

しかし、ノドンやテポドンを乱射する北に対して、そういう自衛上の手だてを講じるどころか、一番愚かな象徴としては、河野洋平元外相のように、北への援助に明け暮れ、しかも、「古古米じゃ気の毒だから新米を送れ」とか、馬鹿なことをいっていた。相手に善意を示せば、それに応えてくれるという単純な考えは、北にとっての時間的なマヌーバーでしかないということが、今度証明されたわけだ。

ただ、僕は小泉総理が九月十一日のテロ一周年の式典に出掛け、ブッシュと会ったときに、どこまで金正日や訪朝についての話をしたかは知らないけども、ブッシュが「悪の枢軸」として「イラン・イラク・北朝鮮」を名指しするのは十分な根拠を得ての話だと思う。北による工作船が、北朝鮮と日本との間を自由に行き来するのと同様に、イラクと北朝鮮との間でも輸送船が行き交っている。イラク所有のソ連製のスカッド・ミサイルのパーツを供給できるのは今や北朝鮮だけなんですよ。

実際、アメリカはそういった北朝鮮のイラク向けの輸送船などをインド洋で摘発して、その武器コネクションの実態を解明している。

その上での「悪の枢軸」論であり、そういうアメリカ並みの厳しい認識を持った上で、日本も対北朝鮮外交を考える必要があるのに、そんなことは全然ないみたいだな。

西村　小泉首相はブッシュと電話会談をし、川口外相は訪米してパウエル国務長官と会ったりして、「アメリカも日朝平壌宣言を支持している」と政府は自画自賛していますが、そんなものは表向きの話でしかない。

石原　そうだよ。アメリカは現に朝鮮半島で北朝鮮と軍事的に対峙している国ですよ。あくまでも今は休戦中であって、法的には戦争は継続されている。そういう国から見れば、「小泉は何を目的に北朝鮮に行くのか?」「拉致された日本人を連れ戻すといっても、その代償に何を与えるつもりなのか?」といった疑問不安を当然持つし、日朝交渉とその後の推移を懸念して見つめているというのが実状でしょう。

西村　首脳会談直前に、北が工作船を能登沖に複数差し向けたとの情報を、アメリカが日本に伝えたのも、「あんまり浮かれるなよ」との老婆心からでしょうな（笑）。

一方、北朝鮮としては、日本との共同宣言をダシにして、「アメリカさん、過去にテロや拉致をやったのは、一部の跳ね返りの極左冒険主義的反党分子であって、そういう連中はみんな処分しております。私たちはもうテロ国家じゃありません。ほれ、ごらんの通り、日本とも仲良くやっていきます……」というメッセージを送ったつもりなのでしょう。金正日はあの日だけ、しかも、一日「よい子」ごっこをやっただけ。

せめて、共同宣言に「イラクへの武器供与は止める」とか書かせたなら日本側の対米ポイントになったでしょうが……。「地獄で仏（日本）を見つけた」というのが金正日の偽らぬ心境ですよ。

昔なら、こんな売国奴は殺されている

石原　その分析通りであって、拉致は無論のこと、極東の安全保障の観点からも、その程度の言質を取る必要があるのにそれを怠ってしまった。でも、こんな平壌宣言で、北朝鮮を「悪の枢軸」から分離するようなヤワなアメリカではないだろう。それにしても、この宣言は読めば読むほど面妖だな。

西村　「双方は、国際法を遵守し、互いの安全を脅かす行動をとらないことを確認した」なんて言っても、脅かし続けてきたのは北の方でしかない。結局、この宣言は会談前から全文が準備されていたんでしょう。だから、拉致に関して衝撃的な事実が明らかになっても日帰りだから修正するヒマもなく署名するのを余儀なくされたわけです。

石原　修正する時間がなかったら、一旦預かって持ち帰ればいい。その上で、今度は金正日が日本にやってきて相談するなり、修正して署名すればすむ話じゃないか。何で、こんな拙速な外

交をやってしまったんだろう。

西村　「調印せずに決裂させて帰ってきた方がいいのか」と小泉さんは居直っていたけど、それも選択肢の一つであったという認識すらない。

石原　その通りだ。つまり、やっぱりすべてお役人におんぶでしかないな。それで困るのは拉致を認めてしまった相手なんだから、十分ゆすぶれるのに。

西村　結局、日本外務省と北朝鮮官僚とが結託しているんですよ。日本側は、三十年前の日中国交回復以降、共産圏相手に金を提供したくてたまらんのでしょう。開発の遅れた国だから土木工事は山ほどある。鈴木宗男的な誘因があって、外務省は「国益」よりもODA供与という「省益」の立場から、北と国交を回復して金を流出させたがっているのです。とりわけアジア大洋州局がその最たるものです。

だからこそ、歴代の局長が、「拉致疑惑は亡命者の証言だけが根拠。だが、亡命者の証言は信じられない」（阿南惟茂）とか、「たった十人程度のことで日朝国交正常化が止まっていいのか」（槇田邦彦）といった妄言が出てくるのです。

石原　今回、亡命者の言ったとおり、日本人が拉致されていたことが判明したんだから、まともな義士のいた昔なら、こんな売国奴は殺されてるな。

西村　薬害エイズ事件のときに、厚生省の課長は「業務上過失致死」で逮捕されたことがあったのはまだ記憶に新しい。エイズ拡散を防止することが監督官庁として十分可能だったのにそれを傍観したとして「不作為の責任」を追及された。
同じことが今回の拉致事件と外務省の関係でもいえます。横田めぐみちゃんや有本恵子さんの拉致誘拐の情報が寄せられた十数年前から外務省が北朝鮮にさまざまな圧力を加えていたら、とっくの昔に助かっていた。レバノンは、そのようにして北に拉致された自国民を救出している。
共産圏相手にはアメではなく、ブッシュのように先ず徹底的にムチを与えることが肝要なのに、先ほどの河野元外相のようにアメ（米）ばかり与えて増長させてしまった。あげくのはてに「八人死亡」の他人事のような通告でしょう。外務省のこの「不作為」の責任たるや、ただでは済ませるわけにいかない性質のものです。

石原　この十人余の生命を無視してでも、日朝国交を正常化すべし云々といった槇田なんかの動機は何なのかね。ＯＤＡ以外にも、反ヒューマニズムというのか、ウェーバーの言う政治的マゾヒズムかね（笑）。

西村　外務省的思考は従来からそういう傾向はあった。ただ、一九五六年の「日ソ共同宣言」の頃の政府の対ソ外交はまだ立派でした。当時、シベリアに抑留された日本人捕虜が多数人質になっていたし、サケ・マス漁も規制されていて日本の漁民は飢え死寸前。そんな不利な条件を前提に国益をかけて交渉し、領土問題にしても安易な妥協をすることなくギリギリのラインで日本の言い分を残しておいた。
それにひきかえ、日中国交回復あたりから、日本の「外交力」「政治力」は衰退する一方ですよ。今や、アジア大洋州局長といった個々人ではなく、外務省全体を精神病理学的な対象として分析する必要さえ感じられます。組織内に何らかの宿痾の病根が巣くっているとしか思えない。

神々しさを感じた家族の言葉

石原　ただ、今回の首脳会談の唯一の果実は、北朝鮮がどうしようもない「狂人国家」だということを、ほとんどの日本人に気づかせた点だと思う。北朝鮮を庇っていた一部のマスコミや平和主義者たちの「人道主義」の誤りが万人に明らかになった。

僕は西村さんより少し年長だけど、戦時中の一時期の日本もいささか、今の北朝鮮みたいな国だったですよ。もちろん、もっと理性的な人間がいたし、外交もそれなりにやっていたけどね。しかし、国家挙げての一種の狂信、ファナティシズムに酔っている姿は、周辺から見れば異形で不気味に見えたろう。常人が狂人を相手にする場合、相手を本当の狂人と見極めなければ仕方がない。今回、相手がそういう存在であることを、我々日本人が基本認識として持ちえたことは不幸中の幸いというか、唯一の収穫だったと思う。

西村　ですから、「金正日＝麻原彰晃」と思えばいい。北朝鮮はオウム国家だと。麻原は、サリンを作り実際に使った。金正日も同様のことを国家規模に拡大してやっている。どちらも、まともな頭の持ち主ではない。そんな奴とまともな国交正常化交渉が、できるわけがない。あんなのはダミーであって、交渉するよりも打倒すべき対象であり、日朝国交回復をするのなら、金正日政権が打倒されたあとの政治指導者を対象に考えた方がいい。もっともそれが金正男では困るけど（笑）。

石原　それはまことに妥当な考え方で、同感だな。金正日政権など、援助もせずに放っとけば間もなく瓦解するに決まっている。食糧や衣服の配給も出来なくなった国で、平壌周辺だけ、映画のセットみたいに形だけもっともらしく作っているだけでしょう。

日本の方だって、小泉政権の次の政権は、こんな日朝平壌宣言など無視すればいい。政権が交代したら、外交に関しても前政権の路線は継承しませんと宣言すればいい。

西村　平壌宣言は、英米ソの首脳が、千島や南カラフトのソ連への返還などを勝手に決めた一九四五年二月のヤルタ協定みたいなもので、二〇〇二年九月当時の日朝首脳の意見表明に過ぎず、国家に対する法的拘束力は及ばないと、将来みなすことも可能です。

石原　実質的に、あの宣言を無意味なものにするためにも、拉致問題に関して、真相解明のために、十月以降の交渉の場で徹底的に北を追及していけばいい。

西村　そう。正常な人間ならば、人命を軽視する狂人相手には、ある種の感情論で反発するのも時と場合によっては必要となるし、国民世論の適切な感情論を背景にしない外交は、偉大な外交には成りえない。従って、今の外務省が首脳会談終了後にやっている姑息な拉致・死亡年月日情報の隠蔽や小出しは、実に血の通わない小手先だけの技術論に毒されているというしかない。

例えば、安倍晋三官房副長官は帰国してすぐに家族に会いにいき、可能な限りの情報を伝えているというのに、小泉首相と家族との対面は九月二十七日までさせないというのも意味不明だ。映画「プライベート・ライアン」では、司令官が、軍命によって死亡した部下のお母さんに、死亡通知を延々と田舎の道を走って直接届けに行くシーンがありましたが、これが民主主義国家のよさなんですよ。

本来なら、帰国した翌日、小泉首相は拉致された家族の下に行き、交渉経過を説明すべきだった。平壌での精神分裂症の次は、突如東京で自閉的になってしまったのかと言いたくもなります。

横田めぐみちゃんの娘の確認だって、本当は前のアジア課長の梅本和義英国公使ではなく安倍さんが会談の合間の休憩中に自らやろうとしたところ、外務省が、「向こうが嫌がっていますから」といってさせなかったという。あげくの果てに、その報告も家族からの要請があって、やっと公使が英国帰国直前に説明するという始末。これまた不可解。

政府専用機による訪朝だって、最初向こうが嫌がったらそのまま承諾しようとしたけど、こんなのは丁々発止とやりあえばいい。決裂を一番恐れていたのは北の方なんだから。

石原　そういえば、テレビで日朝交渉について語る安倍さんを見たけど、彼は成長したね。

西村　顔も岸信介に似てきた。次の次の政権なら任せられるんじゃないですか（笑）。

しかし、こんなテイタラクな状況の中にあって、拉致被害者の家族の方々の発言は、闇の中の光明を見いだしたような感じがしました。めぐみさんのお母さんは、「めぐみは単にめぐみだけのことではなくて、この日本の状態を体現するために、濃厚な歩みを日本の皆さんの中に残していったと思います」と、こう言われた。

「めぐみが助かったから助からないからということでこの問題がすむわけではないと。皆さん、めぐみを愛していただいてありがとう。めぐみのことを報道していただいてありがとう」とも。

心の機微も理解できないような外務省の官僚たちに、冷たいメッセージを伝えられ、ある意味では五体裂けるかのような、卒倒しても不思議ではない苦しみの中で、これだけのことを言える日本人のお母さんを見て、僕は神々しさを感じました。もし、北朝鮮の言う通りに、めぐみさんが亡くなっていたとしても、我々日本人の中に忘れられない濃厚な痕跡を与えた「神」として忘れられない存在となるでしょう。

石原　そうだね。外交交渉は押したり引いたりのやりとりの中で成果を見いだすものだし、せっかく、首相が「拉致問題の解決なくして国交正常化はありえない」と大前提として明言していたんだから、あの程度のリストの公表では「解決に非ず」と反論し、少なくとも拉致に関する謝罪を共同宣言に書き加えるべきだった。それが実現しなかったのは、ひとえに外務省の責任だね。そのあたりは政治家が国会で断固として追及すべきだよ。いや、国民全体が今後の外務省を監視するべきなんだ。

西村　もちろんです。横田めぐみさんを北で見たという安明進という工作員亡命者の言うことは信じられないと外務省は言っておきながら、金正日の言うことは信じるというのは倒錯もはなはだしい。今こそ、「金正日のいうことは信じられない」と田中均局長は言明すべきですよ。それを何故言えないのか。

ブッシュがイラクに無条件で核査察に応じない以上叩くと言っているように、日本も北朝鮮に「拉致査察」を要求し、少なくとも生死の確認をＤＮＡ鑑定のレベルまで行ない、拉致した者への処断が本当に行なわれているのかを確認しなくてはいけない。そして、指揮命令系統を明らかにさせ、補償をきちんと貰い、生存者も家族も含めて帰国させるよう要求し、それが実現しないのなら国交正常化はあり得ないと断言すべきです。

首相は「三軍の長」の自覚が欠如している

石原　それが「主権国家」として当たり前で最低限度の要求ですよ。まったく、何度でも言うけど、外務省はどうしていつも向こうのスポークスマンなんだろう。小泉首相と金正日の会談の内容にしても、テレビで幾ら一時期何度も放送されていても、時間が経過すると結局残るのは紙に記された文言だけですよ。そこに明確に記されていないと、結局、拉致の事実も北の責任も希薄化していく。

西村　北朝鮮国内では、その事実は全く報道されていないわけですから、両国間の情報ギャップも狭まることがない。

石原　失われた「主権」をもう一回認識し直すためになら、小泉内閣を瓦解させてでも、刑事事件の検証をするように、「拉致査察」を徹底的にやるべきだと思う。それで初めて国家として内側から蘇るものが必ずあると思う。

西村　国際査察団を構成するなり、アメリカや国連に協力を求めてもいい。世界中の人権団体に呼びかけるぐらいのことを政府はやるべきなのに、その気配もない。

その点、アメリカの外交というのは一味違う。宥和的なクリントンから一転して、ブッシュは押せ押せでやってきた。北朝鮮が己の拉致、工作船活動をこの時期、何故認めるにいたったのかの背景には、当然アメリカのこういった強硬姿勢が要因としては一番大きかったと思います。

昨年の九・一一テロの直後には、北朝鮮の労働新聞は「ニューヨークでもたやすくあのように大攻撃ができるんだ。いわんや、日本は縦深性がなく、原子力発電所を爆破することぐらいは共和国は朝飯前だ」というような記事を出した。その後も、十二月の東シナ海での対日工作船自沈事件やワールドカップ中の南北ミニ黄海海戦と続いていくけれども、その間、北はアメリカに対してはともかく、日本に対しては一貫して強硬で、外務省は低姿勢だった。

さらに外務省は、東シナ海の工作船の引き揚げは、中国が嫌がっているからと称してサボタージュする。さっさと引き揚げて、証拠調べも日朝首脳会談前に終了させて、その証拠を小泉首相に強力なカードとして使わせようともしなかったぐらいですからね。

この敗北者的な意識の根底には、やはり自虐史観、東京裁判史観による洗脳体験者が政権内部、外務省内にうようよいるからでしょう。彼らは、相手が北朝鮮や中国となると、何をされても、言われても、思考停止してしまい頭を下げてしまう。

何せ、憲法前文で、「平和を愛する諸国民の公正と信義に信頼して、われらの安全と生存を保持しようと決意した」国の公務員ですからね。しかし、平和を愛さない北朝鮮や中国のような国がすぐ傍にあると、そんな「理想」は何の役にも立たない。悪いことに、「平和憲法」の他にも、七年前の「村山談話」まで加わって、日本の外交政策はますます目茶苦茶になってしまった。

石原　この前も、「ニューズウィーク」で、拉致された日本人をどうやって救うかと聞かれて、「戦争をしてでも取り戻す」云々と言ったら、好戦主義者だとかあちこちで言われたけど、それはブラフとしての意思の表明だということも分からない連中が増えたね。戦争をのっけから起すのは、もちろん賢明な外交ではないけど、軍事力による脅しを背景にしない外交交渉というのはナンセンスじゃないか。

でも、子供にナイフも持たせない、手の指先も切るのもいやだみたいなことでは、国を守れるわけがない。何度でもいうけど、ノドンでも日本に落ちてくれた方が日本は覚醒するだろう。

西村　おっしゃる通りで、国軍と国防省を持たない国の外交は、やはり日朝交渉のような無様な姿をさらけ出すだけです。小泉さんにしても、村山ほどは酷くないにしても、「三軍の長」としての自覚が欠如している。

一方、経済破綻を引き起し日本に援助を求めているにもかかわらず、北朝鮮は、ソウルや東京を火の海にすると居丈高に公言している。だとしたら、一千万の都民の生命と安全を守る立場の都知事が、少々反発して何が悪いんでしょうかね。ところが、「朝まで生テレビ」なんかに出てくる左巻きは「戦争をすると言った知事が日本国の次の首相になるのは絶対許すまじ」と絶叫している。

石原 あっ、そうなの（笑）。

西村 未だに「第三国人発言は許せない！」とかも言っている。口では「人権を守れ、差別を無くせ」と奇声を発している輩は、今回の拉致問題にはほとんど無関心を決め込んでいる。「人の命は地球よりも重い」ともよく言うくせに、「金正日の殺した人命は布きれよりも軽い」と内心思っているんでしょう。

石原 でも、そういった相手の悪意を、ウヤムヤにせずにきちんと日本の方も適切に認識し反応仕返す必要がありますよ。ノドンが東京までの射程距離がない頃、京都の金閣寺にでも命中して焼けたら日本人も少しはしゃきっとするんじゃないかと半分本気で言ったことがある。どうせ、金閣寺はレプリカだしね（笑）。

なぜ、官邸に半旗を掲げないのか

西村 それは、不幸中の幸いとなるかもしれません。

それにしても、地下鉄サリン事件の被害者が麻原彰晃やオウム真理教を許せないのと同じく、日本人として金正日は許せない。できることなら、仇を討ってやりたいとさえ思います。

石原　同感だよ。仇を討つ、というのは大切な志なんだ。これからは、あいつをどうやって締め上げていくかが重要だね。

西村　朝鮮問題担当の大使をやっていた中平さんがテレビに出て、「金正日さんの横にいる黄虎男日本局長は百戦錬磨の外交官……」とか、したり顔で説明していました。が、麻原彰晃の横にも上祐何某とかいたし、所詮それと同類項でしかないのに、北の本質が見抜けないから、そういう連中をあたかも「正常な人間」だとみなしてしまい、まともな外交を互いにやっているという印象を与えて日本国民を洗脳してるんですよ。

そういえば、オウムの上祐も、自分たちの犯罪を隠蔽してもっともらしいことを「ああ言えば上祐」とやっていた。そんな奴らの口先だけの言い分を「一理ある」といわんばかりに報じていたマスコミもあった。

それにしても、会談が終わってからというもの、鉛が体に、血管にしみ込んでるみたいな状態でね。仇をとってやりたくて、体が疼く。

石原　まあ、昔のような本物の右翼がいたら、拉致された被害者たちより正常化の方が大事だなどといった、いまシンガポールにいる大使なんかイチコロでしょう（笑）。

西村さんの言うとおり、本当に、殺された被拉致者の仇をとりたいと僕も思うし、自分たちが勝手に踏襲したルーティンを絶対正当だとみなして拙速な日朝外交を展開してきた驕ったままの外務官僚も本当に許せないと思います。

そういう役人の驕りを政治家がどうやって叩きつぶしたらいいのか。しかし、実は政治家が官僚にいいようにコントロールされているんだからね。だから、政治家の前に国を売り、国民を売る官僚を誅すべきかもしれない。

西村　でもおかげさまで、超党派の「拉致日本人早期救出議員連盟」にも沢山人が集まるようになりました。民主党の若い議員も積極的にやってくれてます。中には、こんな人が議連にいたのかなっていう議員まで、家族の記者会見に顔を出すようになりました。

でも、外務省は拉致された家族に「死亡通告」をする時には、議員連盟の中で自民党議員だけしか同行させないといった選別をしていました。野党の政治家、とりわけ僕のような人間を呼ぶと、後の国会での追及が怖いからでしょう。

石原　せせこましい奴らだからな。そういえば、僕が運輸大臣をやっていた時、「タワーズ事件」というのがあった。アメリカの駆逐艦タワーズ号が、日本の領海内、千葉の野島崎の目と鼻の先で、しかも海上保安庁の巡視船めがけて実弾射撃訓練をやったんだ。近くには何隻かの遊漁船もあった。たとえ、領海外であったとしても、他の船影の見える辺りで実弾訓練をするのは無謀な話であって、当然、保安庁の救難部長が外務省にもこのことを通報抗議したら、担当幹部は「なんでこんな問題をいちいち大袈裟に発表して取り上げるのか。沖縄では年中あることではないか、というのが官邸の意向だ」と通告してきた。

そこで、「官邸の意向」というのは、「竹下総理なのか小渕官房長官なのか確認してこい、もし総理だったら、僕は大臣を辞めるから」と脅したら、結局、竹下さんや小渕さんも知らない話で、外務省幹部が勝手に「官邸の意向」をタテに居丈高に対応していただけの話だった。

そこで、事の経緯を発表したら、当時国防次官補だったアーミテージがすぐに謝罪をして艦長を即刻罷免すると言明した。「ただ一つだけあの男に同情してもらいたいのは、大統領選挙で、あの艦長と同じギリシャ出身のデュカキス候補がブッシュに惨敗したので、彼は頭にきていたのかも知れない」と(笑)。

その後、太平洋艦隊司令官も謝罪のために来日し、官邸、外務省を回り、この件の主務官庁の運輸省にも陳謝しようとしたら、外務省のある幹部は「あんな役所などに行く必要はない」と説得して取り止めさせたこともあった。あの頃から「亡国外務省」だったんだな。

西村　その頃は官邸はまだ機能していたんでしょうが、九月十七日の夜八時過ぎ、総理の政府専用機が平壌を出て日本海にさしかかった頃、僕は官邸に電話をかけた。最大の懸案で無残にも死亡通告を受けて総理が帰る以上、「明日は官邸に半旗を掲げるべし」と意見具申をしようと思ったからです。すると、警備関係者しかいなくて、「官邸には誰もいません。皆帰りました」と言う。結局、翌日官邸を見たら、何の悲しみもなく、翩翻と正常に旗が翻ってましたな。

石原　ああ、それはいいアイディアだね。これからでもいいから、みんなで半旗を掲げようじゃないか。そういう運動したらいいよ。被拉致者のいる他県なども是非やるべきだ、それは北朝鮮への一つの牽制になる。東京都だけでもやるよ（と脇にいた秘書に、明日から都庁前の国旗、都旗は半旗にするように指示をだす）。

「救国運動」をやろう

西村　ここまで北朝鮮に日本という国家が舐められた以上、魯迅の『狂人日記』ではないけど、国家の魂を取り戻すための「救国運動」をやるべきだと痛感しています。

石原　ほんとそうだ。同感だ、やろうよ。

西村　第二次大戦の対独レジスタンス運動の若き英雄ドゴールは、戦後首相となったものの、議会優位の第四共和政憲法に反対して野に下った。そのドゴールが七十歳近くなって、いいですか、七十近くなった時にですよ（笑）、アルジェリア戦争の混乱でフランスがにっちもさっちもいかなくなった時、「ドゴール・コール」が国内で沸き上がったんです。日曜日、彼が、故郷コロンベイ・レ・ドゥーゼグリーズの教会に居た時、突如としてフランス空軍機が低空でやってきて、翼を振って「フランスのために帰ってくれ」と呼びかける……。それが毎日繰り返されるようになる。

石原　はあ……。

西村　「全フランスがドゴールを呼びにきた」とある伝記作家は書いています。第二次大戦前、フランスは対独防護用の「マジノライン」を作っていたものの、四十一歳のドゴール大佐は「こんなものは簡単に突破される。それよりも機械化部隊六個師団をつくらなければドイツに対抗できない」という『未来の軍隊』という本を書いた。その時、フランス軍の主流は「ドゴールは右翼だ、危険思想の持ち主だ」と相手にしなかった。その『未来の軍隊』を二百部購入して機甲化師団を研究したのはドイツ参謀本部だった。

石原　ああ、そうか。

西村　ドゴールの予言通り、開戦と同時にマジノラインは機械化部隊によって突破され、六時間後にドイツの機械化部隊がパリに侵入したのは有名な話です。戦後、大戦の英雄としてドゴールが政治家になり、六十七歳で「回顧録でも書く」と言って引退していたにもかかわらず、アルジェリア戦争の時、全フランスが彼に救国のために立ち上がってくれと呼びにくる。

その声に応えて彼は首相に返り咲き、大統領が強大な行政権力を持てるようにした第五共和政を発足させ初代大統領に就任した。そして八十近くまで大統領を務め、アルジェリア独立の承認、独自の核兵器保有等、「偉大なフランス」の名の下に独自の外交政策を推進しました。僕はドゴールのこの晩年の活躍を思う時、いつも石原都知事のことを想起するんです。

石原　ハハハ、いや、そんなドゴールみたいに大した存在じゃありませんよ、私は。

西村　永田町はもう「宦官」ばかりですよ。石原さんの「志」を実現するためには、ドゴールがパリではなくロンドンで「自由フランス」を誕生させたように、この永田町という宦官の場所を離れた別の場所から始めるべきでしょう。最早永田町から「志」は生まれようがない。

石原　永田町に「志」がないのは、その通りだな。そういえば、この前、週刊誌に「石原新党」云々って記事がよく載っていた時、日本テレビの氏家さんから、「おい、慎ちゃん、まさか自民党に戻る気ねえだろうな。戻らないほうがいいぞ」って言われてね。「戻るわけないでしょう」と言ったら、「国政をやるならアンシュルスだ、アンシュルスで行くんだぞ」とハッパをかけられた（笑）。

西村　アンシュルス……、ああ、一九三八年のナチ・ドイツによるオーストリア併合ですね。その心は自民党を乗っ取り、「石原新党」に吸収合併しろという意味なんだ（笑）。

〈『諸君！』平成十四年十一月号「殺ったな!! 〝拉致査察〟をやれ！」改題〉

「平和を愛する諸国民」という虚妄

対談者　中西輝政

対談者略歴

◉中西輝政／昭和二十二年、大阪府生まれ。京都大学法学部卒。英国ケンブリッジ大学歴史学部大学院修了。京都大学助手、スタンフォード大学客員研究員、三重大学助教授、静岡県立大学教授を歴任し、現在、京都大学総合人間学部教授、同大学院人間環境学研究科を兼任。著書に『アジアはどう変わるか』『回帰する歴史』『なぜ国家は衰亡するのか』『日本の「敵」』『いま本当の危機が始まった』『日本の「死」』などがある。論文「日米同盟の新しい可能性」で石橋湛山賞を、『大英帝国衰亡史』で第五一回毎日出版文化賞・第六回山本七平賞を受賞。

カネとウソで塗り固めた「平壌宣言」

中西　小泉訪朝は大きな失敗だったことが一層はっきりとしました。今回の金正日の「核居直り宣言」で明らかになったのは、小泉首相は実は訪朝の前から北が核開発を続けていることをアメリカから伝えられていながら、あの共同宣言に署名し国交正常化交渉に踏み切ったという事実です。

しかも、金正日との会談で「アメリカとの核戦争をやってもよい」と正面切って恫喝されていながら、小泉首相は帰国直後の九月十九日の講演で「北は核に関する国際的合意を遵守し、核査察を全面的に受け入れる、と言った」と全くのウソをついていたわけです。

西村　このウソは今や名物ともなっている「外務省のウソ」と比べてもはるかに深刻なものです。

中西　この余りのヒドさに驚いたアメリカは、ケリー国務次官補が北へ行って「核の継続開発」の言質をしっかり取った上で、これを発表し日本政府につきつけてきたのです。外務省と小泉首相がしゃにむに進めようとしている日朝の正常化交渉もこれで、実質的に頓挫したといってよいでしょう。あらかじめ〝経済協力〟を確約するような形でのカネとそういった一連のウソで塗り固められた小泉訪朝による正常化路線は、まさに「愚策この上なし」だった。従って国際政治においては、しばしば「力」が不可欠であるという自明の事柄がようやく日本人にも認識されるようになってきたのではないでしょうか。

西村　これまで日本国内では、「思い切って訪朝したから、北も拉致を認めた」として小泉訪朝を評価する向きもありましたが、これはひとえに今年一月、ブッシュの「悪の枢軸」批判演説があったからこそです。

中西　もし、アメリカの圧力と情報力がなかったら、日本のカネで北朝鮮を核超大国の座に押し上げる破目にもなっていた。そして、テポドンにウラン型原爆あるいは水爆が装備され実戦配備されていたら、間違いなく日本は滅亡の瀬戸際に立たされ、世界的危機が現実のものとなっていたでしょう。

このように、全てにわたってウソをつき話し合いだけでは二進《にっち》も三進《さっち》もいかない北朝鮮やイラクのような独裁国家に対しては、「力」を行使するぞと締めつけ強く抑止することが必要で、そうすることによって交渉も初めて進展するのです。

逆にそうした「力」を行使しなければ、独裁国家は増長し、最後には弱体な国に明らさまな侵略行為をためらわないようになるのです。戦後一貫して国際政治を〝話し合いによる平和〟というバーチャル・リアリティでしか見ていなかった日本国民も、この間のダイナミックな国際情勢の変動を目の当たりにして、従来の「平和を愛する諸国民の公正と信義に信頼」（憲法前文）といった幼稚な国際政治観や世界観の危ない歪みを根本から正すべきときがきたのです。

西村　「力」には軍事力の他に経済力や文化力なども含まれるでしょうが、やはり「軍事力」がその最たるものです。北朝鮮も今までテポドンやノドンを日本に向けて発射し、武装工作船を派遣するといった形で「力」をさんざん行使してきた。クリントン前政権は北に宥和的だったから、金正日も「アメリカの軍事力、恐るるに足らず」という態度でしたが、ブッシュが「イラクの次には北朝鮮を叩くぞ」という姿勢を取ったために、金正日もパワーゲームのやり方を変えて少々下手に出たといったところでしょう。

だから、核兵器開発のためのウラン濃縮計画を推進していることも、訪朝したケリー国務次官補に証拠を突きつけられて認めるしかなかった。

中西　今や日本外交のとんでもない「失敗の象徴」となりましたが、あの平壌宣言の文言にある「双方は、国際法を遵守し、互いの安全を脅かす行動をとらない」「双方は、朝鮮半島の核問題の包括的な解決のため、関連するすべての国際的合意を遵守することを確認した」という件《くだり》は、今やなんと空虚に響くことでしょう。日本の恥をこれ以上世界にさらすのを防ぐためにも、北の「核居直り宣言」が明白になったとき即座に日本の方から平壌宣言の無効を宣言し、国交正常化交渉の延期を通告すべきでした。

西村　その通りです。九月十七日以前に、アメリカ政府から「北朝鮮が核開発を継続している」との情報提供を受けていながら、首脳会談でその点を問いただすことも日本はしなかった。相手の言ったことを鵜呑みにし、相手が嫌がることは何も問いただささないから、こんなマヌケなことをしでかすのです。

そもそも、対北朝鮮外交の実務責任者が拉致被害者の消息を通告された平壌では「頭が真白になった」と帰国後に国会で告白して涙ぐむのですから、何をかいわんやです。

「力と情報なき日本外交」は自殺への道

中西　それにしても、今回の一連の流れから、日本人が戦後の迷妄を脱する大事な教訓が見えてきますね。まず、国際社会では大体の場合、**「太陽ではなく北風」**がより多く効果を生むということです。もし北へのアメリカの強圧がなければ、小泉訪朝で突走ろうとしていた日本は将来、金正日の核の脅しで国を失う破目に陥っていたはずです。日本は考えるだに空恐しいところまで行っていたのです。「力と情報なき日本外交」は自殺への道だということを今こそかみしめるべきです。

二つめの教訓は、これまで日本国内で「北朝鮮による拉致は存在しない」と主張してきた政治家、学者、マスコミへの**責任追及**を始めねばならないということです。とくにこういう手合いが過去どのような妄言を吐いていたか、徹底的に検証しておく必要があります。

二十年前に、産経新聞が初めて外国勢力による邦人拉致、工作船派遣を取り上げた時、私は欧州から帰国したばかりでしたから、すぐにピンときました。ヨーロッパでは、冷戦期にソ連や東欧諸国が西側（自由世界）の人間を安易に拉致誘拐することが日常茶飯事で起こっていたからです。ですから、同じ共産主義なんだから、金日成や金正日もソ連と同じことをやっている、いや彼らのことだからもっとひどいことをやっているはずとすぐわかりました。しかし何故、他のメディアや政治家たちはこの問題を真剣に取り上げようとしなかったのか。

西村　朝鮮総連の抗議が怖かったんでしょう。

中西　重要なことは、「拉致は存在しない」と言っていた連中が、その出発点としていた世界観や思想の根本的誤りをこの際はっきりと確認しておくことでしょう。例えば、土井たか子議員や朝日新聞、岩波の『世界』などは「平和憲法を守れ！」「九条の精神は永遠だ」と言いつづけ、「国家」「主権」「家族（共同体）」という言葉を忌み嫌い、それに対立するものとしての「市民」「人権」「個人」なる概念を擁護していましたが、そういう人々がそういう思想を抱いたがゆえに、北朝鮮による人権抑圧、拉致疑惑には無関心を決め込み、それは後回しにしてでも「国交正常化を一刻も早く実現しよう」と提唱していた。このことの恐ろしさを今こそ噛みしめるべきときです。

西村　そもそも、「国家」と「市民」、「主権」と「人権」、「家族」と「個人」は表裏一体の概念であり、ことさら対立するものとして分離しようというのは幼稚な考えですよね。それなのに、一方を「善」、一方を「悪」とみなしながらも、彼らは、北朝鮮が世界最悪の人権破壊国家であり、そこには「市民」「人権」「個人」も皆無だという事実を指摘することさえしてこなかった。そのくせ、自分たちは〝人権を愛する平和主義者〟と自称していたのだから、頭の中は完全に精神分裂的であったというしかない（笑）。

中西　いま彼らは、これまで拉致を否定してきたことに関しては、金正日同様に狡猾な軌道修正をして、「悲惨な結果」を嘆くフリをしています。しかし、その舌の根が乾かないうちに、日朝平壌宣言に書かれているように、「不正常な関係にある中で生じたこのような遺憾な問題が今後再び生じることがないよう」一刻も早く国交正常化を実現しよう、と言いだす始末です。今回、正常化交渉をともかく進めるべし、といっている人に限って、従来、「拉致など存在しない」とか、拉致問題そのものを脇へ押しやろうとしてきた人達ですね。

しかも彼らの中のもっと無原則な連中は、いま金正日の「核の居直り」が明らかになったら、今度は「正常化を急ぐな」と言い出している始末です。私は数年前、『北朝鮮と国交を結んではいけない』という本を編んで金正日体制の根本的な危険さを指摘して、うかつに「正常化」に乗り出すのは〝底なし沼〟にはまることだと言いつづけてきたのですが、どうも今の日本はそうなりつつありますね。

拉致や核をめぐる今回の経験から汲みとるべき三つめの大事な教訓は、**間違った「歴史の贖罪意識」**が、今やこの国の安全と国民の生命をおびやかす事態につながるという点です。相手が北朝鮮や韓国・中国となると、あらゆる内政干渉や主権侵害も耐え忍ぶべき、という戦後日本人の態度が拉致の悲劇を大きくしたことは明白です。そもそも今や誰ひとり反論しえないのは、日本統治下における北朝鮮の住民の方が、現在の金正日体制下よりはるかに幸せな暮らしをしていたということです。少なくとも餓死しないだけの食糧がありました。平壌宣言では、「過去の植民地支配によって、朝鮮の人々に多大の損害と苦痛を与えた」と書いていますが、「多大の損害と苦痛を与えた」のは、日本ではなく金日成・金正日政権の方です。

「強制連行」云々にしても、当時の法律に基づく労働上の徴用であって、他国の主権を正面から侵害し他国民を恣意的に頭から袋をかぶせて拉致するのとは全く異なる話です。それを同列視するのは、北朝鮮の罪悪を相対化し過小評価させるための卑劣なトリックでしかない。

またこの贖罪意識が、日本人に人権や民主化という点で、北朝鮮や中国の現状に目をつぶらせてきたのです。本来なら、ソ連崩壊後、日本がアジアにおける人権抑圧国家の実情を内外にアピールし、その改善を要求することを率先してやるべきだった。北朝鮮でも拉致された日本人を含めて未だに二千二百万人の人権が長期間蔑ろにされている。本来、その改善なくして国交正常化などありえないし、経済支援もやってはいけないのです。

ともかく今からでも遅くないから、北への宥和政策を支持していた政治家、マスコミ、学者文化人の言論責任を徹底的に追撃することによって、日本の対北朝鮮政策を転換、再構築していく必要があるのです。

「拉致問題解決」＝「打倒金正日政権」なり

西村　おっしゃる通りです。ところが、「九・一七」以降、従来の「拉致否定（懐疑）派」は、「拉致軽視派」に転向し、「情においては、金正日は許しがたいが、理においては、今回の日朝首脳会談は成功であった、だからこそ生存していた五名は日本の土を踏むことが可能になった」などと言いだしている。

しかし、その五名の滞在中の言行はどうでしたか。家族を北に残していることもあるにせよ、金日成バッジをつけ、戦前の日本の植民地支配は批判するものの、北朝鮮の数々のテロは「でっちあげ」と言う人もいた。他の拉致された日本人のことは黙して語らず、横田めぐみさんのことだけは懐柔策の指令があるのか、こぞって語ろうとする。彼らの「人権」「言論の自由」が、子供を人質にしている北朝鮮当局によって制限されていることは自明ではないですか。

左翼、容共リベラルでないはずの政府や一部言論人にしても、「拉致問題の解決を図るためにも国交正常化交渉による話し合いが大事だ」と言う。しかし、こういう人々は、議会によるチェックもなく、核兵器を保有し、ミサイルという運搬手段を持ち、自国民の一割が餓死してもなんら痛痒を感じない独裁者・金正日に、経済協力という形で大量の資金を与えるレールを平壌宣言によって敷いたことが善なのか悪なのかすら理解できていない。

そもそも日本人拉致を命令したのは金正日に決まっているのに、その張本人に拉致問題の解明を求めるのは矛盾そのものでしかない。従って、**「拉致問題解決＝打倒金正日政権！」**なのです。ルーマニアのチャウシェスク政権や東ドイツの共産主義政権が打倒されて、初めて旧政権の恐るべき人権弾圧の実態が明らかになったことを想起すべきです。

中西　同感ですね。これだけ実態が明らかになってきたのですから、いまや金正日政権の延命に、日本が手を貸すのは明らかにテロ支援にあたり、さらに言えば「ホロコースト的犯罪」への共犯者になるとさえいえます。

西村　それと、夫婦別姓推進論で典型的に見られるように、「家族解体」こそが善で、一人ひとりが「国家」や「家族」に縛られない「個人」であるべきだという議論が最近は盛んですが、そういう愚論の薄っぺらさをさきほど中西さんも指摘したように、今回の拉致問題ははしなくも明らかにしてくれた。なぜなら、家族の紐帯があったおかげで、何十年にも及ぶ「別離」にも耐え忍べたからです。

中西　「死んだ」とされた有本恵子さんや横田めぐみさんのご両親たちの娘を思いやる気丈なふるまいはテレビを通じて多くの国民に感動を与えたと思います。

西村　今年の春先に、某自民党代議士が、有本さんのお母さんに「自分はあなたを（拉致された娘の）恵子さんに会わせようとしていたんですが……」「救う会など関係者の言うことと、私の言うこととどちらが信じられますか」と誘惑の手を差し伸べたことがあった。その際も、「私どもはとにかく拉致された家族みんなで力を合わせて、子供たちが帰れるように一生懸命やってるんですから、私の子供だけ先へ帰してもらってなんて、そんなことは決して思ってません。帰れるのなら、みんな一緒だと思ってます」と有本さんはぴしゃりとはねのけています。

横田めぐみさんのお母さんも、九月十七日夕方の記者会見で、「いずれ人はみんな死んでいきます。めぐみは犠牲になり使命を果たした、濃厚な足跡を残したと思うことで頑張ります。でもまだ生きていることを信じ続けて闘っていきます。めぐみを愛して取材してくださった皆様に心から感謝します」と述べています。

一刻も早く逢いたいという「情」を抑え、「理」を追求しておられたのです。

その毅然とした姿勢に比べて政府はどうだったか。小泉首相は、拉致問題に関する外務省等のアフターケアの不備に国民の怒りが高まっていることを痛感したからでしょうか、帰国してからすぐに家族に会うこともせずに九月二十七日まで引き延ばしましたね。その日の面会に私も同席しましたが、気力が失われているのか彼の体が縮んで見えた。また、小さな声で「国際情勢の変化、ロシアや韓国やアメリカのおかげで拉致問題も前進しました……」と自画自賛して喋るので、私は「首相、それだけじゃないですよ。あなたの目の前にいるご家族のみなさんの『力』があってこそなんですよ。それなくして拉致問題の前進はなかったんですよ」と思わず発言しました。

中西　ほんとその通りです。日本には軍事力も外交力もないけど、その**家族の「力」**だけはあった。それは素晴らしいことです。あそこに「日本」がかろうじてあったといえます。これがなければ、日本の対北朝鮮外交は全面的敗北を喫していたでしょう。それに、西村さんたちの拉致議連も重要な役割を果してこられました。

西村　私は、政府や外務省が喪失している「国家意識」を家族たちがちゃんと持ち、なおかつ自分の子息を思う「家族意識」を被害者同士で連帯して持ちつづけている姿には感銘を受けると同時に、日本人としての無限の誇りすら感じました。どっかの国の人なら、自分の肉親が殺されたと聞けば、怒りのあまり、テレビカメラの前で床を転げ回って泣き叫ぶでしょう。生きていたときけば、思わず一人万歳をするかもしれない。しかし、我々は日本人です。歓びも哀しみもどんなに深いものであっても控えめに表現する民族なのです。

それにつけても、家族たちの苦悩を救うために国家や一部マスコミがどれほどのことをいままでしてくれたのか。その反省もなく、相変わらず「国交正常化」というゴールしか見ないで国際情勢を分析する能力もなく盲進しようとしている。

「九・一七」の時だって、外務省は、前日の段階では北朝鮮の出してきた拉致情報はホットラインで瞬時に家族に告げると約束していました。ならば当日午前十時の段階で、「北朝鮮の発表によれば、八人死亡、四人（五人）生存」と即刻伝えてくるべきなのに、夕方五時前まで怠った。その理由は、明らかに日朝平壌宣言に署名するのに邪魔になる情報で直ぐに伝えるのは拙いと判断したからに違いない。

帰国してから発覚したマツタケ疑惑にしても、そうした情報操作の上、平壌宣言に署名もして一安心となり、国交正常化レースも半ば過ぎとの思いだったからこそ気楽に受け取ったわけでしょう。

小泉首相は金正日と外務省の〝操り人形〟

中西　マツタケ騒動や「死亡リスト」の死亡年月日の隠蔽工作にしても、要するに金正日政権と外務省との癒着構造を国民は今こそ直視すべきです。

そもそも、野中広務、中山正暉、土井たか子、加藤紘一といった官房長官、衆議院議長、防衛庁長官など国家中枢の要職を歴任している政治家が、北朝鮮とあそこまで癒着していたのも、元をただせば、外務省、とりわけ**アジア大洋州局**のもってきた**「売国的」体質**と無関係ではないと思います。

日本の進路を歪めてきたそういった政治家がようやく表舞台から〝掃除〟されつつあるのは慶

賀の至りですが、今や外務省アジア大洋州局こそが日本外交の最大の恥部として浮上してきました。昨年五月の金正男に対するご丁寧極まる北京経由の「お見送り」などは北朝鮮や中国との完璧な癒着構造なしに考えられない水際立ったものでした。あの時、インテリジェンス活動にも関与したことのある英国の学者が、「日本政府や外務省内部の高いレベルに、北朝鮮や中国と深い繋がりのある複数のエージェントが入っているから、こんな奇妙なことをしでかすのではないか」とメールを送ってきました。情報問題の専門家なら誰でも感じる、当然の疑問です。

また「アジア局的嘘」も今や黙視できないところまできました。昨年三月、「つくる会」の教科書が検定中だというのに、その内容が中国に漏れ、「不合格にせよ」と要求してきた事件がありました。この明白な内政干渉に対して、当時の槙田邦彦アジア局長は、「(内政干渉とは) 国際法上、他の国家が自由に処理しうるとされている事項に立ち入って、強制的に相手国を自由に従わせることであり、(中国等の要請は) 内政干渉に当たらない」と国会で答弁しました。どこから見ても内政干渉そのものなのに、これは国際法の曲解も極まれりという妄言です。

西村　昨年末からの懸案だった北朝鮮工作船引き揚げに関しても、外務省は国際法のプロ集団なのに、「中国の排他的経済水域だから了解を得ることなしに勝手に引き揚げることは出来ない」とさんざん嘘を言いふらした。それがばれた後も、恣意的に引き揚げを延ばし延ばし、小泉首相に訪朝の際の取引材料すら与えようとしない外務省は確かに北朝鮮の手先、傀儡とみなされても仕方がない。

中西　子供騙しの「アジア局的嘘」が政界にも氾濫しているのです(笑)。そして、今年五月の藩陽事件で、阿南大使の「脱北者は相手にしない、皆追い返す」という方針は、明らかに「平壌」「北京」「外務省アジア局」という〝悪の枢軸〟が水面下で形成されていたからこそだと私は見ています。

あのビデオテープが無ければ、この枢軸はもっと強化されていたでしょう。今度の日朝首脳交渉にしても、田中均アジア大洋州局長が平壌と完全に仕組んだことであって、小泉首相はシナリオ通りに演じさせられたに過ぎない。

西村　それを知ってか知らずか、首相は、「私が席を立って交渉を決裂させれば解決するんですか！」とか「自分が思い切って訪朝したから拉致被害者の安否が分かったんだ」と主張しています。

中西　先月号の本誌で萩原遼さんがうまいことを言っている。「自分が平壌にのりこんだから『拉致』が明らかになったではないか」という小泉首相は、**「自分がトキをつげるから太陽が昇ると思っている愚かなニワトリ」と同じだ**と。まったくその通りで、平壌宣言は外務省と北朝鮮の馴れ合いによって予め文案も決定されていたわけで、あれでは誰が訪朝してどんな交渉をしても同じ結果になったはずです。その規定のコースに乗せられただけなのに、あたかも自分のイニシアティヴが拉致問題の前進を招いたと厚かましくも誤解している。

西村　小泉首相は、単なる外務省の操り人形、ダミーでしかなかった。いや、その外務省自身が金正日の謀略に操られたに過ぎない。

例えば、拉致を認め、謝罪をしたことが、あたかも日本外交の得点だとされているけれども、平壌宣言にはそんなことは一言も書かれていない。先月号の石原さんとの対談でも指摘しましたが、金正日は首脳会談前にプーチン大統領とウラジオストックで会談している。その時、プーチンが金正日に、日本から金をむしり取る方法を伝授したのではないか。何しろ、ロシア、ソ連はシベリア抑留で日本人を十数人どころか六十万人以上拉致して十万人弱は殺した国です。それにもかかわらず、九三年にエリツィンが来日して天皇、皇后両陛下との会見等で「日本とロシアの間には不幸な期間もありました」「ロシアの土地で多くの日本人が亡くなられたことに深い哀悼の意を表します」と、金正日同様口頭で謝罪してみせたら、あっというまに、橋本内閣は外務省主導の下、一兆円近くも「献金」しムネオハウスを作ってさしあげることになった。「その手法を見習え」と囁いたんじゃないですかな。

中西　まさしくそうでしょう。あの時のスピーチは、わずか数秒のコメントでしかない。頭は下げましたが、悪いのはスターリンだと個人に罪をなすりつけて、国家としての補償責任は何ら答えずほおかむりしただけです。にもかかわらず、人のいい日本人は、あれで一件落着にしてしまった。

でも、こういう手法はどこの国もやっている。ドイツの場合、ヴァイツゼッカー大統領の「過去に目を閉ざす者は現在にも盲目となる」といったスピーチや、ブラント首相がワルシャワの旧ユダヤ人ゲットー記念碑前で跪いて謝罪したのも、所詮は表向きのポーズというか、巧みな計算と演出に基づく戦略的謝罪です。

西村　そういえば、エリツィンは靖国神社に社頭参拝などをしたこともある。江沢民よりはマシな奴ですがね（笑）。

中西　あれも戦略的参拝かもしれませんよ。しかしそうした行為が、国家間の対立問題の禊《みそぎ》となり補償問題をタダでうやむやに済まし解消することになって国益に叶うのだったら、その国にとっては戦略的には間違った行為とはいえないかもしれません。しかし、これはとても重要なことですが、日本人は当然ながら「謝罪は心からするもの」と思っていますから、うしろで舌を出しているような謝罪ならすべきでないのです。そこが日本のアイデンティティというか、「誠の心」なのでしょう。ところが、「村山談話」以来の日本政府の謝罪はこの点を無視して、うるさく言われるから「謝って済むんなら」という発想の所産でしょう。先にも言いましたが、金正日政権に日本が謝罪するなど、まさに歴史の冒瀆そのものでしょう。

それすらもしないのが、中国や北朝鮮といった共産圏です。例えば、両国は朝鮮戦争における加害者責任を韓国に謝罪したことがない。韓国も、相手が日本ならば何百年も前の秀吉の「朝鮮出兵」にまで文句を言うのに、五十年前に北を助けて韓国を侵略した中国に対しては、九二年に国交正常化をした時ほんの半世紀前の「朝鮮戦争」の賠償も謝罪も中国に要求していない。だから、さきほど言ったように、我々は近現代史に関する「歴史論争」をやる時には、こういう点を韓国、北朝鮮や中国にも突きつけるべきなんです。
拉致にしても、これはある種のテロ行為であり、**国際法的には戦争行為**に相当します。ヤクザの喧嘩で、相手を車に連れ込んで山の中に放り投げるのとは、同じ「拉致」でも意味合いが異なるのです。国家機関が武力をもって他国に侵入し、その国民を拉致し殺害したとなれば、十分に宣戦布告をする理由に該当するのです。

西村　ところが、そんな「国際法」を遵守するという感覚は外務省には皆無でしょう。何しろ北の「八人死亡」という通知を、さも権威あるもののように扱い、そのまま丸投げで確定した動かし難い事実のように家族に伝えた。というのも、槙田流に「たった十人のことで、日朝国交正常化交渉が止まっていいのか。拉致にこだわり国交正常化交渉がうまくいかないのは国益に反する」と考えていたため、北も拉致を認めたのだから、「これで一件落着にしよう」と、北朝鮮と外務省が共作でシナリオを事前に書いていたからです。
しかし、冒頭でも指摘した通り、北朝鮮は、自らの核開発凍結を定めた九四年の米朝核枠組み合意を、アメリカに対しても突如として「無効」と宣言する国です。いわんや、日本相手の平壌宣言など屁でもないと感じている。あれは、あくまでも軍事委員会委員長の金正日が、〃ミサイル発射はしばらくはしないつもりだ〃等と表明しただけであって、北朝鮮国家そのものを拘束する文書ではないとみなしているでしょう。だったら、日本も小泉首相の次の政権は平壌宣言は「無効」と宣言すればそれでいい。国交正常化交渉も経済協力も白紙に戻せばいいんです。それこそお互い様ですよ。

内外で声価高めた安倍晋三副長官

中西　ところで気掛かりなのは、北の謀略につらなる動きが首脳会談以降も継続して行なわれていることにどれだけの日本人が気づいているかです。

例えば、とりわけ首脳会談当日や直後においては、「公正中立」を旨とするテレビ各局に登場した朝鮮問題専門家と称するコメンテイターの顔ぶれは、はっきりいって北と癒着している外務省アジア局推薦の面々が軸になっている。恐らく、小泉首相の支持率を高めることにしか関心のない首相秘書官あたりのマスコミ工作もあっての「成果」だったんじゃないでしょうか。彼らは、外務省の主張通り、異口同音に「八人死亡は悲惨な結果であるけれども、日本の安全保障に係わるミサイル問題や工作船問題では北は大きく譲歩したからこれは大変な成果だし、視野を広く持って北東アジアの安定強化のためにも国交正常化交渉を進めていくべきだ」といった類のことを手をかえ品をかえて述べ立てていたのです。こんな手合いは、いま金正日の「核開発継続」という居直りに直面して何と言って糊塗するのでしょうか。見ものですね。

総合雑誌にも、ほんの「枕詞」として拉致被害者に同情しつつも、首脳交渉そのものは「戦後日本外交史に残る成功」、「日本の国益にとって大きな成果」、「東アジア戦後国際関係史に新たな一頁を開くもの」といった絶賛調の論文が「外務省御用達」の学者の筆になって登場する始末です。

西村　正確には「日本がテロ支援国家になるレールを敷いた、戦後日本外交史に残る汚点」と評価すべきです。

中西　こういう風に、小泉訪朝直後は外務省主導型の一種のマスコミ「洗脳工作」が行なわれたために、国民も拉致被害者に同情し国交正常化交渉の拙速を戒めつつも、小泉訪朝を一定の支持率の高さで評価するといった奇形的状況が一瞬現実のものとなりました。しかし、今回の「核居直り」がはっきりして小泉支持率も大きな低落が始まってくるでしょう。

そもそも「外務省アジア局」を事実上サポートしてきたのが、福田官房長官ですね。彼は靖国懇などでも配下の学者グループを駆使して一定の方向に世論を導こうとしていますが、同様の手法を日朝首脳会談直後の世論操作に活用したのは間違いない。田中均のような一外務官僚が官邸を牛耳れるわけがなく、福田長官が万事、国益に係わる重大問題に余計なクビをつっこんできて、日本の国益を基軸に考える外交の推進にブレーキを掛けてきたのです。

他方、内外で声価を一層高めてゆくのは安倍晋三官房副長官でしょう。外務省や小泉・福田コンビが日朝交渉で一貫して疎外してきた安倍氏が、拉致家族からも国民からも、そしてアメリカからも大きな信頼を得ているのは当然のことです。日本の主権や拉致被害者の人権のためにはっきりモノを言うので、国民は皆、**「福田よりも安倍」**ということで評価は完全に定着してきましたね。

家族への「死亡」「生存」通告にしても、九月十七日に、家族を飯倉公館まで呼びつけて「えー、ただいまから報告します。浜本富貴恵、生存……」と福田長官がメモを事務的に読み上げながら家族に伝えたのですが、その素っ気ない官僚的な対応が批判されましたよね。彼もまた外務官僚同様、もう「一件落着」のつもりでいたし、日本人が重大な「人権侵害」に遭い日本国家が明らさまに「主権侵害」されたという思いが彼にはそもそもないから、万事、事務的に淡々と伝えてしまい反発をかったわけです。彼は別にマルキストでも左翼でもないでしょうが、それよりも始末の悪い存在ですね。「国益」「国家」という概念がすっぽり欠落している。

西村　国家の台所を預かる男が、国家の何たるかを理解していないのです。「プライベート・ライアン」という第二次大戦のヨーロッパ戦線を扱った映画では、部下の死亡をその母親に伝えるために、戦闘部隊の高級指揮官がわざわざ両親の住む実家まで赴いていくシーンがあります。国家が、国家のために命を賭けてでも行動することを国民に要求するならば、国家は国民のために相応のアフターケアをする義務がある。アメリカはそれをちゃんとやる国ですよ。大東亜戦争では「軍事力」だけではなく、この「総合力」に我々日本は敗北したとも言えます。

戦後の日本は戦争をしないことになり、人命尊重が掛け声になっているものの、拉致された人は、戦争でいえば「捕虜」です。その「捕虜」の人命を救うために、日本という国家が積極的には何もしないでいて、ブッシュの〝援助〟を受けてやっと一部原状回復が出来たわけですが、情けないにもほどがある。

「昔陸軍、今外務省」

中西　福田長官の父親は福田赳夫首相でしたよね。総裁選挙で角栄に敗れるまでは立派な国家観のある政治家だったのに、七七年九月のダッカ事件で日本赤軍のハイジャック犯の理不尽な要求に対して、「人命は地球より重し」といって刑務所にいたテロ犯罪者を超法規的に釈放したことがある。しかし、「国家主権」を蔑ろにする者は必ず「人権」を無視するんです。なぜかというと、「国家主権」は「人権」を護るために生まれてきた制度そのものだからで、「国家主権」があって初めて「人権」が護られて存立するというのが近代国家システムなのです。

従って、今回の拉致事件のように、「国家主権」がしっかりしていないからこそ、国民一人ひとりの「人権」が侵害されるのです。考えてみると、まさに七七～七八年ごろから日本海沿岸での北朝鮮の拉致が猖獗をきわめるのですが、あのころから日本の国家が大きく崩れ始めていたんですね。その行きついた先が九〇年代で、拉致の事実が状況証拠によってほぼ判明していたにもかかわらず、強硬に取り戻すこともせずに、逆にご機嫌取りの如くコメを何十万トンも貢ぐようなことを外務省はしてきた。

本末転倒もいいところで、こんな簡単な理屈が、政府も野党の政治家もマスコミも分からずに、日本という国をなぶりものにしてきたのです。「人権」や「主権」を初めから放棄しているので、北朝鮮のようなならず者国家と「奴隷のような友好関係」を結ぶことを、「正常化」と称してひどいウソをついてでも求めるようになるわけです。外務省アジア局などはそれでいいと思っている。何しろ、日中関係がすでにそうなりつつあるわけですからね。

とにかく安倍氏を除いて政府や外務省には国益を擁護していこうという自発性がこれっぽっちもない。土井たか子率いる社民党が朝鮮労働党のいいなりになっていたと同様に、外務省も今や完全に向こうのいいなりで、ついに小泉首相まで乗ってしまった。これでは、アメリカが怒るのも当然です。

例えば、「死んだ」という人達の情報を求めて、外務省が調査団を派遣したら、「死因は水死、交通事故、中毒死。洪水で墓は流出し遺骨はなし。唯一残っていた遺骨は二度焼いた……」。こんな杜撰な答えがありますか。普通の国の外交官なら、「バカにするな！」といって、それこそ席を立って帰国するのが当然です。行間に「本当のことは言わない。拉致はこれでもう決着済みだ」と言っているも同然でしょう。今回明らかにされた拉致被害者以外にも数十人は拉致されていると警察も見ているというのに、「もうこれにて打止め」という態度です。にもかかわらず、小泉首相は「北朝鮮も誠意ある回答を示してきた」という。冗談じゃない。この報告書一つで、国交正常化交渉は延期すると明言すべきです。

西村　度し難い愚かさというしかありませんな。

中西　アメリカならずとも、普通の国なら、こんな傲慢な態度を取られれば北朝鮮周辺の海域に艦隊を派遣しますよ。あるいは海上封鎖をするなり、例の**「大きな不審船」**と言われる**万景峰号**の新潟入港を禁止し在日資産を凍結するのが国際常識として当たり前です。

西村　拉致を認めたといっても、田口八重子さんが「李恩恵」の朝鮮名で金賢姫の教育係を務めていた事実はないとしている。つまり、大韓機爆破事件についても無関係だと未だに主張している。有本恵子さんらの欧州からの拉致は本人の同意の下に連れてきたという。そして横田めぐみさんたちの拉致を指摘した安明進証言を何とか否定しようと相変わらず弥縫策を取っている。そうしないと拉致指令が金正日によるものであった事実が暴露されるからでしょう。

中西　よど号犯のことにも触れていない。せめて、日本の国法を犯して逃亡しているテロ犯罪者の引き渡しを条件に国交正常化交渉を再開することぐらい求めるべきだった。

それにつけても、拉致された五人が帰国するチャーター便に、向こうのスパイ、官憲、監視役でしかない「赤十字」関係者二名を同乗させるのも主権概念が欠如している証拠ですが、外務省アジア大洋州局はもはや「日本のスキャンダル」そのもので、反国家的集団であるといっても過言ではないくらいです。

そのいい例があります。よど号犯の妻で、有本恵子さんを拉致する役回りをつとめた八尾恵が懺悔の意味をこめて『謝罪します』という本を書いている。それを読んで唖然としたのは、一九八一年によど号犯の夫（柴田泰弘）と一緒にマレーシアのペナン島に行き、そこにある日本領事館でパスポートの更新をしようとした時です。書類を提出した後、しばらくして、ある日本人がやってきて「あなたは日本赤軍の人ですか」と聞いたという。恐らく領事館関係者が、本省から旅券番号が日本赤軍のものと似通っているから調べろと言われてそんな質問をしたのでしょうが、あまりにもマヌケな質問というしかない。当然、彼女は自分だけでも旅券を返してもらおうと、領事館に行くと、「ご家族の方もすごく困っておられるみたいで、早く（日本に）帰してくれと言われてます。出てから五年になるという話じゃないですか……縄で結わえて捕まえておいてください、今から迎えに行きますからとご家族の方が言われているんですよねえ」と窓口の担当者が言う。

これではパスポートの更新はしてもらえないと判断し、返してもらった翌日にはシンガポールに逃げるのですが、空港から領事館に電話をして「これからちょっと旅行をして日本に帰ります。両親にも手紙を出しときました。心配をおかけしました」と言うと、「それは良かったですねえ」と領事館はほっとしている様子だったという。

もしこの通りなら、外務省はよど号犯人をわざと取り逃がしたといっても過言ではないし、最小限この時、八尾を旅券法違反でも何でもいいから逮捕していれば、後年の有本恵子さん拉致事件も起こらなかったのです。

西村　犯罪者の人権に配慮をして、みすみす取り逃がすなんてマンガ以下ですな。

中西　これからは、防衛庁や警察、法務省や海上保安庁も外務省には全く遠慮をせずに、領土・領海の保全、国内の治安、邦人の安全確保のためならどんどん前向きにやってほしい。例えば、万景峰号への立入り調査や朝銀の不正融資の捜査などは独自の判断でどしどしやるべきです。一々外務省にお伺いをたててその判断をあおいでいたら、「国家主権」や国民の生命、「人権」、日本の治安はボロボロになってしまう。

西村　大賛成です。「李恩恵＝田口八重子」問題にしても、当時の外務省はぶつぶつ文句を言っていたものの、警察が完全な捜査をやり北の拉致に間違いないということで独自に発表しました。

私が石原慎太郎さんと一緒に行った尖閣列島にしても、上陸することに難癖をつけるのは外務省ですよ。日本人が日本の領土に立ち寄るのに何の問題があるのか。そのくせ、海上保安庁の巡視船が、領海を侵犯する中国人漁船に警告を与えるだけで拿捕や逮捕をしないのも、すべて外務省の差し金によるものです。もはや、**「昔陸軍、今外務省」**というしかない。

日本は眠り続けるのか！

中西　この前、ケリー米国務次官補が北朝鮮に行く前に日本に立ち寄った。当然、拉致問題や核査察に関して政府首脳や安倍官房副長官らとの会談を設定すべきところを、話し相手はカウンターパートの外務官僚だけでいいといわんばかりに、田中均局長などが「副長官はお忙しいので……」と嘘を言ってまで邪魔をする。

さらには、今回の日朝首脳会談などのように安全保障に深く関わりがある場合の事前打ち合わせにしても、防衛庁関係者、自衛隊制服組が蚊帳の外に置かれたのも、外務省のひどい横やりがあったからです。彼らの頭には、「国益」はなく「省益」しかない。機密費問題にしてもムネオハウスにしても、そういう「省益」固執の態度がルーツとなってスキャンダルが発生していったのですが、事は国家の命運にかかわる問題ですから、これ以上の外務省のゴーマンは許してはならない。

今回の拉致問題にしても、外務省からは完全に独立し「国益」の観点から外国情報を収集し分析する「情報機関」があれば、もう少しマシな結果となっていたでしょう。又、もし二十年前に「スパイ防止法」があったら、拉致事件は起こらなかったか、起こってもずっと早く解明されていたはずです。何度でも言いますが、「情報機関なき国家」は、常に外交では敗北するのです。ですから、外務省とは全く別立ての国家的情報機関が是非必要で、また一刻も早くスパイ防止法を制定しなければいけません。拉致された人達の安否にしても、死亡原因の追及にしても、その程度のことは、首相がわざわざ訪朝せずとも情報機関が事前に摑むのが普通の近代国家です。幾ら相手が独裁国家とはいえ、今や特殊工作員や政府高官の亡命者も多数いるのだから、本格的な情報活動をやっていれば拉致被害者の現況ぐらいずっと前にわかっていたはずです。

西村　スパイ防止法に加えて有事法制も必要になるでしょうが、その亡命者たちの拉致に関する証言を「真に受けるわけにはいかない」と、阿南のような外務省高官が公言していたんですから処置なしです。

中西　そのくせ、金正日の言うことは未だに信じようとしている。首脳会談直後にも、「拉致問題は残念な結果になったけれども、なにはともあれ、平壌宣言によってテポドンはもう日本に飛んでこない」という趣旨のことを書いている外務省御用達の大学教授がいました。

西村　愚の骨頂ですな。**平壌宣言**は調印一ヵ月で、北朝鮮が核開発継続表明したことによって、**海底の藻屑のようなもの**になってしまった。独裁者の語る「平和」ほど虚しいものはない。

過去に、その言葉を信じた者は滅亡寸前までいっている。民主党出身でリベラルと思われている元アメリカ大統領のJ・F・ケネディの学位論文は「イギリスはなぜ眠ったか」（Why England Slept）というものでした。一九三〇年代、目の前の敵ナチスドイツに対して、チェンバレンが選択した宥和政策を分析し、その背後に民主主義の脆弱性を見破った若き学徒は、一九四〇年にこう書き、独裁国家に対する日頃の軍事的備えがいかに重要であるかを指摘しています。

「私は英国の体験を看過することができない。いまや（ヒットラーのポーランド侵攻によって）世界は震憾され、アメリカも覚醒された。過去において我々は防衛のために金を出すことを躊躇してきたのであるが、アメリカの場合も、イギリスのデモクラシーが眠っていたのと同時に、アメリカ民主主義制度が眠っていたという事実から誰も逃れる事は出来ないであろう」

「我々にとって必要なことは、火災が発生しないために、いつでも武装してガードを固めるべきだということで、火災発生を防止できるような軍備を行なえということにある。我々は英国の教訓から利益を得て、デモクラシーをもっと役に立つ制度にすべきである。すぐやろうではないか。政治のシステムに〝活〟を入れようではないか」

日本は金正日の微笑みに騙されて、まだ居眠りを決め込んでいる。しかし、小火《ぼや》はもう発生している。大火災になる前に消火しなければ日本の民主主義も滅びるんです。当時の英国にナチスを礼賛する「第五列」（スパイ）がいたのと同様に、日本国内にも北朝鮮の傀儡が政界、マスコミにはびこっている。後世の歴史家が「日本はなぜ眠ったか」と書くことのないよう、今こそ声を大にして北朝鮮、金正日の嘘と罠に、拉致された被害者家族を見習い、「理」をもって対抗しなくてはいけません。

その後大統領になったケネディが、ベルリン危機やキューバ危機で見せた共産主義者に対する毅然たる対応と決断を日本の指導者も学ぶべきです。

中西　そのためにも、先ずは外務省に〝活〟を入れようではないですか（笑）。

〈『諸君！』平成十四年十二月号「目醒めよ、日本！　金正日の罠」改題〉

第三部

僕の生い立ち

昭和24年8月、母に抱えられて（左はすぐ上の兄、勇三）

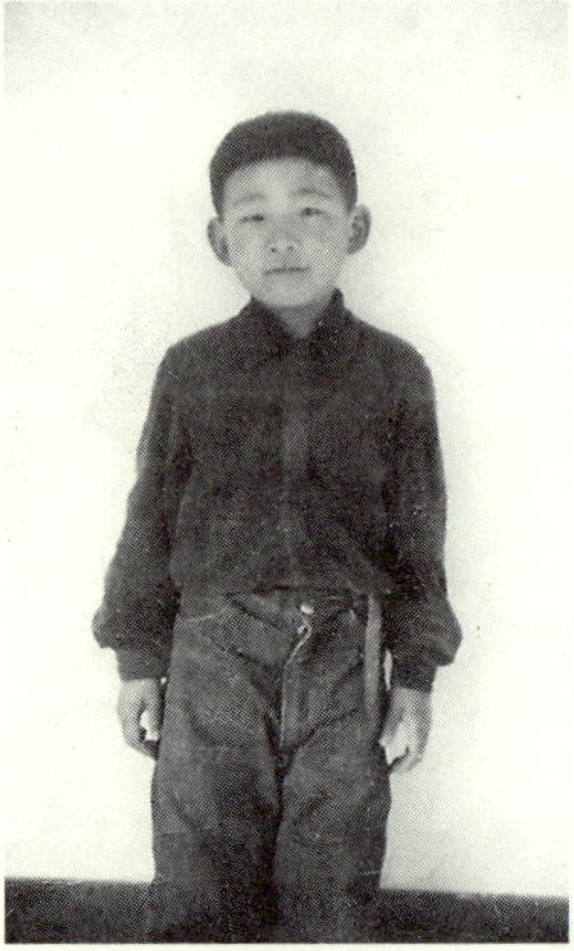

小学二年生のころ、結婚した姉の住むアパート前にて

昭和26年正月元旦（右が僕）

四歳のころ僕はカトリックの幼児洗礼を受ける。明治生まれの両親は二人とも洗礼を受けた。明治生まれは純粋に西洋の精神的なものを受け入れようとした世代だと思う。しかし、両親は神社にも寺にも参ることを当然とした日本人だった。僕は洗礼を受けたおかげで、十代になって作家の遠藤周作がいうようななやみを体験した。つまり身体に合わない洋服を着せられているような違和感である。そして僕は今でも聖書を時々読んでいる。「常に喜べ、絶えず祈れ、どんなことにも感謝せよ」という言葉は手帳に書いている（昭和26年8月15日）

幼稚園時代、家原寺の山にあったお地蔵さんのほらのなかで（一番前が僕、右が長兄。現在、山はなく宅地となっている）

中学時代、就学旅行先の門司駅頭で

高校三年生のとき、禅坊主の修業をした。おかげで受験勉強不十分で浪人する

京大時代、大文字山にて

中学時代、今は亡き恩師の福原公雄先生宅で正月を祝う（前列、福原先生の右隣が僕）

二十歳のころ、父上と

同じく母上と

弁護士時代、家族で写真を（平成元年）

生まれたとき

昭和二十三年七月七日午前六時頃、僕は生まれた、と母が僕に語ってくれた。

その頃、僕の一家は、堺市上野芝向ヵ丘町という丘の上の田舎の住宅街に住んでいた。その丘から、下り坂をおり月見橋をわたってまた坂を上ったところに、国鉄阪和線上野芝駅があった。大阪市の天王寺駅と和歌山市の和歌山駅が両端の終点であったから、阪和線といった。上野芝駅の天王寺よりの次の駅は百舌鳥駅で、和歌山よりの駅は鳳駅だった。この百舌鳥から上野芝を経て鳳に向かう線路の左右に民家はなく、田圃と畑と御陵と倍塚の森が点在しているだけであった。母は、この阪和線の終点天王寺駅近くの産院に入院して僕を生んだという。

母によると、僕は六月中に生まれるはずであるのに、暑い中おなかの中に居座り、この世に生まれてくるのを遅らせていたという。母は手持ちぶさたに散歩したりして、六月から産院で過ごしていたのだった。

そして、七月七日の朝に生まれた僕は、さっそく産婆さんに産湯に入れてもらったが、その時、右手か左手か聞き忘れたが、親指をしゃぶりながら産湯のなかで満足そうだったという。産婆さんがこの様子を見て、「この子はこうしゃでっせ」と感心した。「こうしゃ」でっせという、「こうしゃ」とは何か今となってははっきりしないが、母は、僕の小さいときに、たびたび、僕の生まれた時のことを言いながら、産婆さんが「この子は、こうしゃでっせ」と感心したと語ってくれた。その時、母はその産婆さんの発音をまねて繰り返した。ともかく、その言葉で生んだ母親が安心し、我が子は人並み以上に元気だと納得した情景がそのまま伝わってくるので、僕はいつも、「こうしゃ」て何や、と聞く必要を感じずに終わったのだった。母も、その時産婆さんに「こうしゃ」の意味は聞いていなかったのだろう。

このようにして天王寺の産院で産まれた僕は、何時上野芝に帰ったのかもちろん知らない。たぶん、記憶にある阪和線の茶色の木造の電車で母に抱かれながら上野芝駅に着いたのだろう。

母秀子は、その時三十九歳、父栄一は四十五歳。僕はこの両親の末っ子として生まれた。

上野芝の家には、三歳上の兄勇三、かなり年の離れた姉和子、その上の長兄重剛夫婦、そして父の亡くなった叔父の子である章三がいた。勇三と和子の中間に力《つとむ》がいたが、戦争中亡くなったと聞いている。勇三と僕が、秀子の産んだ子であり、重剛、和子、力は父の先妻の子である。章三は、戦前戦後の混乱期に母子家庭となっていた生家から栄一のもとに来た。共に育つのが兄弟だと広く解釈すれば、僕の兄弟は亡くなった力を含め、上に五人いる。

上野芝という丘

小さな子供の頃の記憶は、今これを書いているときにも、またおそらく僕が生を終えるまで消えないものだと思う。生まれたときのことは、母から聞いた。これからが僕の記憶が始まるのだ。その記憶は、僕が目で見た風景と情景、耳で聞いた物語から成り立っているのだろう。

僕が記憶を引き出すシステムは、この頃つくづく思うのだが、「映像」が中心になっているようだ。それは今もそうなんだ。例えば、あの時の服の色は何色だ、と言葉で僕は記憶できない。その時の映像を瞼に浮かべれば、その映像に色が出ているので、それは何色だと応えることができるだけだ。

だから今僕は、自分の初めての記憶を育んだ背景にある、上野芝という丘の映像を引き出そうと思う。これから述べていく距離感覚は、その時のものである。

僕の家は、丘の上の台地に近いところにあったので、ゆるやかな斜めの処に建っていた。表に地道が通っていて、左に行き右に曲がれば、長い下りの坂道に行き当たる。それを左に降りていけば、月見橋があり渡れば今度は上り坂で上野芝の駅に着く。月見橋の下は田圃の中に百済川が流れ、田圃の畦道に沿って走る小川で、メダカやドジョウが採れた。川の回りで蛍も採れた。月見橋への下り坂には大きな家の石垣が続き、月見橋からの上り坂のまわりには果樹園があった。

家の表の道を右に行けば、少し坂道になり歩き続けると、住宅が途切れ、左の田圃と笹原のその先に深井の村があった。右に行けば、丘陵が家原の山の森に続いていた。

家の裏は、向ヵ丘の一番高い台地で、そこにため池があり「もりや池」といった。ここで僕は、フナや鯉のつり方を覚える。月見橋の下では網の使い方を覚えたのだ。もりや池の回りの斜面は森だった。僕はこの森から雉が飛び立つのを見た。またこの森の木に登ってドングリを採った。

もりや池の向こう側には、上野芝中学があり、その構内の草原のような運動場を抜けると、右手は一面の笹原でその向こうに家原寺の山がひらけている。家原寺の山には、古い石の地蔵さんがたくさんあり、僕らは地蔵さんの石の屋根の下にはいって遊んだりした。この中学から家原に向かう道は、僕たち数人が何時も歌を歌いながら歩いた道だ。どういうきさつか忘れたが、この道を夕方、「しんごたん、しんごたん、にしむらのしんごたん」と仲間に囃し立てられながら歩いた情景が残っている。

家原寺は、行基菩薩の生まれた寺である。この本堂の隅に不気味な「おびんずるさん」がおかれていた。家原寺の山から向こうを眺めれば、笹の丘陵で白い晒しが斜面一面に並べて干されていた。そこは毛穴村や八田村の領域であった。八田村は行基菩薩のお母さんの生まれた処であるが、小さな僕には、毛穴や八田に行った記憶はない。

ただ、「春過ぎて夏きにけらし白たえの衣干すなり天の香具山」という万葉集の御歌を習ったとき、あの笹山一面に干されていた白い晒しを思い起こしたのであった。

もりや池から上野芝中学と反対の方向に田圃と笹藪の中の道をかなりいけば、阪和線の線路を潜って、津久野村に入り津久野幼稚園と津久野小学校に行ける。ここが僕の通った幼稚園と小学校だ。この通学路は、田圃と遊び場である原っぱの連続であった。僕は知らないが、五つぐらい年上の近所のたっちゃんが、母に「しんごちゃんが、まだあんな処を歩いている」と、幼稚園の帰りに一時間も二時間もかかる僕のことを感心したように告げたと、母が語ってくれた。僕は幼稚園に三年いくことになった。母に言わせれば僕が四歳の幼稚園一年目のはじめの日、ついていくつもりでいたのに、近所のおねえさんが数名誘いに来てさっさといってしまったという。

現在は月見橋とこの通学路の周囲は、住宅街になり上野芝と津久野小学校の間に、一つの小学校が建てられているが、僕の頃には原っぱと田圃だけで、住宅はなかったのだ。

さて、このような人生のはじめの風景の中で、最初に何を覚えているのかというと、月見橋から駅の方に上がる坂と、上野芝の回りの笹原と、夕日だ。

僕の三つ上の兄は、小児麻痺であった。その兄の左手をもって、いちにい、いちにいと支えて歩かせようとする母と兄の後ろ姿が、僕の、母と兄を見た初めての記憶だ。その時僕は月見橋の端の方から駅に向かう坂を母たちについて行っていた。兄は母に支えられてつんのめるようになりながら足を交互に動かしていた。

また、笹原と夕日の記憶に人の気配はないのだが、幼稚園に向かう向ヵ丘の精米所のある処から、笹の向こうに赤い夕日が見えたのを覚えている。笹があって同じ高さに夕日があって、僕の歩く細い道があった。今思えば、太古からある地球の優しい風景が、豊葦原の国の風景が、僕の中に幼い頃の記憶として宿ってくれているのだ。

それからもう一つ、忘れがたい光景がある。それは富士山の姿だ。東海道線の電化前だった。東京に父について出たことがあった。汽車の中で眠っていた僕を父が起こし、列車の最後尾の展望車につれていってくれた。展望車の後ろのドアを開けて外に出ると、目の前に雪をいただく富士山が紺碧の空を背景にして浮かび上がっていた。僕は息をのんで富士山を眺めた。それから今まで何度も富士山を眺めたが、この時の富士山を上回る光景はついにない。富士山を見る度に父と共に見た富士を思い出す。この富士山を見せてくれた今は亡き父にいつも感謝している。富士山は、僕にとって霊の山だ。爾霊山だ。

夜道を親に手を引かれて歩いていると、お月さんがどこまでもついてくるように見えた時代。夜の家原の山に怖い化け物がいると信じていた時代。幼年時代。その記憶をたぐる回想は、ぶかぶかの半ズボンをはいて、裸足にゴム靴で原っぱを駆けている当時の僕を今の自分が眺めているようだ。

そいつは、月見橋の田圃に入って太股まで泥につかりながらドジョウを捕っている、もりや池で、大きなフナがかかってびっくりしている、家原のとんとの火の粉から頭を抱えて逃げている、月見橋の欄干に座って遠くの花火を眺めている。

また、そいつは、家の前に勝手に関所を造って、断りもせず勝手に通っていく人に向かって水鉄砲を撃っている、それだけではなく今度は槍を造って投げ始めた、帰ってきた父親がそれを見つけ僕を殴るのが止まらなくなる、母親がびっくりして出てきて父親が殴り続けるのを止めようとする、父と母が僕を引っ張り合う、下を見れば僕の足が地面を離れている、その時の情けなさ。

そいつは、どういう訳か今度は一人、夜中に風呂の釜戸の横にいる。親に怒られて泣いている。僕の生まれる前からいるという捨て犬のエスが心配そうな目をして僕をのぞき込んでいる。今でもあの時のエスの心配そうな目を忘れない。僕は、犬が人間のことを心配して慰めようとするのを知っている。

男にはちんちんがあり、女にはない。僕は、どうなっているのかと思っていたら、近所の女の子がパンツを脱いで、僕の前でしゃがんだ。僕もしゃがんで、首を横にして覗いていた。そしたらその女の子のお母さんが出てきて追い払われた。

上野芝の丘の方から駅まで、下水管が引かれることになった。埋める管が駅まで道の横に置かれていた。僕は、家の前からその下水管の中を匍匐前進して駅に到達した。ズボンの膝がお月さんのように破れていた。

幼稚園から上野芝の丘までの途中、津久野の村のはずれに小さな祠が建っている。その祠が津久野のガキの砦だ。彼等はそこにたむろして上野芝に帰るものたちを、この砦から時々攻撃する。僕は、この砦の守備範囲を突破するのに一苦労することもあった。

家の近くに磯田さんが住んでいた。年上の「ようボン」と「みいボン」の兄弟とよく遊んだ。ここのお父さんは、大きなポインター二匹を飼っていて時折猟銃を担いで出てきた。僕たちは何を撃つのかとその後をついて歩いた。上野芝の周囲には雉もフクロウもいた。

今でも時々、自分としては自然なことが、回りと一致しないことがある。反対に回りから見れば、僕が突飛なことをすると見えるらしい。その起源が幼稚園頃だろうか。

幼稚園に入って、先生から、分かった人は手を挙げてと言われた。僕は分かったと思ったので手を挙げた。手は右左二つある。だから僕は自然に右左の両手を挙げた。僕はずっと両手を分かったサインとして挙げていたのだが、先生は妙な顔をしていたのを思い出す。回りはみんな片手を挙げていたようだ。僕は今でも分からない。手を挙げろといえば手は二つあるから両手を挙げるのが自然ではないか。片手でいいなら右手を挙げとか左手を挙げとか指示があったときだ。

また、僕は指定されたイスに座ることは座るのだが、そのイスを自分で好きなところに移動させることができるに決まっていると思っていたようだ。僕は、教室でイスごと好きなところに移動していたと母から聞いた。僕は覚えていない。覚えていないほど僕にとっては自然だったのだろう。

運動会の日、今でも母の顔が浮かんでくる。一斉に並んでよういドンと走り出す。前にはテープを先生が持ってゴールを示している。この時僕は、母の方に走っていった。僕にとってのゴールはそこだと思ったからだ。多くの顔の中に母の顔があった。僕はそこをめがけて走った。母が笑って、ああ、ああというような顔で待っていた。僕はなぜ前に張ってあるロープに向けて走るのか、他の子のように分からなかったのだ。

後年、母は、僕が勝手にイスを移動させるとか、よういドンで、一人だけ他の方向に走るとかで、この子は少しおかしいのではないかと悩んだと言っていた。

高校生の時、体育の先生が青筋たてて僕を叱った。僕は一瞬なんで怒っているのか分からなかった。体育館での授業の終わり、深呼吸を指示された。戦前からの体育館は、一時間の授業で埃もうもうであった。僕は、深呼吸は肺を整えることと思っていたので、このような埃の中では深呼吸にならない、かえって有害だとおもって一人体育館の外へ出て深呼吸した。僕としては全く自然だった。その僕を、先生は湯沸かし器のように怒った。自分の授業の秩序乱す反逆行為と映ったらしい。その時、僕は幼稚園以来の自分のサガを思い起こした。

家の向かいに、大阪府の教育長を務めた方の家があったと母から聞いた。三十代の頃、この方の思い出を綴った文章を読んだことがある。そこには、向かいの家の二人の兄弟のうち小児麻痺の兄の方は痩せて歩くのが困難であったが、弟の方はまるまると太って活発に動き回っていた、と回想してあった。これが僕たち兄弟の姿だった。兄は障害があったので家の中での喧嘩では如何に悔しくても怒られるのは何時も僕だったが、家の外では兄弟はよく助け合ったと思う。

僕が、かなり大きくなってからも、母の鏡台の横に大きめのキューピーのセルロイドの人形が置かれていた。足は動かないが両手は胴体とゴムでつないであり動いた。このキューピーは、母が天王寺で買ってきた物だ。母が言うには、母と僕と兄で天王寺に行ったとき、僕だけ動いて迷子になった。母は、僕を捜して回りをくるくる見回したとき、あそこにいたと思ったという。それがこのまん丸のキューピー人形で、母は、あまりに似ているので買って帰ったのだ。

僕が四十近くなったとき、上野芝の近所に住んでいた九十歳になった斉藤のおばちゃんが、「しんごちゃんは、目がくりくりしてよく太っていたのに、麻疹で目にできものができてから細くなった」と教えてくれた。母がキューピーと僕を天王寺で間違えたのは、僕が麻疹になる前なのだろう。

このようにして、僕の童心の時期は、上野芝の自然のなかで過ぎていった。僕は昭和三十年、津久野小学校一年に入学し、二年のとき上野芝を去って堺の中心部に近い仁徳天皇陵近くの現住所に引っ越した。一年の時は、同級生から「喧嘩、ついてや」と頼まれて、喧嘩についた。この「喧嘩、ついてや」というのは、自分が他の者から喧嘩を仕掛けられそうになったら、自分の替わりに喧嘩して、ということである。僕は、数人の友達の替わりに喧嘩する役目を引き受けていたのである。そのまま、津久野小学校に行っておけば、つく喧嘩の数が増えて、僕のことは付近の村に知れ渡っていただろう。

僕は、同級生の母親からは、乱暴者と見られていたのかも知れない。もりや池で魚を獲っているとき、ふと見ると横の連れが水の中で手を回転させるだけで首から上を出している。何も声を立てずに目を丸くしてそうしている。おぼれているのだ。僕は彼の手を引いて引き上げた。彼は泣いて家に帰っていった。僕は、おぼれている者を助けたので得意だった。明くる日、彼と道で会うと知らん顔をしている。彼によると、僕と遊んではいけないと母親に怒られたから、知らん顔をしているということだった。

津久野小学校は、そのころ校舎はまだトタンの屋根の平屋だった。そして、校門の左右の空き地に津久野幼稚園があったのだ。幼稚園三年と小学校一年の四年間、僕は上野芝からここに通ったことになる。吹きさらしの田圃の中の道を冬に歩いていて、半ズボンの裾と太股がこすれるところが、赤むけになっていたのを覚えている。田圃の中の通学路では寄り道自由で冬の田圃の中に入れたから、肥えタンゴに落ちる者がいた。冬には肥えタンゴの表面が凍って地面と見分けがつかなくなるからだ。しかし、僕は肥えタンゴに落ちたことはない。

その頃の津久野も上野芝も田舎で、冬でも裸足に靴を履いただけの子供がほとんどだった。上野芝中学は、戦前には何かの工場であった建物を校舎にして戦後始まった学校である。章三が一期生だった。学区は広く、阪和線の駅で言えば、上野芝と鳳の二つを含んでいた。遠く鳳からも中学生が肩から鞄を垂らしてもりや池の回りの道を歩いて通学してきた。僕は幼稚園に入る前は、彼等と朝によく出会った。彼等も僕を覚えていて、僕を見ると「にこパン、にこパン」と言った。僕が太って何時もにこにこしていたからだった。今は、上野芝と鳳の間に津久野という駅ができ、その周囲に団地も中学校もできている。だから、遠く鳳からもりや池にかけてぞろぞろと通学してくる中学生の列は見られなくなっている。

上野芝が、僕の故郷だった。ここから出たあとの僕は、田舎の乱暴な子が一人町の子に囲まれて味わう経験をすることになる。百パーセント童心とは到底言えない。したがって、ここで僕の記憶以前のおそらく生まれてくる前から続く幼年期が終わる。

このころの思い出の中に、基本メロディーのように流れているものは何かと考えると、いつも腹が減っていたということかなと思う。別に朝・昼・晩の食事が不十分だったということではない。何か何時も毎日「おやつ」が待ち遠しかった。しかし、何時も親がおっておやつがもらえるわけではない。その時の思い出の味、それは磯田さんのようボンにもらったはったい粉だ。そして、イナゴの香ばしい味だ。獲ってきたイナゴに醤油をつけて火鉢で焼いて食べたイナゴが忘れられない。なぜ、腹が減っていたのが思い出の基調にあるのだろうか。やはり上野芝が三六〇度遊び場で、僕は毎日その遊び場で遊び回っていたからではないだろうか。つまり、幼年期の僕は恵まれた野原の中で、何時も体を動かしていたのではないだろうか。

後年、中学生になったとき、僕は一人自転車で上野芝を訪れた。上野芝の道がこんなに狭かったのかと懐かしい生まれた家の前の道を眺めた。百済川の土手はコンクリートになり流れもだいぶ移動させられていた。果樹園と田圃のあった月見橋の周囲には住宅が建ち、ただ橋の欄干だけが残っていた。笹原はなく、の山は崩されて宅地造成されていた。家原の山は崩されて宅地造成されていた。ただ宅地のなかにぽつんと残る家原寺の山門だけが僕の記憶と一致した。もちろん僕たちが秘密の栖《すみか》を木や草で造っていた笹原の斜面にも家が建ち、ただ、溜め池に出っ張ってのびている古い木のカーブに懐かしい記憶が残るだけだった。

幼稚園は小学校の前から移転して無くなっており、小学校の校舎は鉄筋になっていた。

十代・堺の町に出て

小学校二年の時、僕の一家は堺の仁徳天皇陵の近くの北丸保園という処に引っ越しした。その時は、長兄の重剛は自衛隊勤務のゆえどこかの任地で住んでおり、姉は結婚して一家を構えていたので、引っ越し先に行ったのは、父母と勇三、章三と僕であった。

堺という町は、中世の自治都市堺を発祥としている。この時、堺と大阪の間を流れる大和川はまだ無い。したがって堺港は天然の良港であった。当時の大和川は、今の大阪市平野区あたりから北西方向に流れ大阪中心部で海に出ていて、堺の浜に砂を運び入れ港を埋めることはなかった。

堺の北側は、大阪城や難波の宮また四天王寺のある上町台地以外は低湿地帯で、現在の大阪市内の大半は大和川と淀川の定期的氾濫で水の下になったり上になったりしていた。古代には大阪の上町台地以外は河内湖の湖底で、河内湖は生駒の山麓まで水に浸していた。それ故生駒山麓からは鯨やイルカの骨が発掘されるのだ。

大阪は、中世まで陸地に自由に海が入り込んでいたのだ。その一番海側の陸地に住吉大社がありそこから南に住吉街道が海沿いにはしり堺の並松を経て紀州に至る。この街道は、堀で囲まれた中世堺の町を真ん中で串ざすように南北に走っていたのである。

その海と同じ高さにある昔の堺の町の東は丘になっていて摂津、河内、和泉の三国が見えるから三国ヵ丘という。堺の地名もこの三国の堺だから堺となったということも聞いた。この三国ヵ丘から百舌鳥、上野芝、家原、津久野に至る丘陵の海に面したところには反正天皇、仁徳天皇、履中天皇の天皇陵をはじめとする古墳が連なっている。

僕が姉に抱かれて初めてつれていってもらったお宮は小学校の西にある津久野八幡さんで、この神社の西は崖になっている。その崖のへりに平らな石があり、源義経がその石に座って平家との戦に乗り出す大阪湾の浪を眺めたと伝えられている。その崖の下は、八百年前は直ぐ海だったのだ。今の海は崖から四、五キロほど離れている。

大阪湾でヨットに乗りほぼ一日陸を眺めたことがあるが、海面とほぼ同じ高さの平地などあるかないか分からない。直ぐ見えるのは屏風のような北から生駒、信貴、二上山、葛城、金剛の山脈である。その手前に小高い丘がつながり御陵の森が見える。古代の海路にとって、明石海峡を越えれば見えてくる泉州の各御陵は、道しるべの役割を果たしていたことは確かである。

いささか脱線しているが、この旧堺から東の屏風の谷間、つまり二上山の麓を通って明日香に抜けるほぼ真東の道、これを竹ノ内街道という。この街道が僕の現在の家の前の道の原型である。即ち、僕の引っ越した家の前の道から自転車に乗って坂を下ればすぐ旧堺の堀を越えて旧市内を横断して大浜の海にでたのだ。反対に坂を登れば金田の村を抜け羽曳野の丘陵を抜け二上山に至る。また、旧市内から丘陵沿いに反正天皇陵を左手に仁徳天皇陵を右手にして南南東に向かう道は、高野街道という。これは紀州の高野山に至る道だ。僕の新しい家は、竹ノ内街道と高野街道の交差した処にある。

さて、僕はこのような地形と歴史を原型とする堺の市街地に引っ越した。昭和三十一年春のことだった。引っ越しして僕は、喘息が出て湿疹もでた。上野芝のころ健康優良児の表彰状をもらったのが嘘のようだった。これは空気のせいだったのだろうか。上野芝の頃は、自動車が向ヵ丘にあがってくるのはまれだった。それ故僕は、車の排気ガスの油のにおいが何とも珍しく、車の後を追いかけてその臭いを嗅いだ。しかし、市街地では僕の家は車が多く走る道路に面していた。排気の臭いが珍しいどころではない。それが僕の体調を変化させたのだろうか。

転校した榎小学校ではじめにしたことは、力比べ、つまり前からいる一番喧嘩の強いといわれる者との相撲だったと記憶している。僕は勝った。しかし、これが担任の先生はじめみんなから僕が雑な乱暴者と見られるきっかけになった。

後年、母が上野芝のとき庭で飼っていた鶏のことを例に出して、その時の僕のことを語ってくれた。数匹いる鶏の中に、新しい鶏を入れると古い鶏が共同して新参者をつつき回していじめた。転校した僕の様子は、この新しく入れた鶏を思い起こして痛々しかった、と母はいうのである。

僕はその時、自分がいじめられているとは思っていなかった。しかし、この時学んだことは、子供が純粋だとか、学校の教師が公平だとかいうことは嘘だということである。純粋な人は純粋である。公平な人は公平である。しかし、子供だから、教師だから純粋であり公平だということはない。子供のごますりほど露骨なものはないし、教師のいじめほど悪質なものはない。

教室での授業中、何か物音がした。それは僕が出した騒音ということに担任に決めつけられた。担任が見ていないところで僕にちょっかいを出してくる奴がいた。僕が何おっと振り向くと担任が、西村立ってなさいと命令する。このような連続だった。

僕は、図工が好きで一所懸命造った。みんなの作品と共に張り出された僕の図画を指さして、西村のは汚いやろ、と担任が解説した。そして、きれいとほめる子と目と目を合わせて僕の前で笑っていた。僕は、小学校二年の子のごますりを見ていた。気に入られるようにと僕にでも分かる仕草をする生徒には、担任は実に優しかった。ある日のテストで、僕は百点をとった。何時も百点を取った子が教室で担任にほめられているように、僕も名を呼ばれると期待した。けれども僕は無視された。しかし、不思議に僕は怒らず、担任を理不尽だとも思わなかった。また、いくら濡れ衣を一方的に着せられて僕だけが立たされても、また一所懸命造った図画が汚いと言われても、その背後に「悪意」があるとは思わなかった。間違うこともあるけど、やはり先生なんやと思っていた。

しかし、とうとうこいつは何という奴だ、このような者が許されるのかと思った情景を見た。それは僕が仲良くしていた子が、給食の時、パンの間にうどんを挟んで食べていたときだ。担任は、それを見て、子供を呼び捨てて、〇〇は汚いなあといった。

その子は貧しい家の子だった。その子の服も皆貧しかった。そのうえに担任は、食べ方まで汚いなあと言ったのだ。僕はその子の顔を見た。彼は笑いながら下を向いて食べていた。「僕は汚いと言われるのに慣れているんです」と答えているようだった。僕は本当に気の毒だと思った。可哀想だと思った。今でも甦るが、僕は自分の生徒のその存在そのものを、その小さな魂を皆の前で汚いと言える精神が信じられなかった。そういうことは決して言ってはいけないことだと思っていた。僕の造った図画が汚いという、それは許せる。しかし、人間が汚いと言う精神は許せない。そのとき、明確にこの教師の全人格を否定した。

ある日、この担任の亭主が僕の父を尋ねてきたことを覚えている。後で母に聞くと、このご亭主は、うちの妻がお宅のお子さんの担任ですが、お宅のお子さんが乱暴なので厳しくしているだけで、決してえこひいきしているわけではないと、くどくど父に説明に来たようだった。父も母も黙ってそれを聞いていた。しかし、そのことで両親は僕に何も言わなかったし、僕も学校のことは家で何も言わなかった。僕は僕で、そのご亭主の来訪の意味を見抜いてそのご夫婦の精神の貧しさを感じた。

僕が、一息つけて今でも感謝しているのは、三年と四年に山本明子先生に担任してもらったことだ。先生が上野芝に住んでいることも僕が先生になついた要因だったかも知れない。この明るい先生に会ったことが僕の榎小学校の思い出を明るくしてくれた。はじめに教室に入ってきた先生を見たとき僕は、「さざえさん」がきたと思った。先生との時間は楽しいことばかりだった。もちろんよくしかられた。しかし、からっとした先生にしかられることも必要だと子供心に納得していた。この時山本先生は三十歳だった。

小学校を卒業して高校生になっていたと思うが、山本先生に会ったら、職員室で毎日西村は悪い子だと愚痴を聞かされてきたので、西村を担任することになった時、どれだけ悪いのかと思っていたら、こんな素直な活発な子はいないではないか、この子のどこが悪いのかと思ったと教えてくれた。僕はその時、担任の悪意によって無実の罪を何時もかぶせられて、実際にそれをした奴は何もいわない学級の中で、何も言い訳せず、不思議に頓着無く明るく過ごしていた小学校二年の自分の姿が愛おしくなった。

学校のことを離れて、記しておかねばならないのは、このころ僕が母に連れられてカトリックの教会に時々通っていたことだ。キリスト教という精神の世界、母はその中に一つの純粋な愛の世界を感じていたと思う。僕も子供なりに感じていた。

母は、上智大学の学長になったヘルマン・ホイベルス師の随筆などをよく読んでいた。このホイベルスさんは、関東大震災の直前横浜に上陸し、その時の桜木町駅のプラットホームを走る日本人女性の下駄の音を初めて聞く美しいハーモニーと感じて忘れられない方であった。またその直後起こった関東大震災では、日本は地震が多いと教えられていたので なるほどこれが地震かと思っていたら、滞在年数の長い同僚の神父の顔色が蒼白になっていたので、やっとただごとではないと思った方であった。そしてその夜、黙々と続く避難民の礼儀正しさに、日本人に対する尊敬の念を抱いた方だった。大正天皇のご大葬のおり、正装して宮城の前に立っていた方である。戦時中、学生と共に勤労奉仕に励んだ方である。

ホイベルスさんは、ドイツから日本にきて生涯故国に帰らなかった。師の母上は、異国の息子に、息子の好きな最後のお袋の味を届けようとした。死に臨んで母上は、息子の好きな料理を造りそれを箱に入れ日本に送った。もちろん船便しかない時代である。日本の息子に届いたその料理はかびが生えていたけれども死に行く母の気持ちを息子に伝えていた。

僕は、信仰に生きて単身日本に骨を埋めるのを当然と考え、その通り生き抜く聖職者の姿に、潔さと強さを感じた。信仰の力、愛の力を僕は尊いと思う。聖書は、高校生の時に手元に置いて読み始めた。

小学校四年の時から、学校で気がつき始めたことがある。それは教頭先生が、授業中も何時も校庭や校舎の隅にある紙屑をちりとりを持って拾い歩いていることだった。授業中に窓から校庭を覗いているとその教頭先生がうろうろ歩き回って紙屑を拾っている。僕は教頭先生は偉い人だと思っていたので、その先生がこずかいさんのような仕事をしているのが記憶に刻まれた。

この方は、竹野先生で、現在もご健在で僕に激励の手紙をくださる方である。三十年以上経って、僕は先生の紙屑拾いの意味が分かった。教育とはそういうものなのだろう。黙々と行動で実践していることをどこかで見ていた子が、そこから何かの刻印を得てそれが数十年経ってその子の中で育ち意味が分かる。

人は、下座行を実践しなければならない。つまり、足下の紙屑ひとつ拾えないような人間は、駄目なんだということを僕に教えてくれた方が竹野教頭先生なのだ。

さて、市街地に来ても終日遊ぶことができた仁徳天皇陵や履中天皇陵の回りの堀そして原っぱ、また自転車で走って十五分でついた大浜の海、ここで僕は泳ぎ貝を拾い親父の食べるおつゆに僕の獲った貝が入るのが嬉しかったのだが、これらも消えてしまった。天皇陵や倍塚の周囲の堀には、総てフェンスが張られた。僕たちの頃は、堀にはまったこともあるが、フェンスはなく自由に堀で遊べた。雨の日に網を持ってうろうろしていると、友達のお母さんに「がたるに池に引っ張り込まれるで」と注意されたあの堀も池も無くなった。

大浜の海は、昭和三十四年頃から埋め立てがはじまり、沖十キロにわたって工場敷地が造られた。大阪湾は貝塚市の二色浜の一角を除いてほぼ砂浜が姿を消したのである。「泉州二色浜」と題する浮世絵を見たことがあるが、海に接する砂浜が円弧を描いてどこまでも続いていた。僕が幼い頃見た大阪湾そのものだった。そして、僕の子供の頃にその景観は消えた。

昭和三十年頃・子供が見たこの時代

さて、僕はどういう時代に子供だったのだろうか。僕が見たこの時代を語っておこう。

まず、上野芝時代、照明が白色電球から蛍光灯に替わった時の夜の明るさを覚えている。停電がよくあった。夜もアメリカ軍の飛行機が低空で飛んでいた。重いプロペラの音に窓ガラスがビビと響くのを覚えている。

テレビは昭和三十五年以後に普通のものとなったのであり、まだ無い。ラジオからは、「尋ね人の時間」で、例えば「昭和十五年頃、満洲〇〇地区にお住まいの何々さん、隣組だった〇〇さんが探しています」、というような放送が延々と流れていた。それと、子供番組に「笛吹童子」があった。ラジオにも民放はまだ無く、NHK第一と第二だけであった。

経済はまだ戦前の段階にまで回復していない。上野芝にも、遠くの海岸沿いの工場の始業と正午と終業を告げるサイレンがウー、ウーと聞こえてきていた。それは空襲警報と同じサイレンだった。現在ならば騒音で苦情が出て禁止になるが、その当時人々はそのサイレンの音で、人々が働いていてくれることを感じていた。我が家も含め、日本の多くの家庭の夕餉では、米を一粒も残してはならないと親が子に教えるのが普通であり、作ってくれたお百姓さんに感謝しなさいという教えも、普通の家庭で普通に言われていた時代だった。近所には防空壕をまだ残している家が多かった。

上野芝は、戦前からの住宅街だったので、大阪に進駐したアメリカ軍将校の住居に多くの家が接収されていた。僕たちが村田別荘と呼んでいた広い庭のある邸宅もアメリカ軍の将官が接収して住んでいた。その庭の森には蝉が多いので忍び込んで蝉をとる場所だった。僕の家にもアメリカ軍将校が靴のまま入ってきて、兄を抱いている母の前で接収の札を掛けていった。しかし、その将校が転属になり札はそのままだったので、他の将校が接収済みと誤解し、現実の明け渡しを免れたと母が言っていた。

駅の近くには、今から思えばオンリーといわれたパンパン達が住んでいた。下級軍人は駅の近くにパンパンを住まわせ、基地からここに通っていたようだ。この人たちは子供心にも派手な色のスカートをはき、きれいな缶詰やチョコレートや珍しいお菓子を持っていた。僕は、この一人から、子犬が欲しいと頼まれ、捨てられた子犬を探してきて渡してやったことがある。その時、その女の人の部屋に入った。珍しいお菓子を出して優しくしてくれて十円玉をくれた。孤独だったのだろう。

浜寺に母に連れられて泳ぎに行ったことがあるが、松林で有名な浜寺公園は総てアメリカ軍のものであり駅から見える目の前にある浜に行けなかった。公園の周囲には金網が張り巡らされ僕は母に手を引かれて金網沿いに長いこと歩いて砂浜にやっと着いた。金網から見る公園は、芝生がしかれグリーンのペンキを塗ったアメリカ風の家が建ち、白いアメリカ人の子供たちが遊んでいた。日本とは思えなかった。お伽の世界のような別天地だった。

月見橋に向かう坂を二人のアメリカ人が乱暴に大声を上げながら自転車で下り降りていた。一人が日本人にぶつかって転倒し、ごろごろと丸太のように坂を転がっていた。

アメリカ人の飼っていた猿が、日本人の母親に抱かれた赤子に飛びついた。アメリカ人はその場でピストルを抜いて猿を射殺した。

昭和二十五年四月に七名が戦犯としてアメリカ軍に処刑されたのが、千名を越える戦犯処刑の最後だった。その二ヵ月後、朝鮮戦争が起こりアメリカは日本占領政策を転換した。僕の記憶でも、ある時期を境に、アメリカ軍の姿が急に上野芝から消えていったという感じがある。

それまでは、アメリカ軍は国会議事堂の中央のとんがり帽子のような塔のなかにあるホールを将校のダンスパーティー会場に使っていたのだ。日本の総ての財産はアメリカのものだとみなしていたのだろう。今僕は、国会議事堂裏の衆議院会館の一室でこの文章を書いているが、僕のこの周囲の初めての記憶は、議事堂正門の左右に建てられていたかまぼこ型のアメリカ軍の数棟の兵舎だ。

それにしても、我が家を接収に来た将校が転属になってよかったと思う。

昭和三十年代前半、安保闘争までの時期には、今のように日本の戦争は悪だったと言うような風潮があったのか、と僕はいま記憶をたどっている。僕は、日本は昔太平洋の西半分とインドまでのアジアに版図をのばし、日清・日露と戦えば常に勝っていた強い国だったと聞かされて、驚き誇らしかったのを覚えている。

この時の映画で、「明治天皇と日露大戦争」また「敵中横断三百里」があり、僕は胸をわくわくさせながら近所の映画館で見た。翌日さっそく図画の時間に画用紙いっぱいに雪の原野に炸裂する砲弾とそこを突破する日本騎兵の絵を描いたのを覚えている。山本先生のもとで、僕はのびのびと絵が描けたのだ。昭和三十二年、小学校三年の時だ。

戦争の記録映画も多く上映されていたと思う。そこには特攻隊をはじめ日本兵の勇戦奮闘の姿が映し出されていた。「電撃作戦一一号」という日本海軍の記録映画が印象に残っている。零戦、戦艦大和は子供たちの自慢で、模型屋に行っては軍艦を造り池に浮かべた。

また、このころはマッカーサーの禁止したという「忠臣蔵」が毎正月に、東映・大映等で競って上演されるのが恒例になっていた。僕はほとんどの正月にそれを見たと思う。アチャコと伴淳の「二等兵物語」は、戦争に行った二等兵という庶民の哀感と正義感を物語の基調にしており、それから、「座頭市」シリーズや「昭和遊俠伝」また「兵隊やくざ」シリーズと昭和四十年代まで続いて行くが、人間の描写も具体的で一つのフィルターをかぶせた不自然なものではなかった。上野芝時代から、僕たちの遊びは、戦争ごっこ、チャンバラごっこが主流であり、僕は竹から弓を造るのが得意だった。

このような流れの中で、五味川純平作「人間の条件」シリーズは、今から思えば自虐史観の先駆けのような映画だった。小学校から中学時代に掛けて上映されていたが、子供心に人間描写が浅薄だと感じた。

ドイツのレマルク著「愛するときと死するとき」という小説がある。中学生の時読んだ。その中に捕虜の射殺を命じられた兵隊のことが出てくる。先輩の兵隊は恐ろしくて迷う主人公に、眉間を狙い一発で殺してやれと告げる。何故なら、捕虜の苦痛を長引かせない為である。逡巡してねらいを外すことがどれだけ捕虜を苦しめることになるかを先輩が教えたのである。しかし、「人間の条件」の主人公梶は、同じ場面で逡巡し捕虜の急所を外して銃剣を突き刺す。そして上官に殴られる。そして、映画は梶が良心を失わない勇気を持っているとアピールする。反対に捕虜刺殺を命じた軍隊自体の非人間性を強調する。僕はここに、この映画の浅薄なるものを感じていた。僕なら、「愛するときと死する時」の主人公と同じようにするだろうと思う。

自分の良心をアピールする為に殴られるのは簡単だ。その自己満足の為に捕虜の苦痛が耐え難く長引くことを無視すればいいわけだから。しかし、生きる者と死ぬ者との間で、生きる方は果たして自分のことつまり自己満足だけに関心を集中していいのか。それが人間の真の具体的な姿なのか。生きる者は死に行く者のことを思うのがその場の勤めではないか。僕は、聖書の中にある「人前で祈るものは、既に偽善者である」という教えに真実があると思う。自分が良心を保って悩んでいるとアピールする者は既に偽善者である。

「人間の条件」は、全体としての悪（つまり日本）の中に生まれた人間の良心的であろうとすることの難しさを主題にしているようだが、これは成功していない。全体としての悪とその中の良心的個人という設定は具体的な人間の世界では成り立たないからだ。

この「人間の条件」の設定を成り立たせるイデオロギーのモデルは、資本主義は全体としての悪であり、その中のプロレタリアは、よき未来を約束する良心であるという共産主義イデオロギーである。

ナチス強制収容所の記録、精神科医であり被収容者であったフランクルの「夜と霧」には、強制収容所という極限状態において、人間の価値・評価は、看守側と収容者側の区別無く二つに別れるという。看守にも収容者にも懸命に人間味を保つ人の群とそうでない獣になっていく群が識別されてくると書かれている。この著者は、よく言われるように強制収容所の看守側は悪でユダヤ人側は善だという図式は現実の収容所の中では真実ではないといっているのだ。

共産主義は、この人間存在の実相を隠蔽し、一つの側は総て悪で、他の一つは総て善としたフィクションを社会構造に強要した。その結果、ナチの強制収容所と同じ構造の社会を作り上げた。そして、収容所とは反対に看守側つまりソ連は総て善としたのだ。反対に「人間の条件」の設定は、共産主義以前の社会を扱っているので、看守側つまり日本は悪で、その中に収容された主人公は善となる。単純というよりイデオロギーである。僕は、梶の捕虜に対する態度をみて、子供心に不自然さを感じ、なぜ感心する大人がいるのか分からなかった。後年、レマルクの「愛するときと死するとき」という小説や「夜と霧」を読んで、その時感じた不自然さの裏付けを得た。

さて、脱線したが、日本映画の特色であった人物描写の奥ゆかしさは、僕の見るところ「人間の条件」を始まりとするイデオロギー的浅薄さの流れに捨象されていったように思えてならない。これが目立ってくるのが昭和四十年代後半であり、五十年代以後の自虐史観の先駆けとなる。

中学・高校時代

中学・高校の六年間、はじめはあまり勉強をしなかったが終わり頃にはよくしたように思う。僕は、中学高校一貫教育をする大阪学芸大学付属中学校に入学した。中学で受験があって入学するのだが、榎小学校から僕ともう一人が受験して入学した。面接の時、母や章三から、「とっぴょうしも無いことを言うなよ」と心配された。この学校は、阪和線の終点である天王寺駅と今の環状線寺田町駅の中間にあった。

中学三年間を担任していただいたのは、福原公雄先生であった。どうもこの中学生活も小学校二年の転校の時と同じように始まったようだ。つまりその雰囲気になかなか慣れることができなかった。この中学校は付属小学校からそのまま中学に来た生徒と、僕たちのように中学から入学する生徒で構成されていたが、もちろん多数は小学校からの持ち上がり組だった。付属小学校は、学習院のような制服を着ていわゆるええしの子が通う学校との評判であった。当然、その評判の中で、生徒はええし面をしていた。

ある日体育の時間、僕は跳び箱の練習をする列に並んでいた。すると、僕の前に割って入った奴がいた。その生徒とすれば小学校から一緒の者と並んでいることが当然であって、その間に知らない僕がいることがいやだったのだろう。僕はそういうことは知らない。列の後ろが空いていたからそこについただけだ。しかし、小学校組は僕の前に入ってくるのを当然としている。僕は、口で何度も言ったが、それを無視する。とうとう僕は手を出してその者を排除し列から追い出した。その時彼は、秀才顔をして「暴力反対」といった。今までの僕の世界では、自分が理不尽なことをしていながら、「暴力反対」という者に遭遇したことはなかった。その時、「えらいところに来たなあ」と一種の文化ショックを受けたことを今でも覚えている。

そういうことで福原先生に大変お世話になった。今から思えば中学生活を曲がりなりに過ごせたのも福原先生のおかげだと思う。中学生の楽しい思いではやはり、夏休みだ。僕たちは毎夏、瀬戸内海の家島にある奥村君の会社の採石場で過ごした。海で蛸を手づかみし、採石場の上から海に飛び込んで過ごした。ある日、家島本島から向かいの島まで泳ごうと言うことになった。岸からは近く見えたが五キロくらい泳いでやっとたどり着いた。さて、帰りだ。帰りはとうとう潮に流され漁船に救助されて採石場に運ばれた。

この夏に持っていっていた本が吉川英治の「宮本武蔵」だ。この本は仲間の間で伝播し、物語の中の「お通さん」に惚れてしまって、「お通さん、お通さん」と言い続けるやつまで出てきた。この愛すべき男も今は中年の医者になっている。また、僕たちは泳げない奴を海に誘い出して沈めて泳げるようにするのを趣味にしていたが、恐怖のあまり泣く奴も出てくる。一番無邪気に泣いた奴も、今は大新聞の社会部長をやっている。

この男は中学時代から忘れっぽかった。二年の時の体育の時間、この男が女子生徒の前でぼーと立っていた。僕は後ろから近づき、突然彼のランニングパンツをつかんで下に引っ張った。如何にとろいヤツでも防御ぐらいはする、したがって大事には至らないというのが僕の読みだった。しかし、彼は防御というものを全く知らなかったので、パンツは見事足首まで降りてしまって女の子の前で急所がべろんと出てしまった。これには僕も驚いた。彼は畜生畜生といいながらパンツを上げ、悔し涙を流して仕返しするといった。以後数年間、僕は彼が後ろに回らないかと警戒していたが、彼は直ぐ仕返しを忘れてしまっていたのだ。今となっては全く記憶に無いという。これでよく部長が務まるなあと思う。

一年の遠泳の時、前に泳いでいる三年生が溺れたので助けた。この三年は僕にしがみついて助かったのに目をつぶって必死だったせいか、誰に助けられたか覚えていない。この先輩も、大会社の部長だ。

中学時代の思いでの本は、「宮本武蔵」と三年の時読んだロマン・ロランの「ジャン・クリストフ」だ。「ジャン・クリストフ」の冒頭、「いずれの国の人であれ、悩みそして戦い、いずれ勝つであろう自由な魂に捧げる」という言葉を今でも繰り返し、勇気が沸いてくるときがある。また、ライン川を見下ろす生家の床で、幼いクリストフが蜘蛛を見ている描写があるが、蜘蛛の前にある床の裂け目は蜘蛛にとってもクリストフにとっても大きく裂けた絶壁に見えるところなど、僕の幼い頃の昆虫観察と同じだった。そして、青年になって故郷に戻ったクリストフが見た生家の情景は、僕が後年に見た上野芝の家の情景と重なった。生はいくつもの死と、いくつもの復活の連続である。最後にクリストフは、赤子を肩にのせて川をわたる。対岸に着く頃になると、赤子は耐え難く重くなった。聖クリストフが赤子に聞いた。貴方は誰ですか。赤子は答えた。私は生まれいづるその日なのだと。そして、この長編は終わっていた。

中学の時は体を動かすことに生き甲斐を感じていた。成績は中位でよくなかった。僕が勉強を始めたのは高校生になってからだ。

高校一年の時の冬、スキー合宿があった。ウイスキーを持ってきている奴がいたので僕はそれを飲んだ。それをきっかけに他のものも飲みだした。僕は寝ていたが一人酔っぱらって教師に見つかり、なおもええやんええやんといって収拾つかなくなった馬鹿が出てしまった。深夜、僕たちは起こされて説教を聞く羽目になる。しかし、説教を聞きながらいびきを立てるものが続出してきてそれも効果がない。結局、明くる日一日宿舎で反省文を書いて謹慎ということになった。僕は反省文に何を書いたか全く覚えていない。しかし、最近恩師からこう言われた。

「西村、あの時おまえ何書いたか覚えとるか」

「いや全く覚えてません」

「お前のだけは忘れへん。お前はたった一行、やっぱり酒はうまい、と書いてただけや」

夏の頃、今度は学校で宴会を開き、勝手に校庭で月明かりにナメクジのようになって転々と寝た仲間が出た。僕は校庭では寝なかったが、明くる日視聴覚教室に山崎先生から集まれと命令を受けた。集めてから先生は、

「お前らは、あほか」

と言った。

「酒は、俺も好きや。しかし教師に分かるようにか飲むな。教師に分かったらおこらなしゃないやない」

これには我々は参って、以後酒は飲まなくなった。

山崎先生は、海兵出身で三回ほど乗ってる船が沈められて海で泳いだ経験がある。先生の時間は地理であったが、小樽のところになると、

「小樽の町は、俺達が守ったんだ。俺達は、海に並び槍ふすまを敷いているから、敵さんは、海から町に爆撃できない。また、背後の山の上から入ってきて爆弾を落としても市街地を通り越して爆弾は海に落ちる。俺達は小樽を守ったんだ」

と言うような話になる。また、ある時間の話。

「終戦の時、日本海におったが、船の中でどうするという話になった。インドネシア海域あたりで海賊になろうと言う話も出たが艦長が妻子のある兵隊もおるからと舞鶴につけて即刻解散を命じた。その入港前、俺たちは露助の方向に機関砲をありったけ撃った」

先生の話で何が記憶に残るかというと、このような話なのだ。

卒業してから、先生と酒を飲んでいると、実は小樽に好きな人がいたらしい。幼年学校出身の英語の山口先生の語るところによると、その人は亡くなり小樽に墓があるという。山崎先生は戦後トラックの運転手をして生計を立てるが、結婚するに際し、奥さんと共に小樽の墓参りをしたという。

このほか、海軍兵学校出身の重松先生は、英語を教える時間に、零戦の旋回性能と空戦のやり方、棒倒しの戦術等の話を延々としていた。先生は棒倒しのとき殴られて目が悪かった。山口先生も英語担当だが、特攻出撃した先輩の「仇をとりたい」と教室の壁を睨む。

付属は、先生に恵まれた学校だった。この学校で学べたことは幸せだ。しかし、山崎先生も福原先生も重松先生も、亡くなられて今はおられない。山口先生は退職された。

と言うことは、このような授業をしてくれる先生方がおられる学校は日本にはもう無くなったということだ。

高校時代、教室が汚いので一夜にして派手な色に塗り替えるとか、学園祭を成功させるために、屋上にドラム缶をあげそこに並木をさして運動場まで垂れ幕を垂らしたりしたが、職員室では問題になったらしい。その時、福原先生や海兵、幼年学校出身の先生が何時もかばってくれたようだ。そのとき、僕らの願いは、一度夜密かに屋上に自動車を運び上げようやというものであったが、あまりにも大がかりになるので実現しなかった。今でもこれが心残りだ。

学校には、倉庫にいろいろな道具があって、借用願いを提出して学校から借りるのだが、福原先生は、「西村に貸すときは何するか聞け、あいつは何するかわからへんで」と新入りの先生に注意したらしい。

ともあれ高校時代最後半つまり三年の二学期以降は、人並みに勉強した。しかし、妙な潔癖性が出てきて勉強しなかった科目で点数を取るのは邪道だという考えで、勉強しなかった教科は、テストでは残りの十分だけ教室に出て名前だけを書いて出てくるというようなこともした。この延長で、大学を受験したのだが、化学のうち無機化学は答案を書かなくとも合格できるというような賭をすることになった。そして、無機化学は白紙で出した。結局当然ながら現役で受けた東京大学はすべり、一浪することになった。

そして浪人中に東大はやめやと考えた。高校の先生が、「東大東大というが、ノーベル賞もらう奴はみんな京大や」といっていたのを思い出したからだ。翌年京都大学の法学部に入った。

実は、法学部進学は、高校三年の三学期に決めたのだ。それまでは、医学部に進もうと考えていた。それで、年が変わるまで医学部進学のための受験勉強をしていた。模擬試験も医学進学組で受けていた。しかし、考えてみれば自分が注射されるのはかまわないが、人に注射するのはやはり苦手だ自信がないと思い至り、医学部はやめたのだ。

疾風怒濤前夜

さて、昭和三十六年に中学校に入ってからの僕が見た風景は何か。いよいよ、その「時代」つまり日本という国家の国内国際政治情勢と関係してくる。その世相は、前年の六十年安保闘争、浅沼社会党委員長刺殺、岸内閣退陣、池田勇人内閣誕生からの所得倍増・低姿勢と目まぐるしく移っていったのが年表的理解である。その間に民社党結成がある。

ここで、父と母のことに触れておく必要がある。僕は、この父と母がいなければ生物的にも社会的にも、存在しなかったのだから。

僕の父は、明治三十七年に奈良県下五位堂村に生まれ、六歳の時生家の破産により、単身丹那トンネルの無かった東海道を経て東京に出て、そこの親戚の家に預けられ成人した。したがって、小学校しか出ていない。しかし、働きながら勉強し、一高から東大を目指したという。夜始まる予備校でよく寝てしまっていたところ、先生が立派な人で、「西村君、君は決められた学校に行く必要はないよ、君の感覚を信じて自分で道を切り開いて生きなさい」、とアドバイスしてくれたという。父は僕に、自分の強さは、正規の学校を出ていないことで、既存の発想に縛られないことだと語ったことがある。

奈良の父の生まれた村に父と共に行ったことがあるが、恵心僧都源信の生まれた村だった。父の家は跡形もなく、父が母と別れたというお寺の境内は、父には五十年以上昔の僕の上野芝の風景のような感慨を誘ったであろうが、親子は無口でありそれは聞いていない。我が家の先祖の墓石が並んでいたが、その横には相撲取りの墓やら義太夫語りの墓もあった。母によると、父の家は親分肌の当主と、遊び人の当主が代わる代わるでる伝統があって、父の父つまり僕の祖父は、金と暇があれば幸せという人生だったということだ。しかし、彼は昭和八年に死んでいるので僕は知らない。相撲取りや義太夫語りをひいきにして生涯面倒をみた先祖は、この金と暇があれば幸せという代であったのだろう。

父の家が破産したのは、父の祖父の代だ。彼は、奈良県下に電線を引く工事を請け負い、多くの電信柱の用材を購入して工事を開始しようとしたが、用材の価格が暴騰した。請負代金の範囲では工事が無理となった。しかし、父の祖父は、お上との約束は守ると言って私財をつぎ込んで電信柱を約束どおりたてた。それが一家破綻につながったと聞いた。当主は久太郎といい、戦前までは鍵のなかに久と書いた「鍵久」のマークのはいった電信柱がみられたと母が言っていた。

父は、俺の先祖は南朝の護良親王と共に戦い破れて奈良に土着したといささか得意げに言っていたのを思い出す。きっと破産前の六歳までの時に父は祖父からそのように聞かされていたのだろう。

父の性格は、明治生まれに多くみられる激情と六歳からの生い立ちによる屈折がミックスして子供心にかなり凶暴にみえた。どつき始めたら止まらなくなる。ぼくが乱視になったのは、父にどつかれたからではないかと思っているほどだ。どつかれて目が腫れ上がったことがあったからだ。しかし、僕はこの父に天下国家のために生きるというエネルギーを感じ尊敬していた。

父は戦前、サラリーマン同盟を結成し、特高に追いかけ回されたことがあったが、「大東亜共栄圏」の建設に三十代と四十代前半を費やす。父を追いかけ回した特高刑事は父の支持者に替わっており、僕は父のなくなった後その人を訪ねたことがある。

父は、少年期に上海で学んだことがあり、その時の上海に生きる中国人が西欧人に人間として扱われず犬と同様に扱われている光景を見ていた。青春の父の脳裏にアジア人の解放のための西欧植民地打破の思いがわき起こったのだった。それ故、アジア人がアジア人自身で共に栄える、つまり大東亜共栄圏の建設こそ青春の父を駆り立てたのだろう。父の青春時代は、日本以外のアジアは総て自立できず欧米の植民地であったのだ。父は、民間人として台湾・ベトナムなどをまわり産業基盤の調査等をしていたようだ。

戦後父は、西尾末広などと共に、共産主義労働運動を防圧するための民主的労働運動の建設に乗り出す。それは、右派社会党から民社党に至る路線である。この時、戦前の同志、岸信介などと申し合わせがあったと思われる。その中で、父などは民間における共産主義労働運動をつぶす運動を担当したことになる。芦田内閣、片山内閣のとき佐藤栄作や池田勇人などが父がいる現与党から代議士に出馬する動きがあったとき、父は巣鴨にいる岸信介とも相談させ、いわゆる保守の路線を選ばせている。

戦後の池田内閣ぐらいになると、官僚出身者は保守党からという路線は既定のようになってきたが、戦後直の芦田・片山内閣あたりではそれは何も既定のものではなく、官僚群はどこから代議士に出ようか、巣鴨と西尾や父に相談に来ていたのだ。それを交通整理したのが父などであるが、その基準は、祖国日本の政治構造の建設という遠大な構想である。ソ連の崩壊、冷戦の終結後の現在からみれば急速に忘れ去られているが、戦後日本において共産主義と対峙することは国家の運命をかけた課題だったのだ。

ソ連は紛れもない強国であり、中国大陸は共産党が武力で制覇し、朝鮮半島は半分が共産化され、半島全体の赤化を武力で仕掛けてきていた。国内では、コミンテルン日本支部つまり日本共産党がこのような我が国周辺の共産主義権力と呼応して暴力革命路線を鮮明化して実力闘争を仕掛けてきていたのである。

民間の会社が共産主義労働運動に席巻されれば、日本の産業がつぶれ日本が崩壊する。よって、この歴史段階における父の政治家としての大きな背骨は共産主義との戦いで貫かれていた。

このような情勢下で、日本の政治とマスコミの風潮とは何であったか。それは何時も共産主義の本質を見誤っていた。ソ連・中国・北朝鮮は理想の国家とし、韓国は軍国主義であり人民の敵であった。北朝鮮は、楽園でありマスコミは日本からその楽園に帰ることを奨励していた。原水爆禁止運動は、ソ連や中国など共産主義者の保有する核は「よい核」だとし、アメリカや西側の核だけの禁止運動であった。野党第一党の党首は北京で「アメリカ帝国主義は日中両国人民の共通の敵」と演説し、マスコミは、昭和四十年代後半になっても中国の文化大革命を賞賛していたのである。さらに、これの模倣であるカンボジアのポル・ポト政権の行いをつい最近まで賞賛していたのが日本のマスコミであったことを忘れてしまってはいけないのである。

したがって、繰り返すが、僕の父の政治家としての主題は共産主義との戦いであった。

僕の父が、このような政治家で、僕もいま衆議院議員だから、僕は二世議員ということになる。しかし、いま国会にいる二世議員三世議員のなかで、共産党のデモに家が囲まれ石が投げ込まれた経験を持っているのは僕だけだろう。僕はそのとき、共産主義者が一歩でも僕の家に入れば、木刀で殴りつけようと待ちかまえていた。

この父は、昭和四十六年四月二十七日に亡くなる。六七歳だった。僕は二十二歳だった。

亡くなる二年前の夏、僕たち家族は、父と最後の一泊旅行をした。父は、愛知県の蒲郡で大阪から来る母と兄そして僕を待っていた。その日、父は、この蒲郡沖で若い頃死のうと思って海に飛び込んだことがあったといった。しかし、沈もうと思っても浮かび上がり、思い返してまた生きたという。はっきり言わなかったが大正年間、株屋の小僧から相場師のやり方をみよう見まねで学んだ父は、一夜で当時の金で数億円を稼ぎ、また一夜で数億円をすったという。それで悲観し馬鹿らしくなったのか、蒲郡まで来て海に飛び込んだらしい。父は、いきさつは詳しく言わないまでも、かつて自分が一度は死にそして再生して上がってきた蒲郡の夏の海を眺めながら、「お前との今生での縁は短かったなあ」と独り言のように言った。母は、縁起でもないことをと笑いながら言ったように思う。

僕は、その時、父の言ったことを真に受けた。何時死ぬか分からない人生において、父は任務の中で死のうとしていると感じたからだ。そして、それは男にふさわしい死なのだと思ったのだ。

それから父は、戦後の廃墟に中で再建しようとした日本の議会政治が、いつの間にか、国家のために志を一にする共通の思いから離れ、与野党両者既得権保持のために、片や現状保持、片やイデオロギー的野党という惰性に陥った惨状を打破するため政界再編成の動きを開始する。体内を侵攻する癌を持ちながら再編運動と選挙のため先延ばしした手術を終えたのが蒲郡から八ヵ月後のことであった。手術後も忙しく全国を動き回り、堺の自宅を最後に出たのは前年の十一月三日文化の日、明治節であった。そして、再び堺には戻らなかった。

堺の自宅を最後に出る父は、ニュースで棟方志功が文化勲章を受けたことを喜び玄関をでた。その時玄関に僕の知らない初老の人が駆けつけてきた。街頭でみた父の顔色が悪いので心配して会いに来たという。父は暫く玄関前で話していた。彼が帰った後、父は僕に、彼は若い頃の実業家仲間で、彼はその頃は意欲あふれる青年実業家だったんだと言ってほほえみ車に乗り込んでいった。その時の笑いは、初老の友人に久しぶりにあったことの喜びよりも、情け容赦なく奪う時間への苦笑のようで寂しげであった。

東京に出た父は、入院先から出られなくなった。死亡した直後、僕は病院の階段を駆け上がり屋上に出た。そして、空を見上げた。父は、ここに昇っていくのか。青い空に浮かんだ白い雲は何事もなく、僕の上に広がっていた。

僕の母は、明治四十二年に東京神田三崎町に生まれた。旧姓東儀秀子という。母の家は、四天王寺の雅楽を伝える家であったが、維新の時に宮中とともに東京に移った。母の祖父は、子供（僕の祖父）に雅楽を強制せず洋楽に進むことを許した。その為宮中からの家禄に頼っていれば志が鈍るとして家禄を辞退した。祖父は、苦学して東京音楽学校でバイオリンを学び同級生と結婚した。おそらく日本での学生結婚第一号だろう。祖母も尾張から父を説得して東京に飛び出し音楽学校に学んでいた。残っている写真をみても祖母はきれいだ。卒業後音楽学校でバイオリンを教えていた祖父の家に遊びに来た学生が、祖母を祖父の妹と勘違いして、嫁にいただきたいと、祖父に頼んできたという話を母がしていた。

その頃西洋音楽を学ぶものは、総て外国人の教師について学んだ。したがって祖母は、洋服も縫うことができタンシチューも作ることができた。したがって僕の母のタンシチューも美味い。

母は、ドイツ人にピアノを学んだ。祖父と母は、ベートーベンのクロイツェルソナタをピアノとバイオリンで演奏した。母は、評論家の俵孝太郎さんの妹のピアノの家庭教師をしたことがあったが、俵さんはその著書で「東儀秀子さんは、その当時和服やモンペだけの時代に洋服姿で颯爽と現れた」と書いている。母は、その語るところによると娘時代には西洋人と論争してうち負かすのが得意だったらしい。その頃ドストエフスキーやロマン・ロランやトルストイをよく読んでいたようだ。亡くなった母の友達と食事をしていたとき、母とその友達の話題は、ドストエフスキーだった。その友達は、僕のことをミーチャみたいね、と言った。ドストエフスキーのカラマーゾフの兄弟の主人公の一人ドミトリーに僕がにているというのだ。

母の家に来る外国人は、母の姉の日本語は理解できても、母の日本語は分らなかったという。「秀子さんの言うことは分らない」というその人に母は、「姉は貴方を赤ん坊扱いしてゆっくり話すから分るだけなのよ。私は、貴方を赤ん坊扱いしない。だから分らない。しかし、大人なら私の言うことが分らなければだめなのよ」と答えたという。その人は

「秀子さんはアメリカ娘のようだ」と笑った。

母の姉と母の写真があるが、姉は母より美人だ。この姉妹で姉は、おとなしく、母はアメリカ娘となってがんばっていたのだ。

さて、人生の不可思議と言うか、ご縁と言うか、この母と父が結婚して僕が生まれるのである。一方は、明治の男の土着的な本質を余すところ無く伝えている少青年期に苦労に苦労を重ねて存在感を獲得してきた男。片一方は、何不自由無く育ち西洋的合理性を以て明治の男の思い込みを論破することを趣味としてきた娘である。その間に生まれたものはたまったものではない。

僕の父は、怒って電話を叩き折ったこともあるし、子供の頃家によく来ていた市会議員達が、僕の父に怒られて、人間があんなに恐ろしく怒ることができると初めて知ったとか、目が飛び出たとか、述懐した男である。僕自身も、自分が乱視になったのは、父にどつかれたからかも知れないと思っている。僕は、その凶暴な父が、母がギッと睨んで対峙したときガクガクとなってぶつぶつ言い、コーヒーコップをすねたように反対方向に投げつけてガスを抜かれる光景を数度目撃しているのである。

しかし、僕は母から父の偉さを教えられた。その頃は東海道が東京大阪十時間もかかるときなので、国会中は父は一ヵ月も二ヵ月も帰宅しなかったからである。このような母子家庭同然の中で、母は父のことを僕に語ってくれた。「政治とは最も醜いものの中に足をつけながら理想の実現の為に一歩一歩努力する行為である。お父さんはそれをしているのだ」とか、毎日朝に正座をする父をみて僕が何をしているのかと聞くと、「神と話をしているのだ」とか、母は教えてくれた。

笑い話も母から聞いた。戦後直ぐ、父が電車に乗っていると戦勝国でも敗戦国でもない第三国人つまり朝鮮人が、数名乗ってきて「敗戦国民は座るな、立っておれ」と言って日本人を立たして自分らだけが座っていた。父はそれをみて直ちにその数名の朝鮮人に鉄拳を喰らわせ排除した。次の駅につくと彼等はほうほうの体でこともあろうに敗戦国の警察官に父にどつかれたと訴え出たので、父は衆議院議員でありながら、警察で取り調べを受けたという。警察に出向いた母は、警官から「先生は喧嘩慣れしておられます。要領よく殴ってはりますわ」とほめられたという。

また、父が車に乗って外を見ていると、一人の男を数名の男が取り押さえている。父は直ちに車を降りて数名で一人にかかっている男達を排除した。しかしそれはスリを取り押さえている私服警官で父は大目玉を食らったという。僕が家の中から通行人に棒を投げていて父に見つかりどつかれたのは丁度その頃のことなのだろう。

母の弟は、大正元年生まれで東儀正博という。中学生の頃代々木の空を飛行機が飛ぶのをみた。それが彼の一生を決定した。母に言わせると音楽的才能はこの弟が一番であったらしいが、彼はパイロットになった。地上ではハーレイ・ダビットソンが乗り物であった。それは死ぬまで変わらなかった。彼は、英国国王戴冠式取材のために神風号を操縦して世界初の日本英国間飛行記録を作った朝日新聞の飯沼飛行士や塚越機関士と同期だった。

東儀正博は、陸軍航空隊に入り、満洲で三点を周回する飛行実験で無着陸長距離飛行の世界記録を作った。中国戦線では、南郷中佐の墜落時の惜別の無電を空で受信している。彼は、姉の為に上海から護身用のピストル、姉の夫のためにワルサーやモーゼルという世界の名拳銃を我が家に持ってきてくれた。

彼は、大東亜戦争中には年齢的理由から戦闘機には乗らず、爆撃機搭乗や山下奉文閣下などの要人輸送に携わった。昭和二十年八月十五日、彼は燃料を満タンにして飛び上がりそれが切れるまで降りてこなかった。彼の同期は総てあるいはインド洋あるいは南シナ海の空で死んでいたのである。

占領軍は、日本人の飛行を禁止した。彼はあきらめずアメリカに渡りアメリカの飛行ライセンスを取得し、今度は朝日新聞に入って飛び続けた。僕の家からワルサーやモーゼルの拳銃を持ち出しては海の上でそれを落とした。一つだけ残っていた護身用の小さいモーゼルは、警察の科学捜査研究所に提出した。それらは僕にとって父と叔父の形見だ。その形見を失って惜しい思いがする。

彼は、学生の飛行指導にも熱心であったと聞いている。戦後二十二年間彼は飛び続け、ついに昭和四十三年アンボン沖で海に突っ込み消息を絶った。オーストラリアまで飛行機を持っていく途上であった。あの海域は俺の庭だ、と言って飛び立ったという。低気圧を避けるために迂回を強いられ日没で陸を見失ったと言われているが、真実は分からない。彼もやっと仲間と同じように空で死んだことは確かだ。

僕は、小学生の頃、この叔父に飛行機に乗せてもらったことがある。わざと機体を上下さすので直ぐのびてしまった。この叔父と地上を歩いたり車で移動すると、進路を変更するのを極端に嫌った。細い道で車が交差する場合など窓を開けて「こらはやくいけ」とぐずぐずする対向車を怒鳴っていた。相手はひげを生やした目の鋭い中年男におそれを為したのか小さくなっていたのを思い出す。また電信柱などが曲がっているのも気になって仕方がなかったようだ。叔父によると曲がっているのが気にならない奴は、なんの目印もない上空で水平になったつもりで斜めになっているらしい。

子供の頃、双発の速い飛行機の爆音が近づいて来たとき、僕は「あ、東儀の叔父さんだ」と思って、屋根に登ったことがたびたびであった。叔父のあのすばらしい飛行機は、僕の立つ屋根の上に突っ込んできて翼を斜めにして去っていった。

その叔父が、インドネシアのアンボン沖で消息を絶ってから、叔父の飛行機によく取材で乗っていた作家の石川達三は、「東儀正博操縦士は、人生でただ一回の墜落を体験した。男は仕事で死ぬ」と「忘れ得ぬ人々」というエッセイを締めくくった。

母は、数ヵ月後、僕の前で初めて泣いた。「マーチャンは、俺に棺桶はいらない、数億円の飛行機が俺の棺桶だ、といっていた。どんな思いで突っ込んだのか」と。

墜落の一年ほど前、電話で叔父が「お母さんを大事にせいよ」と言ったのが今も耳に残っている。

さて、時代の中での僕の両親と叔父のことを回想した。僕は、この明治生まれの両親の中に生まれ育ってきたのだった。このように文章を作りながら思いを巡らすと、懐かしい小さな何の意味もないような情景が星雲のように次から次に浮かんでくる。しかし、文章の中にそれらを盛り込むことはできない。捨象されたこの情景にこの世に生まれて育ってきた総ての人に共通する普遍的な懐かしさの思いが溶けているのであろう。それが分かるから、親は子の記憶ができない時期であるのを知りながらも、絶え間なく笑顔と肌のぬくもりを伝え、その子を背負って草原を散歩するのだろう。その時期、肌から溶け入った暖かさは、文章にはできないが生涯失われることはない。

僕は、ここで文章つまり文字というものを使う伝達を、我が日本の先祖も、遙か離れたヨーロッパのケルト（ガリア、ゲルマン）人も長い間回避してきた理由が解るような気がするのである。紙に書かれた文字によって知らない人にも伝えることができるかわりに、文字にできない奥深いものの伝承ができない。顔と顔を見合い、音のリズムで顔の表情で相手に伝える伝承が、母と子のコミニュケーションの方法を原型として人間の心により多くの実りあるものを伝えうるのではないか。ケルトは、精神は伝承でしか伝えようとしなかった。それを文字にすることを拒否した。我が国も、文字をなかなか受容せず文字に古事記を書くまで音と表情による伝承を重んじたのである。

こうみるならば、文字が一番古く発達した漢民族において、叙情詩が発達せず、未だに文章化の関心が政治表現にあること、またその言語が断定的な政治的スローガンには適するが人情の機微を伝えるに不向きなのは、口による伝承の伝統が漢民族において一番古く忘れられたゆえではないかと思われるのである。

遙かに脱線したので、僕の青年期の前史に戻る。

現在は、子供がピアノを習うとかバイオリンを習うとかは普通のことだが、僕は、母の系統が音楽家であったにもかかわらず、およそ音楽に親しまずにきた。理由は二つある。まず、父が大衆に身を置く政治家として当時としては上流の雰囲気のするピアノなど家においてはならない、大衆の贅沢は敵であり貧乏は犯罪である、しかし政治家は赤貧に甘んじねばならない、質素こそ美徳であるという考えを持っていたこと。したがって、僕の家はテレビを購入するのも、他の家庭にテレビが行き渡ってからであった。次の理由は、母が中途半端に音楽はできないという音楽に対する潔癖とでも言う考えを持っていたからである。音楽にのめり込んでそれを人生とするかそれともそれは人に任せて他の道を行くか。音楽をする以上は中途半端はいけない。と母は思っていたのだろう。したがって、この家庭では普通の家庭以上に音楽を習うことはできない。父が家族には上流趣味と見えるものを回避させる政治家で母がこのような潔癖な考えだから。

しかし、ここでもまた思う。戦後にピアノが上流的で自分の政治生活の路線と違うと感じるなら、戦前の既に明治からバター臭い西欧音楽の家庭に生まれ外国教師と交流し演奏会もしていて、もんぺの時代にも洋服で通していた母となぜ父が結婚したのだろうか。縁は解らない。ともかく僕はこの間で生まれたのだ。

というわけで、中学以後の僕の関心は、スポーツをして体を鍛えること。山に登ること。自転車に乗って泉州・河内・大和を放浪することであった。特に僕の好きなところは「上の太子」であった。ここは三輪山から真東に二上山を越えたところにある「王家の谷」だ。推古天皇、聖徳太子、小野妹子の墓をはじめ掘れば古墳がでるところだ。明日香から真西にある二上山の二つのこぶの間に彼岸には太陽が沈む。したがって、昔の来迎図には二つのこぶの山波が描かれているものがある。二上山がイメージにあるのだ。その山の向こうを目指して明日香から葬送の列が進んだ。柿本人麿の柿本神社はこの古代の真東に向かう葬送の道沿いにある。大津皇子の墓は、二上山の男岳の上にある。皇子の姉が「うつみの人にある吾や明日よりは二上山を色背と吾が見む」と歌った。この二上山を越える竹内街道という古道は僕の一番好きな場所であった。今は無惨にかわってしまっているが、僕の見た竹内街道は、古道であった。万葉集が僕のイメージを駆り立てていた。

山は、金剛山が僕の訓練場であった。楠正成と河内音頭の山である。戦前、父もこの山を愛した。この金剛山には今人々は千早からしか登らなくなっているが、僕らの頃はいろいろな登り口があった。朝暗いうちに紀見峠につき柱本から山系に取り付く、行者杉をへて山頂にいたり水越峠に降りて葛城山を登る。そして御所に降りてきた頃にはもう夕方だった。また、幕末に五条代官所に討ち入った土佐の那須信吾以下の天誅組が堺から走り抜けた伏見峠は今はもう踏み分け道も無くなって忘れ去られようとしている。

軟派と硬派という分け方をすれば、僕は硬派の典型であったので、いわゆる色気付く時期であったが、女色を断つという宮本武蔵の修行が男の道だと感じていた。したがって、女子とはあまり口をきかなかったと思う。しかし、教室に制服を脱ぎ捨てて運動着に着替えくたくたになって暗くなった教室に戻ると、誰かが僕の制服をきれいにたたんでくれていた。どこのおなごさんが、このような僕にこんな優しいことをしてくれるのだろうと頭のなかで虫がはい回った。

このころ、僕は彫刻に熱中したことがあり、自分の顔を彫った。学校に残したまま卒業したが、今でも思い出多い作品である。モジリアニの彫刻、特にブロンズの女の顔に強い印象を受けた。アフリカのプリミティブな彫刻の影響を受けた作品だった。ロダンの遺言をその頃読んだが、「フィビアスの前に、ミケランジェロの前に跪け」と書いてあった。しかし僕は、ミケランジェロに二百年ほど先立つ鎌倉時代の運慶・快慶をはじめとする日本の彫刻をロダンが見ておれば、彼は鎌倉に跪けと言ったであろうと思った。それを見られなかったロダンは可哀想だ。また、運慶快慶もギリシャ・ローマを見られなかったのが可哀想だ。というわけで、僕は一時期真剣に彫刻家になろうと思っていたのだ。そのころ母が持って帰ってきた写真に東大寺戒壇院の広目天像の顔の白黒写真があった。この広目天は僕の一番好きな彫刻である。この抑制された表現の持つ重厚さは世界的に見て追随するものを見つけがたい。この写真は高校・大学と僕の部屋にかけ続けた。今も座敷に置いてある。

学校の勉強は、はじめあまりしなかったが突然やり始めるという短期征服型だった。英語も数学も有機化学もこうした。英語は、教科書とは関係なくサマセット・モームの「人間の絆」を全部読んだ。またテニスンの「イーノックアーデン」も暗記した。英語の世界が解ったように思った。数学も高三には、先生が出した問題を僕だけが解いたこともあった。しかし、短期だからその後総て忘れてしまった。

高校三年の夏、和歌山県日高郡由良にある興国寺に勉強しに行った。堺の南宗寺にいた目黒絶海師が興国寺の住職をしていたからだ。臨済宗の寺だった。開山は法燈国師という方で、みそを中国から日本に伝えた方だ。この寺には、戦国期に織田信長に追放された足利義昭が一時身を潜めている。法燈国師のおかげで未だに湯浅は、みそと醤油の産地である。ここで僕は、勉強するのは二日くらいでやめ、あとは座禅に熱中した。果てはこのまま坊主になろうかとも思った。夏休み七月と八月はあっという間に過ぎたが僕は帰らなかった。九月に入っても坊主のまねごとをして二学期の途中から学校に行った。このころは一応医学部受験を目指していたのに、稼ぎ時の夏休みに僕は座禅と坊主の生活に熱中してしまったのである。おかげで今でも般若心経や他のお経を唱えることができる。この寺で、座禅の他に酒を飲む味を覚えた。たばこは東京オリンピックにちなんだ「とうきょう」という銘柄を吸っていた。坊主の生活は佳いものだった。今でもあの三ヵ月は懐かしい。毎日古く分厚い節でごつごつした床を雑巾で拭き座禅だけをしていたのだ。今の興国寺は僕のいたころの足利義昭が身を寄せた時とかわらない頑丈な伽藍ではなく、総て建て替えられてしまった。座禅堂の上にある法燈国師の像だけが変わらないだけだ。

実は、僕の心の中には徐々に空虚感というか虚無感のようなものがべっとりと付き始めていた。それは、中学から高校になるにつれてその層が厚くなってきていた。

　高校一年の秋、忘れ得ぬ人を見た。出会ったのではなく見たのだ。学園祭の準備で遅くなった日の夜、頭のなかにまだ劇場の和音が鳴り響いているような状態で三国ヵ丘駅から仁徳天皇陵の堀と森沿いに歩いていると、一人の初老の男がみすぼらしい身なりで堀の縁に立って森に向かって一心にバイオリンを弾いていた。堀の横にはリヤカーが置いてあってこれが彼の住居であった。その一瞬の彼の背中は今も消えることなく残っている。翌早朝、僕が登校のためそこを通ると、リヤカーのなかで彼は、ギターを弾いていた。そして、夕方またそこを通ると、もはやリヤカーも彼の姿もなかった。以後、バイオリンを弾く彼に出会っていない。戦後から、まだ二十年しか経っていないその時、既に初老の彼がバイオリンを持っていかなる人生の果てに放浪の生活に至ったのであろうか。焦点を合わせられない世界を見つめたような思いがする。

　僕は無為の生活にあこがれていた。無為、虚空。寒山拾得のように。「寒山子とこしえにかくの如く、一人自ずから侍して生死あらず」。旧約聖書伝道の書、「空の空、空の空、いっさいは空である。日の下で人が労する総ての労苦は、その身に何の益があるか。世は去り、世は来る。しかし地は永遠に変わらない。日は出で、日は没し、その出たところに急ぎ行く。……」

　他の一方で僕は、「化天は夢か」と歌った織田信長が好きだった。なぜ、自分はこの戦国や幕末に生まれなかったのだろうかと思った。

　人生は闘争であり自分自身との戦いであり、決して負けてはならない、その名を青史に留めると目をつり上げている自分を見ている自分。空の空一切は空である……。人みな一度死するあり、あるものは鴻毛より軽く、あるものは泰山より重し。しかし、そのいずれであろうとも、死する身に何の益があるか……。

　学校では、僕はきつい目をしていた。後日友人の一人は、すれ違えばかみつくようであったと形容した。そのころ、クラスで匿名で各人の人物評をすることになった。僕の手元に来たふたつの紙には誰のものなのか、つぎのように書いてあった。

「動物に例えれば、お前は虎だ」

「お前は自分の言動と、内心が一致していないと悩んでいるのではないか。その点、お前はかわいい奴だ」

この後者の人物評には僕は脱帽した。僕はまだ、虚無であるとしても、虚無であるが故に生き抜くことができるという、人間以外の総ての生物が無心に為していることを納得することができなかったのだ。その意味で僕はまだ地球上の虫や楓や猫や犬と友人ではなかった。

大学から司法試験まで

医学部受験のはずが、実際に入ったのは一年の浪人の末の法学部だった。しかし、このころ僕はまだ「司法試験というもののあんなる」を知らなかった。今から考えると、司法試験というものを知らずに法学部に行くとは珍しいのではないかと思う。

このころ僕は、新しい環境に入れば、目が慣れるまでじっと周囲を観察するようになっていた。特に浪人中に羽田事件で大手門高校出身の山崎君が死亡しており、ベトナム戦争反対を柱とする学生運動が世界的に広がりをみせていた時期だったから、特にそのようにしたのである。

案の定、初めてのクラスではさっそく入学前から民青運動をしている生徒を世話役として、マルクス「資本論」の購入申込書の署名を求められた。集団で購入すればやすくなると言うのだ。かなりの者が署名していた。インテリの資格はマルクスの理解にありという雰囲気に、新入生は一挙にはいる時代だった。京大事件以来の自由の都・反戦の学府京都大学という歓迎演説が盛んだった。クラス会で日比谷高校出身者が立ち上がって、僕は東大を嫌い自由の都京都に来ましたといえば、皆はやんやと拍手していた。

僕は、六ヵ月だけだったが山岳部に入部した。退部したのは、足首が捻挫で動かなくなったからというのが表向きの理由だった。ほんとの理由は、虚無症がべったり張り付いてみんなで山屋をするより一人になりたかったからだ。しかし、足首の捻挫は本当だ。いまでも片方は曲がりにくい。岩登りはできなかったことは確かだ。なぜ、捻挫したのか。みんなには、岩登りで落ちて捻挫したといっていたが、本当は酒を飲んで塀から飛び降りたからだ。下へ素直に飛べばいいのに、僕は塀の上からスキーのジャンプのように虚空へ飛んだのだ。

このようなわけで、僕は新入生のしゃべくりのサークルにも入らず、一人でいた。このころは、人は群れるというとおり、学生はいろいろなサークルに入り、世界的な流行になった学生運動の臭いを嗅ごうとしていたのだ。クラス会が開かれれば、各々の属するサークルから論客が立って自説を話しまくりクラスをそのセクトで統一しようとしていた。文化大革命は中国で猖獗をきわめ、朝日を中心とする日本のマスコミも賞賛の報道をしていた。彼等の話は、セクト用語が多く難解だった。次は、ある時の会話。

「国家権力は、人民を抑圧する手段として公安警察を放ち、その意図を鮮明にした。大学においては試験制度を設け学生を管理している。このブルジョア的意図を粉砕し虐げられた人民を解放しなければならない」

僕が次に発言した。

「俺は、このごろ何時も京都の町を歩き回っている。昨日の晩は長屋を歩いた。みな家族と夕食をとっていた。これはおいしいから食べやという母親の声や親父のおいしいという声、子供の笑い声が聞こえてきた。平和で幸せそうやった。このどこが抑圧されとんねん。お前ら大学のなかだけでしか通用せえへんことを言うとるとしか思われへんで」

「お前は、車で大学に通い昨日はええ女の子と嬉しそうに歩いとったくせに、何が抑圧されとるじゃ」

当時はまだ車で学校に通うなど異例の贅沢だった。特に苦学生の多い京大では目立ったのだ。その頃、山岳部でも僕が入った寮でも、質素に生活する学生がほとんどだった。

ともあれ僕の発言は、何時もこういうスタイルだったので、「時局に目覚めた優秀な」学友達はあまり僕を説得にこなくなった。僕は、「あいつら俺をあほやと思とるやろな」と感じてきた。彼等の論理がうるさく周囲を覆い教官にも同調者がいる学内においては、しまいにどちらがあほか自信が無くなってくるものなのだ。

しかし、僕の言うことをじっときいてくれていた者がいてくれたのが解った。ある日二人が僕に話しかけてきた。矢口君と常田君だ。世界の僻地旅行を計画したいが仲間を捜していた、君と組んで行きたいと。結局僻地旅行は実現しなかったが、彼等とは今も友情が続いている。

学期末に試験があるのは普通だが、教養部の学生は試験ボイコットの方向に動き、僕のクラスも試験ボイコットを決めた。僕はこれ幸いと試験準備を中断し大学に行かず京都を離れていた。しかし、この間レポート提出で試験に替えるという大学側の方針転換で僕のクラスは、例の抑圧された論客達も含めみなレポートを提出して単位を取得していたのだ。僕だけが、レポートも提出せず試験ボイコットをしていたことになる。単位ゼロだ。こんなあほらしいことはない。正直者が馬鹿を見るとはこのことだ。後日のことになるが、資本主義の抑圧体制を主張し、あれだけ大学の建物を利用しつくし毀損して恥じなかった「優秀な学生」は、ほとんど四年間で卒業し、いわゆる大企業に就職していった。

大学入学から始まったいわゆる学園紛争は、東京から京都に波及した。観察していると、これは共産党民青の絶好の稼ぎ場だった。大学には、教員に民青がいて集会を取り仕切っている。学生の司会者が発言を求めればすっと手をあげ、額にパラッとたれた髪をさらりと手で払いながら進み出てご高説を垂れ、集会を誘導していくのが教養部の憲法の教授で、以下民青・隠れ民青がマイクをたらい回しにする。他方、新左翼と称する諸セクトは名前も覚えられない。そして、マイクで何を言っているのか分からない。

ある朝、僕は農学部の門の横の石に座って新聞を読んでいた。すると一人のまじめそうな学生が、僕に「この大事なときに何を新聞をのんびり読んでるんですか」と抗議してきた。僕はびっくりした。こいつの頭は、授業のない大学にいる空白に各セクトからのマイクが入り込み完全に余裕が無くなっているんだと思った。そして、その顔を見ながらしみじみ思ったことは、なんで日本人の社会にはこのような反応をする奴が出てくるのだろうということだった。戦時中の話として聞いたが、つまらんおっさんが、夜近所を見回って、楽しく歌を歌ったり笑い声がする家の塀越しに「こら、この非常時になにを遊んどるのか」と狐がついたように怒鳴っていたという。それと同じ精神状態にこいつは入っていると思った。そいつは、誰に教えられたわけでもないのに、この伝統に忠実にはまっていたのだ。

大学に機動隊が入るとき、僕は例の僻地旅行の仲間と時計台の上に立って見物していた。

「こちらは、川端警察署長です。諸君達は今直ぐ解散しなさい。今直ぐ解散しなさい」

これを指揮車のマイクが数度言うと、ピーという笛と共に装甲車が正門にぶち当たって門を開けた。機動隊が入ってきた。

「おう、来よった、来よった」

と眺めていると、これからが見事だった。

二百人ほどの機動隊は、ジュラルミンの盾を前に構えて整列した。次に号令と共に、盾に警棒を打ち付けてゆっくり前進してくる。ガシャ、ガシャ、ガシャと前進してくる隊列を見て僕は、ローマの重装歩兵とはこのようなものか、と感動した。

次にズン、ズンという鈍い音がした。見上げると空に火花が上がっている。横の奴が、

「あ、花火や」と言った。

「何が今頃花火やねん、あほか」

と言っているうちに、目がしみて前が見えなくなった。催涙ガスが発射されたのだった。

と同時に、ピーという笛を合図に、機動隊はワーという喚声と共に学生の集団に突撃してきた。こうなれば、学生は蜘蛛の巣をつついたように逃げはじめる。しかし、ある程度逃げたところで学生が投石をはじめる。ゴツ、ゴツ、ゴツと、石が盾に当たる音が響く。ピーとまた機動隊が前進。これを数度繰り返すと、もう入り乱れての追いかけっこになって

くる。こうなれば機動隊も人の子、俺は違う、というのに殴りかかってくる。「あ、花火や」と横で喜んでいた奴が殴られていた。

ヘルメットをかぶっていた学生が、中国の便衣兵のようにヘルメットを捨てて逃げている。僕はそいつの横を走っていたので。

「こら、お前らずるいやないか」

とそいつの顔を見れば、東京の大学に行った高校の同級生だった。

「おまえ、なんでここにおるねん」

といっているうちに、機動隊の兄ちゃんが追っかけてきて離ればなれになった。

今から思えば、もし学生側にカルタゴのハンニバルのような指揮官がおれば、はじめは隊列を組むが直ぐカーとなってバラバラに追いかけっこをして見境が無くなる機動隊を第二次ポエニ戦役のカンネの会戦のように少数で多数を包囲殲滅できただろうと思う。三里塚闘争で機動隊に犠牲者が出たが、その時の状況も、警官が個々バラバラになってしまったところをやられている。


このころ、僕は前に言ったように、授業もなく試験もないと思っていたので、大阪で「やわら」という武術と居合い抜きを習っていた。やわらは、競技では柔道は柔道、空手は空手と別れている格闘技をそのまま混ぜた武道だ。現実には相手との距離が近ければ柔道になり離れれば空手になる。その中間距離で肘を使い関節をとる、したがってある意味では、戦国武士が現実の戦場で相手と戦う状況通りであり実践的だ。また同じ道場で習っていた居合い抜きは、親父の持っていた真剣を振り回して習い、介錯ぐらいはできるようになった。

つまり僕はこの時、何時も真剣を持って歩いていたのだ。もちろん刀の保管証も携帯していたので合法である。しかし、実は学生が角材を持っているのなら、俺はこれだと刀を携帯していたのだ。角材は振り回すだけで手で受け止めても角材の方が折れるものであり、僕はそんなものを集団で持つのは勇気の無き印としか思えなかった。それで、僕は一旦抜けば切らねばならない真剣を持ったのだ。

この当時、京大の先輩で弁護士で民社党の衆議院議員をしている岡沢完治から、共に食事をしようという誘いを受けた。北浜の彼の事務所に行くと同じ京大法学部の学生が待っていた。結局岡沢と三人で食事をしたが、話題は大学紛争であった。僕はもう一人が大学の雰囲気通りの秀才であったので、持論を述べた。特に俺は群れている学生のように、手で折れるような棒を持たない、俺は抜けば必ず切らねばならない刀ならその覚悟をして持つ、本当に刀を持って日本を変えることが必要なら持つ、学生の棒は結局日本を変える覚悟のない証拠だ、と言った。帰りしな、岡沢がタクシーを呼ぶというので僕は断った。岡沢は少し憮然としていた。そして、僕は北浜から堺の自宅まで二十キロほど歩いて帰った。僕はその時、一銭も持っていなかったからだ。

後日、岡沢と顔を会わせると、その時四十六歳の陸軍士官学校五十八期の彼は、僕の手を握り、男惚れしたと言った。彼は四十九歳で死んだが、死後彼に娘がおりその長女と結婚することになろうとはその時知る由もなかった。

僕は、大学に入ってから、はじめは銀閣寺交差点の西側の北白川に下宿し、その後堺に帰り今度は銀閣寺疎水沿いの寮に入って住んでいた。京都を去る前は修学院離宮の南の修学院坪江町の下宿にいた。

さて、大学教養部の試験ボイコット決議の信義をまもり、僕だけ単位が無かったことは述べたが、実は僕は法律の勉強が手に着かなかったのだ。法律の本を三行読んだだけでこれが日本文かと思うほど違和感があり眠くなる。かといって法学部以外に興味を見つけだしたと言うこともない。また、大学をでて就職することも考えてなかった。そこに高校以来の虚無感が増幅し、結局生活そのものがこのころよく言われたモラトリアムになっていたのだ。やっていることといえば毎日大文字山にのぼること、毎日ということは雨が降っても台風が来ても登っていたということで、今思えばこれだけが青春だったのかと思うほどだ。

大文字山の上で、一人東京にいてもう病院のベットから離れられない父のことを思った。いま父はこの世にいる。しかし、僕は京都にいる。父が死んでも僕はいるだろう。そうならば、父がこの世にいてもいなくても、いまのように僕は父と共にあるのだ。

そして、父は死んだ。しかし、僕は父の亡くなった家庭で通常息子が発憤してしっかりするというのと反対の方向に転がった。政界再編のための父の負債があり東京の家を整理した。父の選挙区からの後継者は章三になった。

よく大阪で言われるのは、有名人の奥さんが死ねば葬式は盛大で、本人が死ねば会葬者は少ない、ということだ。子供の時から、僕の家では家族だけで昼食を食べることは珍しかった。いつも誰かが一緒に食べていた。僕は、食事を家で一緒に食べていた人は身内だと思っていた。しかし本人が死ねば、身内だと思っていた人も「会葬者」になり、縁が切れたように家に来なくなった。手を翻せば雨、手を覆せば雲、紛々たる軽薄なんぞ数えるをもちいん、だ。

佐藤春夫の詩に、三田の学生時代を歌ったものがある。正確には忘れたが「酒と、たばこと、また女」と。これと同じ学生時代でも僕のは、この明治の国家興隆期とちがい、もっとしょぼくれている。二十歳にして既に心朽ちたり、だ。青春がすばらしいとは誰にも言わせない。

このような学生生活を見て、母は何と思っていたのだろうか。遠藤周作の本に、嫁にもらう娘は、まず父親が酒を飲み浮気をして家庭騒動が起こった家の娘に限る、ということが書いてあった。そういう家で育った娘は、男というものは酒を飲んで夜が遅くなり浮気もするものだと体験で解っているので、亭主のことに理解があるから文化摩擦をしなくてもすむ、と遠藤周作はいうのだ。この基準からすると母の育った家は正反対で、母は僕が酒を飲んで遅く帰ってきただけでも、息子が堕落したのではないかとびっくりしている気配があった。

しかし、母は何も言わなかった。しかし、言うときは強烈だった。

ある日、二十一歳の頃、僕が道を歩いていたら後ろから外車が来てクラクションを鳴らした。僕はその車を避けた。すると車は行き過ぎずにとまり、なかから明らかにやくざのような三人の男がでてきた。僕の避け方が遅いというのだ。しばらく話していると、車のなかから化粧のきつい女が顔を出して、もうそんなのほっといてはよ行こや、と言う。それに応じて男達はえらそうにして引き上げようとする。僕は急に腹が立ってきて、まて、勝手に人の足を止めといて何じゃ、と一人を腰払いで倒し、もう一人の腕をつかんだ。すると他の一人が素早く逃げたと思えば車から木刀を出してきた。僕が木刀に構えようとすると、起きあがった奴が僕に殴りかかってくる。かなり、ダメージを与えたと思うが僕もやられた。彼等は車に乗り逃げ始めた。僕は、こら待てと追いかけた。しかし、車は走り去った。その時は回りに見物人がたくさんいたので、僕もそそくさとその場を立ち去ろうとしたが、ふと顔に手をやると、何時もあったところに鼻がない。木刀に対処しているときに横から鼻を殴られ骨が折れたのだ。僕は、耳鼻科をしていた姉に頼んで姉の同級生が医長をしている病院を紹介してもらい鼻の骨をいつもの位置に直してもらった。麻酔を使わなかったので、ぎしぎしと骨が軋む音が耳のなかに直接響いてきた。

母は、病院から帰ってきた僕を見て、心配するどころか目をむいて怒り、

「やくざと喧嘩するような者は、ろくな死に方しかできない。はやく死ね」と言った。

なお、僕の鼻はその後もう一度折れている。今度は弁護士になってからのイギリス滞在中だ。ある日、スペインのバルセロナのランバル通りを一人歩いていると一人の兄ちゃんが僕の手荷物を後ろから来てかっぱらおうとした。そうはさせじと僕はそいつを殴り倒した。そいつは逃げていった。僕は気をよくして歩いていると今度はそいつが仲間を連れて仕返しに来た。見ると一人はナイフを持っている。殴り合いになったが、ナイフを持っている奴が気になる。その隙に鼻にパンチを入れられたのだ。そこにスペインの警察が来て僕は、一緒にそいつらを捕まえた。しかし、僕もかなり相手を殴っていたせいか、留置所で長いこと待たされた。留置所で隣にいた売春婦とおもわれる女性は心配そうな顔をして僕の鼻血をハンケチを出して拭いてくれた。そしてたばこをくれた。この二度目の骨折を、母は知らな

い。

話を戻す。

大学四年になって、みなは就職内定で既にヘルメットをかぶっていた奴も社会人面をして歩いていた。僕はまだ、大文字山に登っていた。

年が改まって、僕は司法試験を受けることにした。司法試験は、五月に短答式試験がありこれで十分の一くらいにふるい分けられ、残りが七月の論文式試験を受け、その合格者が十月の口頭試問に臨むという試験である。

僕は、例の短期決戦方式を採用し試験準備をはじめた。五月単答式に合格し僅差で論文式に落ちた。これがいけなかった。回りの者が二年ぐらいいかけて準備する試験に三ヵ月の集中勉強で合格ぎりぎりまでいったのだ。司法試験を軽く見た。翌年は論文に合格するのはわけないと思って、翌年受けると短答式ではねられてしまった。つまり門前払いだ。以後三年連続短答式が通らない。五回目に門前払いを免れても論文が通らない。頭のなかが腐っているのではないかと思ったほどだ。ボディーブローを浴び続けたボクサーのように、ついに、膝ががくっとリングに落ちた。

ぼそぼそと修学院の道を歩いていると、横を砂けむりをあげて、幸せそうな女《ひと》がベンツに乗って通り過ぎていった……。

「昔おとこありけり、身をようなきものと思いなして、京にはあらじ……」（業平）

冬枯れの裏山の雑木林に仰向けになって空を見上げていると、目の前の細い枯れ草の上を小さな虫がはっている。日差しの暖かさに動けるのだろう。そのとき、この虫はえらいなあとしみじみ思った。そして、俺も虫だ、とつぶやいた。そうすると、かれたような枝にも堅い新芽が剣の切っ先のようにあり、春よりも生命を感じさせている。

僕は京都を離れることにした。生業をもたねばならないと神戸市役所に就職することにした。この時、国と地方の公務員試験を数個受け合格したが日本から独立してもやっていけそうな神戸に就職したのだ。司法試験は中断した。このようなとき、一年に一度か二度、家にうかがって酒をよばれていた高

校の恩師の山口先生が、

「西村、見合いせえへんか」と言ってきてくれた。

聞くところによると、先生は、見合いなど人に勧めたことはないが、自分が大学で教えている生徒にすばらしい子がいる。なんか、この子とお前を会わせたくなった、ということだった。見合い場所は、北の新地の石橋と決まった。

当日、石橋に行ってみると当然先生が来ている。しかし、相手が来ていない。そのうち、中学時代からの悪友二人が
「おー、眞悟おまえ見合いするらしいな」といって部屋に入ってきた。

仕方がないので、山口先生とこいつらと四人で、飲み始めた。しかし、いくら待っても相手が来ない。酔いがまわった先生がよろよろとした足取りで階段を下りて、相手の女性の家に電話をかけに行く。

戻ってきた先生が、何と言ったか詳しいことは忘れたが、相手のおなごさんは、ほかに用事があったとかで家に帰っていなかった。ええかげんな話やなあ、と思ったが、結局、振られたのだ。見合いの席に押し掛けてきた二人も残念がって、四人で深夜まで飲んだ。

神戸に三年勤めて退職しその年三十四歳で司法試験に合格した。一年前に結婚して既に子もあった。

神戸を退職したときの夕食後の家での会話はこうだった。

「ご飯を食べている最中に言えば食い物が喉に通らないので、食べ終わったから言うが、俺は今日神戸を退職してきた。明日からは給料はない」

それから毎日、二百五十円をもらって喫茶店に行き気分転換するのが司法試験合格までの僕の毎日となった。

貴重な二十代、俺は何をしていたのだろう。いまやその時の情景は、「愛欲の経帷子に包まれて重き自責の墓石の下」に納まっている。それをまた繰り返せといわれれば、拷問のようだ。しかし、この時期のない俺の人生も考えられない。僕はその人生の時期に愛着と切なさとかけがえのない思いを持つ。京都の修学院、神戸の六甲の山並み、しばらくはそ

の風景を思い浮かべるだけでも、鼻の奥がつんとなった。

弁護士になって、四年後、僕はまたも放浪癖とでもいおうか、数ヵ月イギリスで暮らしたくなった。その間の生活費を稼いで家にいれ昭和六十二年十二月に僕は日本のあとにした。ロンドンとケンブリッジの中間のサフロン・ウオルデンという小さな田舎町に下宿して勉強をしている時、母に手紙を書いた。

「俺は、政治家になり、偉大になる」と。

母から、はるばる便りが来た。

「私は、幸せだ」と書いてあった。

母は、世間よりも遅く産んだ子に、世間よりも多く心配をさせられていた。母には苦労をかけた。

しかし、この時点で、いかなる取りかかりをつかんで政治の道に入るか、そのホールドも未だ見えていなかった。

帰国後、三年間国選弁護を担当した被告人が、僕に言った。

「先生、こんな俺のことより、政治家になってください」

彼は、警察署の鉄格子のむこうから初めてあった僕に無実を訴え、僕は彼と共に三年間アリバイ証人探しをしていたのだ。その彼は、ある日僕にこう言った。

「先生、俺は未決で二年間入ってます。もう俺がやったと言いますわ。それで裁判は直ぐ終わって、あと入るのは六ヵ月ぐらいですから。何のお礼もでけへんのに、先生に迷惑かけ続けてますもん」

「あほ、お前はやったんか、やってないのか」

「俺は、やってません」

「こら、お前個人のことやないんや。やってない奴が刑務所に行ったらいかんのや。やってないのを知ってながら、お前が刑務所に行くのを許せば、弁護士の資格はない。俺は弁護士のバッチを捨てる」

「そんなこと言うなら、先生、政治家になってください」

彼は証人探しの必要上、僕が保釈金をだして保釈させていたが、廃品回収をして生活していた。ある日その稼いだ金で、どうか俺に夕食をおごらせてくれと頼むので、僕は天王寺ガード下のジャンジャン横町で彼と食事をしたのだ。

　彼は、幼児のとき両親が離婚し、母親の顔を知らない。小学校一年からほとんど一人でカップヌードルを食べて育ち、中学は行かなかった。しかし、非常に頭のいい子で、その時二十六歳だった。守秘義務の範囲内に入るのでこれ以上言えないが、彼はこの数日後柏原の荒涼とした造成地で自殺した。通夜は、僕と彼の親父だけでした。

　彼の死亡証明書をもって裁判官に会うと、「あー、もう少し我慢してくれたら……」と絶句し残念がられた。裁判はほとんど結審に近かったが、彼のこの世に残した裁判記録は「被告人は無罪」ではなく、ただ「被告人死亡により公訴棄却」で終わったのである。その後その裁判官は、退官され四国遍路に出られた。

　僕には、「そんなら先生、政治家になってください」という、彼の言葉が残った。そして、一年後、ホールドは見えた。僕は、そのホールドをつかみ、登り始めた。

　ここから僕の今も流れ続けている現代の物語になる。それ故、ここで僕の生い立ちの記を終えねばならない。これから天が命を与えてくれるなら二十年突き進みたい。

　現在日本の政治状況は、それを生み出す社会状況と共に変革の要がある。これを放置し現代のなかで名利を求めようとすることは、民族の生命力を枯渇させ、ひいては国家と民族に対する裏切りに至る。しかし、その風潮は世を覆っている。

　ここにおいて突き進むと言うことは、四百年前、関ヵ原で島津がやったことを覚悟するということだ。即ち少数で背中をみせず正面を向いて多数の体制のなかを突破することだ。

　僕は同志と共にこれを為さんとする。天よ、照覧あれ。


（平成十二年二月十日、筆をおく）

第四部

救国の経済戦略

経済のことを述べて締めくくりたい。歴代内閣の経済的無策により、今我が国経済は危機的な情況に陥っているからである。

国家戦略なき日本政府は、自らの国の経済政策の是非を判断することもできていない。そして政府は、我が国経済と財政の破局的な趨勢を他人事の様に無為無策で傍観している。

政府に戦略はないが、あるのは、歯切れのよい間違ったスローガンだけだ。「不良債権処理なくして景気回復なし」は、完全に間違っている。総理は、パラノイア患者のように、間違ったスローガンを掲げながら、不良債権を追い駆け回し、新たな不良債権の大きな山を生み出している。会社倒産や自己破産の続出と自殺者年間三万人の現状を放置することは、政府の犯罪である。働き盛りの経営者を中心とする自殺者三万人とは、数十万人が毎年その自殺によって路頭に迷っているということなのだ。

さて、今不況だ不況だと騒がれている。しかし、「政策」に目を転じてそれを点検するために、現状を「不況」だとは言わずに「政策の失敗により経済が成長せず破局的状況に陥っている」状態と把握してみようではないか。

そうすれば、「不況だから経済学者が主役である。したがって、その難解なご高説を拝聴して、なるほどと御上のすることにお任せする」。とはならずに、経済学論争ではなくダイレクトに政府の政策が適切か否か、それこそ国民が主役になって骨太の点検ができるのだ。

現在の国民のおかれた情況は、かつて大東亜戦争の末期、「軍事専門家」のご高説を拝聴して、サイパンが陥落しているのに漫然と何とかなると過ごしていた頃と似ている。「軍事専門家」を「経済専門家」と置き換えれば同じではないか。

しかし、物の本質を見ぬく知恵は「常識」にあるのだ。「専門家」に任せていてはだめだ。国民は、毎日勤め、毎日会社を経営し、毎日家計をやりくりして家庭を維持し、子供を塾に通わせるのに苦労し、ホームレスの青いテントが公園に増えるのを見ながら暮らしている。その数一億二千万人、まさに国民こそ「常識」の集積宝庫ではないか。

この国民の常識の上に政府があれば、大東亜戦争はあの様にならなかったのと同様に、現在の経済もこのようにならなかった。

大東亜戦争を点検すれば、何と馬鹿な戦い方をしたのかと驚愕する。むざむざ貴重な財産をドブに棄てるような戦い方をした。それで負けた。

同様に近い将来、はっきりと、何と馬鹿な経済政策をとり続けたのだろうかと驚愕するであろう。

しかし、そうなっては後の祭で遅いから、今まさに常識にしたがって点検しよう。

その点検の前提は次の通りだ。

前提一、デフレとは何か。インフレの逆である。

インフレは、需要より供給が少ない状態で物価が上がり、デフレは供給より需要が少ない状態である。したがってデフレでは、供給能力に比べて需要が少ないので、当然物価が下がる。そして、現在はデフレである。

対応可能な最大限の供給能力（潜在能力）と現実の需要とのギャップをデフレギャップという。デフレギャップをゼロに近づけていくとデフレは終息する。

このゼロに近づけるには二つの道が有る。需要を増やす道と、供給能力を削減する道である。供給能力を削減する道は、設備や人員を廃棄する道であり自殺への道である。血液が行き渡らない腕や足を切断して血液量に見合った縮小させた体にするのと似ている。

国民は切断できる手足ではない。現実的なマクロ経済としては、需要を増やしてデフレギャップを克服するしかないのだ。政府は、時として、リストラや過剰設備廃棄を奨励しているが、これは政府の姿勢としては完全に間違っている。私企業にいる日産のゴーン氏なら勝手にすればいい。しかし、全ての企業が、ゴーンのようにやれば、日本経済は崩壊する。

前提二、当たり前のことを忘れるな。財政の健全性は、資産と借金の比率で判断すること。

一億円の資産を持っている者が、千万円の借金をしていても財政状態は健全である。しかし、資産が千万円しかない者が千万円の借金をしていれば危機的だ。当たり前だ。

今、日本経済の資産ＧＤＰ（国内総生産）は約五百兆円で借金は約七百兆円だ。この資産と借金のバランスを如何にするかが課題なのだ。これは、国家財政でも家計でも同じである。

そして政府は、この借金を減らそうとして躍起になっている。しかし、財政の健全性を回復する道は他に有る。即ち、資産GDPを増やす道だ。マイナスの借金に注目するか、プラスの資産に注目するか、何れが明るい道か判断して欲しい。

景気は「気」であると言うではないか。子供でも、マイナス面ばかり注目されればやる気を起こさない。プラス面を誉めればやる気を起こす。日本経済も、プラス面を伸ばす方策を採ればよい。しかし、小泉内閣は、財政のマイナス面ばかり気にしている。この意味で、小泉総理は、やはり根暗の人間なのだ。

日本経済のデフレギャップは、丹羽春喜大阪学院大学教授の結論によると三百兆円と超巨額だ。つまり、日本経済の潜在能力GDPは八百兆円なのだ。そうであれば、いま眠らされている潜在力を顕在化せしめる方策をとって資産を増やすのが財政健全化への道である。これはデフレ克服の総需要を増やす道と財政健全化の道は同じだということを示している。であるのに政府は、資産を増やすのではなく、借金を減らすことに躍起になっている。だから、政府は間違っている。

前提三、逆説を知れ。増税と減税、何れが税収を増やすか。

橋本内閣の九兆円増税の結末を点検しても、逆説は明らかである。つまり、増税は税収を逆に減少させる。減税は、逆に税収を増やす。

減税は、国民の懐に金を残す方策である。増税は国民の懐から金を抜く方策である。国民の懐に金を残せば、それが消費に回り、総需要を押し上げて企業活動を活性化させ、GDPを増やして税収が増加する。税収が増加すれば借金が減る。二重のよい結果が生まれてくる。

増税は、国民の懐から金を抜くので、消費に回る金が減少して総需要を押し下げる。GDPが縮小して税収が減る。税収が減れば借金が増える。二重の悪い結果が生まれてくる。

だから、橋本増税路線で経済成長は一挙に止まり、税収が減った。そして、次の小渕総理は、世界最大の借金をしてしまった（国債発行）、と言ったのだ。

減税は、経済を大いに活性化させ、増税は冷え込ます。この意味で、減税は国民に直接金を残す「直接財政出動」であり、政府の言う財政出動は、国民から取り上げた税金を財源にするので「間接財政出動」と言ってもよい。

間接財政出動より直接財政出動の方がはるかに効く。

前提四、政府の資金調達方法は、税金と借金つまり国債発行だけか。

政府には、第三の資金調達方法がある。それは、貨幣の発行である。政府にのみ、貨幣発行の特権が与えられている。この特権を行使すれば、政府は資金を調達できる。税を徴収して国民を苦しめることもなく、国債という借金をするわけでもない。

日本近代の経済史は、インフレの歴史であった。したがって教科書はインフレ対策しか扱っていない。だから優秀な官僚（経済専門家）は、インフレ対策しか知らない。インフレ状態では、政府の貨幣発行特権を考える必要はない。貨幣を多く発行すれば、インフレをますます悪化させるからだ。したがって、インフレの教科書しか知らない官僚が、政府が通貨発行特権をもっていることに気付かないのは当たり前である。まして、その特権を行使するなど考えてもいないのだろう。

なお、貨幣に見合う日銀券を日銀から発行させるためには、政府が貨幣を日銀に売って日銀がその代金として日銀券を印刷して政府に渡せばよい。

ところで、管理通貨制度とは、政府が時に応じて貨幣を発行する制度のことではないのか。これを否定すれば、金本位制度に戻ってしまう。ドルも紙切れであり円も紙切れである。あるのはアメリカ経済や日本経済の力と信用だけだ。これでよい。これが管理通貨制度というものなのだ。我が国には、既に元禄時代に「幕府が出す貨幣なら、金（ゴールド）でなくて瓦でもよい」と言ってのけた萩原重秀という財政家が出現している。彼は、大判小判を金（ゴールド）としてではなく「信用に裏付けられた通貨」として見ていた。まさに、管理通貨制度的発想であり卓見である。さらに、明治維新成功の財源確保の決め手は「太政官札」の発行であったことを銘記すべきである。つまり、明治新政府は、政府の貨幣発行特権を発動して経済危機を克服して維新を成功させたのである。

そして、現在もまさにこの政府の貨幣発行特権を発動して日本経済を救出すべきなのだ。丹羽春喜教授は、三百から四百兆円の貨幣を発行して新規政府資金を調達して国民に渡せと主張しておられる。私は、賛同する。

さて、インフレの恐怖だけを教科書で教えられた官僚は、デフレという生きたまま縮んで腐っていく恐ろしさを知らない。そして、政府が通貨を発行すると言えば、必ずインフレになると反論する。しかし、現在のような三百兆円もデフレギャップのある状態では、三百兆円の通貨を発行してもインフレにはならない。むしろ経済成長を前提に考えるならば、二％程度のインフレ率が適切なのだ、とノーベル経済学賞受賞者のペンシルベニア大学教授のクライン教授も言っている（日本経済復活の会、小野盛司氏へのクライン教授からの手紙）。

＊

以上の四前提を駆使して、我が国経済を立て直す方策を考えれば、次のようになる。

第一、大目的は、総需要を喚起してＧＤＰを増大させることである。

第二、その手段は、減税と巨額の通貨発行で国民の懐を豊かにすること。

政治家がこの大方針を決め、そして、官僚機構に実行させることである。何十兆円の減税をして何百兆円の通貨を発行するかは、政府が優秀な経済専門家から資料を出させて決めればよい。

その際注意しなければならないのは、今まで主に経済専門家によって流布されてきた誤った風説に騙されないことである。

その誤った風説とは、先の四つの前提を確認すれば氷解する。

しかし、政府がいままで、公共投資も減税もしてきたことは事実だ。然れども経済はこの通り破局的なのだ。そこで、公共投資は何の効果もないとか、減税をすればさらに財政を圧迫するとかの風説が根強く流布しているのである。事実、今の小泉内閣も、この風説に乗って公共投資を減額し増税路線を走っている。その結果が、株価七千円台なのだが、頭脳が硬直して、未だその原因を自分自身が創り出していることがわからない。これ、貧すれば鈍するという。

そこで、言っておかねばならない。政府が今まで実施した公共投資や減税が効果が上がらなかった理由である。

その理由は、ズバリ、額が小額過ぎたということ、しかも、短期間に過ぎなかったということ、に尽きる。つまり、政府のやることは、ちまちましていて巨大な日本経済を動かすに至らなかったというに過ぎない。いずれにしても、政治が大決断をせずして、官僚に任していては現在のデフレからは脱却できないのだ。そして、政府が決断さえすれば、巨大な日本経済の潜在力（デフレギャップ）は力強く再生して動き出し、日本国民を救うに止まらず、アジアを救い、世界を救う。

＊

ところで、我が国の中央銀行である日本銀行は何をしてきたのか。この日本銀行という特異な株式会社は、公定歩合を操作し、為替を変動させ、土地や株という資産の価格に影響を与えることができる。しかし、現在公定歩合はゼロに近く、機能させるにも機能させることができない。さらに、為替や資産価格への影響力を行使しているのかどうかも心もとない。アメリカ中央銀行からは、日銀は完全に馬鹿で無能に見える。

現在新総裁になって日銀がやっていることは、銀行の保有する株式を購入していることらしい。そして、株価は七千円台だ。当たり前だ。銀行が株を持っていれば危険だからという理由で日銀が株を買えば、株の信用がなくなり価格が下がる。

今、日銀がやるべきことは、そういうことではない。日本の金融機関の持っている全ての不良債権を買い占めることなのだ。そうすれば、銀行はじめ金融機関には、不良債権の代わりに売却代金つまり日銀券が入る。その代金たる日銀券は日銀が印刷すればいいのだ。銀行はその不良債権の代金である日銀券を中小企業に貸し出せる。

簡単ではないか。小泉総理の「不良債権処理なくして景気回復なし」は聞き飽きたが、今も巨額の不良債権で金融機関が苦しんでいる。総理も不良債権処理が大切なことが分かっているなら、日銀に不良債権を買占めさせればいいではないか。手品の様に簡単である。

そのような事をすれば、日銀が損をする、という反対論が有る。しかし、日銀が損をして日本経済が息を吹き返すならそれでいいではないか。損をしても日銀は日銀券を発行できる株式会社なのであるから。だが、日銀は損はしない。日本経済が甦れば、買い占めた不良債権は優良債権になるからだ。

昭和初期、高橋是清大蔵大臣は、日銀に国債を大量に買い取らせて昭和恐慌から日本経済を世界に先駆けて脱却せしめた。この度は、日銀は不良債権を買い取ればよいのだ。

＊

次に、世界のマネーゲームの中で我が国の経済を考えねばならない。つまり、円とドルの適切な交換比率はどこかということである。これが不適切で円が不当に高ければ、いくら我が国の勤労者が汗を流してがんばって良い製品を作っても国際競争力を削がれてしまう。これは国家的損失である。反対にアメリカなどは、この交換比率を操作して汗を流さずに他国の稼いだ金を引きぬくのをマネーゲームとしている。

だから政治は、世界のマネーゲームの中で、日本経済を再生させる戦略を考えねばならないのだ。

一九八五年の「プラザ合意」のことを考えよう。この合意で、円とドルの交換比率が一挙に二分の一になった。即ち、一ドル二百四十円が一ドル百五十円になった。その前は一ドル三百円で、プラザ合意後に円の最高値は一ドル百円から七十円近くまで行った。

これだけでは円が高くなったということしか分からない。ではアメリカはこれで得をしたのか損をしたのか。アメリカは得をした。反対に日本は損をした。アメリカは一ドル三百円の時から我が国からドル建てで借金をしていた。それが、一ドル百円になったのだ。この瞬間、アメリカは日本に対する借金の三分の二を免れたことになる。日本から見れば三百円返してもらえる権利が百円しか返してもらえないことになったのだ。債権の三分の二が一瞬に消えた。

日本は今でも巨額な金をドル建てでアメリカに貸している。ということは、アメリカは常にドル安円高に誘導するのが得になるという構造なのだ。そして、この構造は日本の製造業を苦しめている。同時に、アメリカの消費者は、不当に高く日本製品を買わねばならない。

よって、日本政府の為すべきことは、世界最大の債権国である我が国がアメリカはじめ世界各国に貸している債権をドル建てから円建てに転換することである。今後貸し出すときは円で貸すことである。そうすれば、我が国の債務者であるアメリカはじめ各国は、円高になればドル建てのときとは逆に返す金が多くなり損をするのだから、ドル高円安を求めるようになる。今まで通り、日本という債権者が働いて、アメリカという債務者が働かずに投資に熱中していることができなくなる。常識では、金を借りたほうが、返済するためによく働いて債権者に返すのだ。国際マネーゲームでも、この常識に戻すのだ。何時までも、円ドルの交換レートを勝手に操作されて非常識を強いられるいわれはない。

そして、一ドル百五十円から百六十円になれば、我が国の製品は正当な価格で世界の消費者に届けられるようになる。ハンディーを適正にしなければ不当な結果に甘んじねばならない。円ドルの交換レートは、ゴルフのハンディーと同じだ。ただゴルフのハンディーはゴルフクラブの委員会が決めてくれるが、マネーゲームのハンディーは、我が国政府が戦略を駆使して作り上げるしかないのだ。

我が国政治には、全くこのマネーゲームのなかで相手に負けない戦略を持つという発想がない。これでは、我が国の勤労者が報われないではないか。戦略の欠如という政府の無能が我が国の勤労者を苦しめる最大の元凶だ。

さて、以上のとおり、国際マネーゲームのなかでの日本経済活性化戦略を述べてきたが、これは我が国が位置するアジアをはじめ、全世界の人民の生活の向上に寄与するものである。日本経済の活性化は、それほどのインパクトをもっている。

そして、これが完成されるとき、円の経済圏ができあがっていなければならない。この経済圏は、かつてのアジア通貨危機のようなことの再現を防止し、アメリカを中心とする世界のマネーゲームのハゲタカからアジアの民生を守ることになるのだ。これはもはや、我が国の経済圏ではなく、「海洋アジアの経済圏」である。

おわりに

本書は、私の五冊目の著作となったが、末尾の経済戦略論以外は、今まで話してきたり書いてきたりした論考を一冊にまとめたものとなった。

今までも本を出版するたびに述べてきたとおり、衆議院議員としての私には、自らの考えを明確にして国民に判断の材料を提供する責務が有る。それで、ほぼ二年間隔で本を出版してきた。本書もその役目を負っており、読者により忌憚のないご批判を賜ればこれほど光栄なことはない。

本書の校正は統一地方選挙の影響でなかなか進まなかった。アメリカ・イギリス軍のイラク攻撃とイラク制圧のさなかに行われた統一地方選挙は、国際情況と国内情況の落差を見せつけたものとなった。戦争反対という候補者や政党は、独裁者サダム・フセインが自国民を数千人毒ガスで殺したことや、これからも殺戮の恐怖で支配を続けることには支持しているのか放任しているのか無関心であった。また、選挙中に、イラク国民がサダム・フセイン独裁体制崩壊に歓喜の声を上げている映像が流れたが、これをどう説明したのか不明だった。

これが、「日本の空論」というものである。

要するに、イラク「戦争反対」派は、「人権擁護」を叫びながら北朝鮮の日本人拉致という最大の人権侵害に無関心であった層と相似して重なっている。

＊

「僕の生い立ちの記」は、若き漫画家の畠奈津子さんが、私の幼いころの漫画を書きたというので彼女に読んでもらうために一気に書き上げたものである。文章も練れておらず構成も杜撰であるが、書き上げた当時のリズムがあるので訂正していない。このようにして生まれ育った私という人間が、政治の場で行動しこの本にあるような論考を書いていると思っていただくことも、何かの意義があるだろうと思い敢えて掲載することにした。

＊

昭和四十六年に父が亡くなってから、私が苦労をかけつづけた母は、平成十四年十二月二日、九十四歳で亡くなった。

かつて昭和の末に近づく頃、私が、ロンドン郊外の下宿から「政治家になる」と手紙を書き送り、「私は幸せです」と返事をくれた母は、点滴をしようとするドクターに「自然にしといて」と言い、私の手を握って頰にあてて目を瞑り、「ありがとう、幸せやった」とつぶやいて、生まれる前の世界に還っていった。

今でも母のことを思わない日は一日もない。そして、これからも。

＊

政治家として二年おきに国民への報告のつもりで出版してきた本書が五冊目になるということ

は、私の衆議院議員としての歩みも十年になることを示している。改めて、私の政治活動を支えてくれる多くの同志また有権者国民に感謝している。

そして、本書の生みの親は、私の書いた文章を集め取捨選択してまとめるという大変な作業をしてくれた展転社の同志相澤宏明社長と同志藤本隆之編集長である。改めて両同志の友情に感謝したい。

【著者略歴】

西村　眞悟（にしむら　しんご）

昭和23年7月7日、大阪府堺市生まれ。父は西村栄一（民社党第二代委員長）。京都大学法学部卒業。神戸市職員を経て、弁護士登録。平成5年、衆議院議員に初当選（現在3期目）。同6年、新進党結成に参加。平成9年5月6日、石原慎太郎氏と共に国会議員として初の尖閣列島上陸、視察を敢行。同10年より自由党に所属。現在、衆議院内閣委員会理事、政治倫理審査会幹事、自由党内閣部会長、大阪府連会長、民社協会理事、「北朝鮮に拉致された日本人を早期に救出するために行動する議員連盟」幹事長。拉致問題はじめ靖国、憲法、国防など国家の根本問題に積極的に取り組む。著書に『亡国か再生か』（展転社）、『誰か祖国を思わざる』（クレスト社）、『海洋アジアの日出づる国』（展転社）、『誰が国を滅ぼすのか』（徳間書店）。

闘いはまだ続いている

平成十五年七月七日　第一刷発行
平成十五年八月四日　第三刷発行

著　者　西村　眞悟
発行人　相澤　宏明
発　行　展　転　社

〒113-0033　東京都文京区本郷1-28-36-301
TEL　〇三（三八一五）〇七二一
FAX　〇三（三八一五）〇七八六
振替　〇〇一四〇―六―七九九九二

組版　生々文献／印刷　シナノ／製本　美行製本

乱丁・落丁本は送料小社負担にてお取替え致します。
定価［本体＋税］はカバーに表示してあります。
ISBN4-88656-230-2